U0344143

国家出版基金项目
NATIONAL PUBLICATION FOUNDATION

有色金属理论与技术前沿丛书

耐高温结构吸波碳纤维
复合材料制备及性能研究

PREPARATION AND PROPERTIES OF THE HIGH – TEMPERATURE
RESISTANT AND CARBON FIBER BASED RADAR ABSORBING COMPOSITES

肖 鹏 周 伟 著
Xiao Peng   Zhou Wei

中南大学出版社
www.csupress.com.cn

中国有色集团
CNMC

内容简介

当今世界军事强国均在大力发展耐高温结构隐身材料来提高空中武器装备的生存和突防能力，并已进入实用化阶段；我国研制新型空中武器装备对耐高温结构隐身材料提出了迫切需求。以碳纤维作为吸波剂和增强、增韧相的碳纤维复合材料，具有轻质、高强、耐高温等一系列优异性能，可望成为耐高温结构隐身部件的关键材料体系。

作者领导研究团队在国家 973 计划等国家重大科研项目资助下，系统开展了耐高温结构隐身一体化碳纤维复合材料的理论与制备技术研究，取得了多项突破。本书详细阐述了雷达隐身材料基本知识，耐高温吸波材料研究现状；系统介绍了研究团队在碳纤维电磁响应特性，碳纤维本征介电常数提取，碳纤维及基体介电性能调控，耐高温碳纤维阵列/碳化硅吸波材料制备与性能，以及耐高温碳纤维/氮化硅吸波材料制备与性能方面的研究进展与突破。本著作适合于无机非金属材料科学与工程专业的大专院校师生使用，以及供从事雷达隐身材料、电磁屏蔽材料等科研与生产的人员作为参考资料。

作者简介 /

/ About the Authors

肖鹏，男，1970 年 5 月出生，博士，中南大学二级教授，博士研究生导师。2000 年在西北工业大学获得工学博士学位；2001—2003 年在中南大学材料科学与工程博士后流动站工作；2002 年破格晋升教授；2004 年被聘为博士生导师。长期从事新结构高性能碳基复合材料的新技术、基础理论和应用研究，先后承担了国家 973 计划、总装重大支撑专项和国家自然科学基金等18 项国家级科研项目。已发表 SCI 论文 151 篇，其中第一或通讯作者 73 篇；第一发明人申请国家发明专利 31 项，其中授权 17项；2013 年获湖南省科技发明一等奖（排名第一）。

兼任中国粉末冶金七协学会联席会议秘书长，粉末冶金与金属陶瓷学术委员会秘书长，SAMPE 北京理事会常务理事、碳/碳复合材料专业委员会主任，中国材料研究学会理事会理事，中国机械工程学会摩擦学分会青年工作委员会委员及专业委员会委员，中国航空学会复合材料专业分会非聚合物基复合材料专业委员会委员。

周伟，男，1986 年 4 月出生，博士。2014 年博士毕业于中南大学粉末冶金研究院材料学专业，现在湖南工业大学从事教学和科研工作。主要从事碳纤维增强陶瓷基复合材料、隐身材料、纳米纤维以及功能陶瓷的研究和开发工作。先后承担或参与国家级科研项目 10 余项，在本领域国际著名刊物（SCI、EI 检索）发表论文 20 余篇，申请国家发明专利 5 项，已授权 4 项。

学术委员会
Academic Committee

国家出版基金项目
有色金属理论与技术前沿丛书

主 任
王淀佐　中国科学院院士　中国工程院院士

委 员 （按姓氏笔画排序）

于润沧	中国工程院院士	古德生	中国工程院院士
左铁镛	中国工程院院士	刘业翔	中国工程院院士
刘宝琛	中国工程院院士	孙传尧	中国工程院院士
李东英	中国工程院院士	邱定蕃	中国工程院院士
何季麟	中国工程院院士	何继善	中国工程院院士
余永富	中国工程院院士	汪旭光	中国工程院院士
张文海	中国工程院院士	张国成	中国工程院院士
张懿	中国工程院院士	陈景	中国工程院院士
金展鹏	中国科学院院士	周克崧	中国工程院院士
周廉	中国工程院院士	钟掘	中国工程院院士
黄伯云	中国工程院院士	黄培云	中国工程院院士
屠海令	中国工程院院士	曾苏民	中国工程院院士
戴永年	中国工程院院士		

编辑出版委员会

总序

当今有色金属已成为决定一个国家经济、科学技术、国防建设等发展的重要物质基础，是提升国家综合实力和保障国家安全的关键性战略资源。作为有色金属生产第一大国，我国在有色金属研究领域，特别是在复杂低品位有色金属资源的开发与利用上取得了长足进展。

我国有色金属工业近30年来发展迅速，产量连年来居世界首位，有色金属科技在国民经济建设和现代化国防建设中发挥着越来越重要的作用。与此同时，有色金属资源短缺与国民经济发展需求之间的矛盾也日益突出，对国外资源的依赖程度逐年增加，严重影响我国国民经济的健康发展。

随着经济的发展，已探明的优质矿产资源接近枯竭，不仅使我国面临有色金属材料总量供应严重短缺的危机，而且因为"难探、难采、难选、难冶"的复杂低品位矿石资源或二次资源逐步成为主体原料后，对传统的地质、采矿、选矿、冶金、材料、加工、环境等科学技术提出了巨大挑战。资源的低质化将会使我国有色金属工业及相关产业面临生存竞争的危机。我国有色金属工业的发展迫切需要适应我国资源特点的新理论、新技术。系统完整、水平领先和相互融合的有色金属科技图书的出版，对于提高我国有色金属工业的自主创新能力，促进高效、低耗、无污染、综合利用有色金属资源的新理论与新技术的应用，确保我国有色金属产业的可持续发展，具有重大的推动作用。

作为国家出版基金资助的国家重大出版项目，"有色金属理论与技术前沿丛书"计划出版100种图书，涵盖材料、冶金、矿业、地学和机电等学科。丛书的作者荟萃了有色金属研究领域的院士、国家重大科研计划项目的首席科学家、长江学者特聘教授、国家杰出青年科学基金获得者、全国优秀博士论文奖获得者、国家重大人才计划入选者、有色金属大型研究院所及骨干企业的顶尖专家。

国家出版基金由国家设立，用于鼓励和支持优秀公益性出版项目，代表我国学术出版的最高水平。"有色金属理论与技术前沿丛书"瞄准有色金属研究发展前沿，把握国内外有色金属学科的最新动态，全面、及时、准确地反映有色金属科学与工程技术方面的新理论、新技术和新应用，发掘与采集极富价值的研究成果，具有很高的学术价值。

中南大学出版社长期倾力服务有色金属的图书出版，在"有色金属理论与技术前沿丛书"的策划与出版过程中做了大量极富成效的工作，大力推动了我国有色金属行业优秀科技著作的出版，对高等院校、研究院所及大中型企业的有色金属学科人才培养具有直接而重大的促进作用。

2010 年 12 月

前言 /
Foreword

世界各国防御体系的探测、追踪、攻击能力越来越强，军事目标的生存能力和武器系统的突防能力日益受到严重威胁，被发现即被摧毁已成为事实，发展和应用高性能结构型隐身材料已成为现代国防体系十分重要和关键的方向。

超声速和高超声速飞行器等新一代空中武器装备的头锥、进气道、尾喷管、翼缘等部位受到燃气和(或)高速气流冲刷，局部工作温度将达1000℃以上，是显著的雷达暴露源，迫切需求耐高温结构隐身一体化材料。各军事强国正积极研制耐高温结构与隐身一体化材料来提高新型武器装备的生存与突防能力。国外耐高温结构/隐身材料在巡航导弹等飞行器上已经进入实际应用阶段；而我国尚处于起步阶段，与国外相比存在较大技术差距，亟待大力发展并取得突破。

碳纤维复合材料具有低密度、高比强、高比模、低膨胀系数、耐环境性能优良等优点，并且其结构和电性能具有较强的可设计性，易于实现介电性能匹配，制备出高性能的耐高温结构隐身材料，是当前能突破1000℃以上高温的结构隐身材料体系之一，可望应用于新型空中武器装备关键部件。

本书系统介绍了著者在耐高温结构隐身一体化碳纤维复合材料的基础理论、制备技术与性能等方面的研究工作，在详细介绍雷达隐身材料基本知识、耐高温吸波材料研究现状的基础上，重点介绍了碳纤维电磁响应特性，碳纤维本征介电常数提取，碳纤维及基体介电性能调控，耐高温碳纤维阵列/碳化硅吸波材料制备与性能，以及耐高温碳纤维/氮化硅吸波材料制备与性能方面所取得的研究进展与突破。

第1章简述了雷达隐身技术、隐身材料的工作原理与性能表征方法，以及隐身材料的分类和发展趋势；第2章介绍了耐高温雷达吸波材料的研究现状，以及隐身材料高温介电及吸波性能的研究进展；第3章介绍了著者在碳纤维电磁波响应特性方面的研究工作，主要是碳纤维的介电特性、磁损耗特性和微波衰减特性；第4章介绍了著者在碳纤维径向和本征轴向介电常数提取方面的工作，包括建立相关介电模型及提取介电常数；第5章介绍了著者在碳纤维表面改性及介电特性调控方面的工作，主要研究了BN等陶瓷涂层及纳米纤维改性碳纤维表面调节介电性能；第6章介绍了基体相改性及其介电特性调控研究工作，主要是BN包覆和SiO_2掺杂改性基体碳，以及$SiCw/Si_3N_4$复合基体的制备和性能；第7章和第8章则是在前述工作基础上，分别详细介绍了耐高温碳纤维阵列/碳化硅吸波材料和耐高温碳纤维/氮化硅吸波材料的结构和成分设计、制备及性能研究工作；第9章对本书的研究工作进行总结并对耐高温结构隐身一体化材料未来的发展进行展望。

本书是著者领导研究团队多年研究成果的汇集，当年在团队攻读博士学位的周伟、卢雪峰、洪文、罗衡、肖伟玲，攻读硕士学位的杨益、周亮、唐益群、张隽、黄龙等，在耐高温结构吸波碳纤维复合材料的基础理论、制备技术与性能等方面开展了许多卓有成就的研究。团队的硕士生陈文博、刘洋、俞晓宇、王依晨等对全书的大量图片进行了整理和修正。在此表示衷心的感谢！

本著作所涉及的研究工作得到了国家重点基础研究发展计划（973计划）项目、航天科工集团重大创新项目、国防项目等重大国家课题的资助，在此谨表谢忱。

限著者水平有限，书中错误和不妥之处在所难免，诚请读者批评指正。

著者
2015年12月

目录 / Contents

第 1 章　雷达吸波材料概述

随着现代战争中探测和制导技术的迅猛发展，军事目标的生存能力和武器装备的突防能力日益受到严重威胁。在现代军事对抗中，针对飞行器的探测技术日益完善，夺取和保持信息权已成为信息化作战的焦点，失去信息获取和控制的能力将变成"看不见""听不见"的活靶子，"被发现即被摧毁"在现代战争中已成为事实。因而，如何将武器装备隐身，提高其战场生存与突防能力，已受到世界各国广泛重视，并迅速发展成为一项专门技术——隐身技术。

隐身技术是顺应现代武器装备发展而出现的一项高新技术，是当今世界三大军事尖端技术之一。隐身技术对现代武器装备的发展和未来战争将产生深远影响，是现代战争取胜的决定性因素之一。海湾战争中，美军动用了 44 架 F117 隐身战斗机，出动近 1271 架次，以仅占 2% 的总出动架次，承担了攻击目标总数的 40%，竟无一受损[1]。1991 年，美军隐身飞机悄无声息地穿越伊拉克雷达覆盖区，向伊拉克境内军事目标发起攻击。1999 年，美国空军出动两架 B‑2 隐身轰炸机参与科索沃战争，对南联盟境内目标投下了多枚全球定位系统制导的炸弹。当今世界军事强国已把隐身技术提升到与电子信息战技术同等地位来发展。隐身技术又称为"低可探测技术"，是指在一定范围内降低武器装备的可探测信号特征，减小武器装备被敌方信号探测系统发现概率或者缩短发现距离的综合性技术[2]。应用于现代战争中的隐身技术主要有可见光隐身技术、雷达微波隐身技术、红外隐身技术、激光隐身技术、声波隐身技术以及复合隐身技术等[3]。在目前的侦察、探测系统中，雷达仍是探测军事目标最主要和最可靠的手段[4]，占 80% 以上；对红外侦察系统而言，要对目标实施精确致命打击仍需雷达系统作引导。因此，雷达隐身技术仍是当前隐身技术研究的重点。

1.1　雷达隐身技术

雷达隐身技术是通过缩减雷达目标特征，最大限度地降低雷达探测系统发现和识别目标的概率，从而极大提升飞行器在战争环境中突防、生存能力的低可探测技术。它涉及空气动力学、材料学、电磁学等多学科交叉融合。由雷达方程可得自由空间中雷达的最大探测距离为[5]：

$$R_{max} = (\frac{P_t \cdot G_t \cdot \sigma \cdot \lambda^2 \cdot G_r}{64\pi \cdot L \cdot P_{min}})^{1/4} \qquad (1-1)$$

式中：P_t 为雷达发射功率，G_t 为发射天线增益，G_r 为接收天线增益，λ 为雷达工作波长，L 为系统和传播损耗，P_{min} 为雷达最小接收功率，σ 为目标雷达散射截面。

由式(1-1)可知，雷达的最大探测距离正比于目标雷达散射截面，目标雷达散射截面越大，则目标越早被探测雷达发现，目标被追踪打击的概率越大。因此，提升目标雷达隐身性能的关键在于如何缩减目标雷达散射截面。随着雷达隐身技术的发展，各类目标的雷达散射截面已几乎与目标体积大小没有关系，如一颗直径 1 m 的龙伯球散射体的雷达散射截面可达 2000 m^2，而一架长达 20.1 m 的 F117A 的雷达散射截面仅为 0.02 m^2[6]，飞进距雷达 90 km 范围内才被发现。类似尺寸的非隐身飞机 B-52 雷达散射截面却高达 100 m^2，飞进敌方雷达 901 km 范围内即可被发现[7]。而一旦被敌方探测雷达发现，便会采取打击措施，因此，提升武器装备生存能力的关键在于缩减目标雷达散射截面。

缩减雷达散射截面的方法主要有赋形、雷达吸波材料、无源及有源阻抗加载。一般来讲，赋形是控制目标雷达散射截面的第一步，然后采用雷达吸波材料弥补赋形缩减技术的不足之处[8]。

1.1.1 赋形

赋形是一种通过改变目标外部特征减少沿特定方向（通常是后向散射）的雷达波反射信号的隐身技术。F117A 飞机隐身总设计师曾经说过，F117A 的隐身设计关键是"外形、外形、外形、材料"，因此，飞机的隐身外形设计十分重要，如果隐身飞机的外形设计水平不高，后期依靠吸波材料也难以弥补[9]。

尽管修剪目标外部特征的赋形技术可有效缩减雷达散射截面，但目标外部特征同样影响着飞机气动性能，F117A 的设计就是这样一个极端的例子：Lockheed Martin 公司基于多面体反射原理，利用上百块平板拼接成 F117A 的机身，这架具有超高隐身性能的战机在雷达上显示比小鸟还小。正因为这是一架由电磁工程师而非气动工程师设计的飞机。该飞机气动外形不佳，阻力大，仅有亚声速气动性能，只能依靠高隐身性能在夜里隐蔽出航执行任务。

赋形的目的在于通过修整目标的形状轮廓、边缘与表面，使其在雷达主要威胁方向（后向散射、鼻锥前向 ±30°~45° 范围）上获得雷达散射截面的缩减[6]。赋形技术通常将雷达回波从一个视角转移到另一个视角，从而降低高威胁区的反射回波[10]，因此，赋形对于缩减特定角度的雷达散射截面有突出作用。外形设计技术可达雷达散射截面总缩减量的 30% 左右[7]，但一个角度范围内雷达散射截面的缩减常常伴随着另一角度范围内雷达散射截面的增加，而全角度范围缩减目标的雷达散射截面,必须结合雷达吸波材料。

1.1.2　雷达吸波材料

雷达吸波材料是指能够吸收并损耗雷达波,达到减少目标雷达散射截面,使雷达难以发现目标,赋予目标雷达隐身功能的一种功能材料。其基本原理是吸收投射在吸波材料表面的雷达波,并通过材料内部的介质损耗将雷达波能量转换成其他形式的能量(主要是热能),从而损耗掉探测雷达波的电磁能量,破坏探测雷达回波信号的完整性,降低雷达发现目标的概率,为武器装备的突防和生存赢取宝贵时间。

如图 1 – 1 所示,当雷达波辐照到吸波材料表面,由于吸波材料与空气间的阻抗差异,雷达波将在吸波材料 – 空气界面处发生部分反射,而透射部分将进入吸波材料内部被转换成热能等形式被消耗掉。

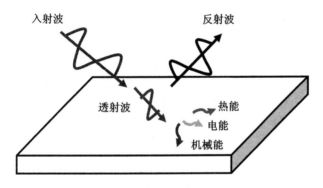

图 1 – 1　雷达吸波材料工作原理

理想吸波材料需同时满足以下两个条件[7]:

(1)雷达波能最大限度进入材料内部(匹配特性);

(2)雷达波能迅速被衰减在材料内部(损耗特性)。

如果在服役频段内,吸波材料完全满足以上两个条件,几乎可吸收并损耗掉所有入射的雷达波,使探测雷达无法接收到任何回波信号,从而完美地实现雷达隐身功能。

1.1.3　有源与无源阻抗加载

有源、无源阻抗加载,或称有源、无源频率选择表面,是基于相位对消原理,在目标高威胁区引入有源或无源二级散射源来缩减雷达目标散射截面的技术[8]。无源阻抗加载技术通常在飞行器表面引入开孔单元、缝隙阵列等特殊结构,用以改变表面电流分布,缩减给定方向的雷达散射截面。而有源阻抗加载通过传感器获取探测雷达波的幅值与相位，采用转发器发送相位相反的雷达波，用以缩减高威胁区雷达散射截面[11]。但无论有源阻抗加载还是无源阻抗加载，都需提前获取雷达探测波的幅度与相位信息，且该信息将随频率、入射角等诸多因素变化而变化[6]。因此，上述技术较难实现实时宽带隐身，只能在较窄频段内有效缩减目标雷达散射截面[8]。

为扩宽雷达隐身频段，近年来结合了有耗介质的频率选择表面来进行研究，这引起了相关学者的关注[12, 13]。有耗频率选择表面不仅能通过有耗介质损耗雷达探测波，还能通过表面特殊结构变换雷达探测波的回波方向[14]。

据统计，对一架整体隐身效果达 20 dB 的飞机来说，其外形隐身效果为 5 ~ 6 dB，吸波材料隐身效果为 7 ~ 8 dB，其他为阻抗加载技术的贡献[15]。因此，吸波材料技术是提升武器系统隐身水平的关键技术之一。

1.2 雷达吸波材料设计原理及性能表征方法

如上节所述，雷达吸波材料已发展成为提高武器自身突防能力和生存能力的关键技术之一。雷达吸波材料通常采用复介电常数(实部 ε' 和虚部 ε'')和复磁导率(实部 μ' 和虚部 μ'')宏观电磁参数来表征，其数值与材料体系、分布状态、服役环境等众多因素密切相关。随着飞行器作战效能要求的不断提升，航空航天领域已不再满足于单一地提升吸波性能，而是迫切需要研发满足"质量轻、厚度薄、频带宽、吸收强"要求的新型吸波材料。因此，如何设计一种质轻高强的宽频吸波材料成为该学科领域的研究焦点。由于隐身战机涂装或结构隐身件装配步骤繁多，考虑到所需的时间、人力和物力成本，隐身领域电子工程师大多先制备相应结构的平板样件评估该材料隐身性能，材料学家为进一步缩短设计周期，则采取先测量相应结构吸波材料电磁参数，再通过理论模型预测该材料的微波反射率，从而达到节省成本、加速吸波性能的设计目的。下面将主要从吸波材料的微波损耗原理及性能预测方面分别介绍吸波材料的设计原理，并以波导法和弓形法为例分别介绍吸波材料电磁参数表征方法及反射率测量原理。

1.2.1 微波损耗原理

按吸波带宽分类，吸波材料可分为单频吸波材料和宽频吸波材料。单频吸波材料通常利用电磁波干涉相消原理，设计吸波材料在某单一频率点实现电磁波的强吸收，相邻频点的吸波性能将随偏离设计频点的距离增大迅速减弱。而宽频吸波材料则利用材料电磁参数随频率变化的特点，在较宽频率范围内通过介质损耗实现电磁波的吸收。在单一频点的吸波性能上，由于单频吸波材料优于宽频吸波材料，因此，需要吸收特定频率点的电磁波时，通常采用单频吸波材料。而在需降低一段频率范围内材料表面的电磁波反射时, 则采用宽频吸波材料。雷达吸波材料的微波损耗原理主要包含干涉相消、介质损耗和谐振损耗, 而谐振损耗可能同时包含干涉相消和介质损耗。

1.2.1.1 干涉相消

干涉相消是指空气 – 介质界面处的幅值相等、相位相反的入射波和反射波叠加相互抵消的现象, 其中反射波由电磁波入射在界面处的直接反射波和透射入材料内部经反射再透射出入射面的反射波两部分组成, 叠加而成的反射波幅值等于入射波幅值, 相位与入射波相位相反, 从而在空气 – 介质界面处实现干涉相消。

为实现干涉相消, 材料厚度需限定为材料中电磁波波长的 1/4 的奇数倍, 理论上该类材料可在特定频率点上实现无反射。最早出现的干涉损耗型吸波材料是由科学家 W. W. Salisbury 和 J. Jaumann 发明的 Salisbury 屏和 Jaumann 吸波材料[16, 17]。两者结构类似, Salisbury 屏金属底板前仅包含一个无损介质层和一个电阻层, 而 Jaumann 吸波材料金属底板前包含两个及两个以上电阻层及无损介质层, 电阻层之间填充了无损介质, 针对不同频率的需求, 电阻层前各无损介质的厚度被设计成相应波长的 1/4, 为获得最佳吸波效果, 各电阻层阻抗由外而内逐渐变小, 从而实现多频率点的强吸收, 达到拓宽电磁波吸收频带的目的。其中 Salisbury 屏的结构示意如图 1 – 2(a)所示, 相应等效电路如图 1 – 2(b)所示。

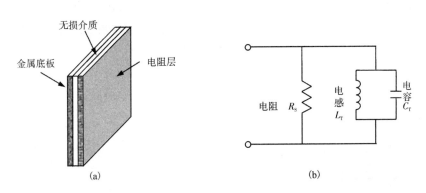

图 1 – 2 Salisbury 屏

(a)结构示意图;(b)等效电路图

如图 1 – 2 所示, Salisbury 屏由金属底板、电阻层和夹在其间的无损介质组成, 该屏的输入阻抗由电阻层的电阻 R_S、金属背板的转换阻抗 L_T 和 C_T 并联构成, 如果金属底板和电阻层间的无损介质层厚度调整到传输其间电磁波波长的 1/4 的奇数倍, 就可实现单频率点的电磁强吸收。当探测雷达波辐照到材料表面时, 一部分电磁波将直接被反射掉, 根据 Fresnel 公式, 该反射波与入射波在分界面上的振动相位将相差半个周期, 另一部分透过吸波材料从金属底板反射出分界面的反射波因为经历两次 1/4 的奇数倍波长变换，该部分反射波在分界面上也将与入射波的振动相位相差半个周期，而且电阻层与金属板间为无损介质，因此，两部分叠加而成的反射波与入射幅值相等、相位相反，两者便相互干涉而抵消，从而使雷达回波信号被衰减掉。

1.2.1.2　介质损耗

介质损耗主要包含介电损耗、磁损耗和电导损耗。研究表明微波频段，介电损耗主要由界面极化和转向极化主导[18]，而该频率范围内的磁损耗主要由自然共振和涡流损耗决定[19]。

（1）界面极化

界面极化又称 Maxwell – Wagner – Sillars 极化（或 Maxwell – Wagner 极化），通常是由电荷堆积造成的，一般发生在介观尺度的不同电介质的分界面或宏观尺度的两相材料分界面上。在外极化电场作用下，不同极性的电荷（离子、电子或束缚电荷）在分界面上间隔一段距离（原子或分子尺度），在电荷分离的过程将外电场极化能转换成介质储存的极化能，电荷重排需要消耗能量，导致转换过程电磁能量的损耗。

因材料在不同相的边界处电导率差异、裂纹或晶区与不定型区的边界，电子或离子均会在界面处聚集，抽取的两相界面如图 1 – 3（a）所示。在外电场 E 作用下，厚度为 d_1 的介质 1 两端将产生 V_1 的电压差，厚度为 d_2 的介质 2 两端将产生 V_2 的电压差，由于微波波长远大于介观尺度的上述介质厚度，因此，可忽略等效电路中的电感效应[20]，该结构等效电路如图 1 – 3（b）所示。

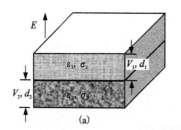
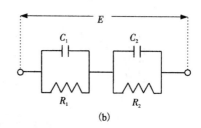

图 1 – 3　界面极化

（a）结构示意图；（b）等效电路图

由分压原理可知，$t = 0$ 时电压加载在并联电路两端，电容刚开始充电，V_1 和 V_2 的表达式如下：

$$V_{1,\,t=0} = V\frac{C_2}{C_1 + C_2} \qquad (1-2)$$

$$V_{2,\,t=0} = V \frac{C_1}{C_1 + C_2} \qquad (1-3)$$

其中，总电压 $V = V_1 + V_2$，当 $t = \infty$ 时电容充放电达到稳态，V_1 和 V_2 的表达式如下：

$$V_{1,\,t=\infty} = V \frac{R_1}{R_1 + R_2} \qquad (1-4)$$

$$V_{2,\,t=\infty} = V \frac{R_2}{R_1 + R_2} \qquad (1-5)$$

引入等效电路方法分析介电响应，电路总导纳 $Y_{eq} = Y_1 Y_2 / (Y_1 + Y_2)$，其中介质 1 导纳 $Y_1 = 1/R_1 + j\omega C_1$，介质 2 导纳 $Y_2 = 1/R_2 + j\omega C_2$，经变量替换得界面极化下介电常数实、虚部表达式：

$$\varepsilon' = \frac{1}{C_0(R_1 + R_2)} \cdot \frac{[(\tau_1 + \tau_2) - \tau(1 - \omega^2 \tau_1 \tau_2)]}{1 + \omega^2 \tau^2} \qquad (1-6)$$

$$\varepsilon'' = \frac{1}{\omega C_0(R_1 + R_2)} \cdot \frac{[1 - \omega^2 \tau_1 \tau_2 + \omega^2 \tau(\tau_1 + \tau_2)]}{1 + \omega^2 \tau^2} \qquad (1-7)$$

其中：ω 为微波角频率，τ_1，τ_2，τ 分别为介质 1，介质 2 和复合材料的弛豫时间。当 $\omega = 0$，∞ 时，介电常数实部分别为：

$$\varepsilon'_{\omega=0} = \varepsilon_s = \frac{\tau_1 + \tau_2 - \tau}{C_0(R_1 + R_2)} \qquad (1-8)$$

$$\varepsilon'_{\omega=\infty} = \varepsilon_\infty = \frac{\tau_1 \tau_2}{\tau} \cdot \frac{1}{C_0(R_1 + R_2)} \qquad (1-9)$$

其中，ε_s，ε_∞ 被称作静态和光频介电常数，将上式代入式(1-6)和式(1-7)得：

$$\varepsilon' = \varepsilon_\infty + \frac{\varepsilon_s - \varepsilon_\infty}{1 + \omega^2 \tau^2} \qquad (1-10)$$

$$\varepsilon'' = \frac{1}{\omega C_0(R_1 + R_2)} + \frac{\omega \tau(\varepsilon_s - \varepsilon_\infty)}{1 + \omega^2 \tau^2} \qquad (1-11)$$

虽然式(1-10)与德拜弛豫实部的表达式一致，但界面极化的弛豫时间 τ 大得多，甚至达到数秒。同时式(1-11)比德拜弛豫的虚部多了第一项表达式，高频时界面极化与德拜弛豫难以辨别，而低频时由导电率引起第一项衰减随着频率增大而降低。界面极化情况下介电常数随频率变化规律如图 1-4 所示。

图 1-4 中界面极化下介电常数虚部中多出的一项就是电导率分量，由式(1-11)可知，该项仅随频率的负一次方变化，因此随着频率上升，电导率分量逐渐降低。在频率较低时，介电常数虚部受电导率分量影响较大，随着频率的升高，介电常数虚部中德拜弛豫分量逐渐占据主导。

电介质微观极化机制主要包含电子云位移极化、离子位移极化和偶极子取向

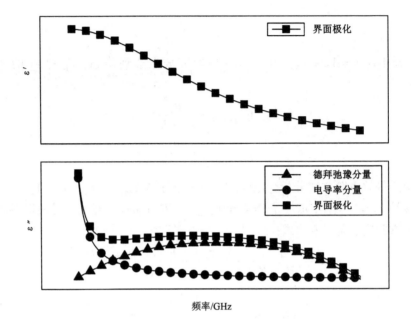

图1-4 界面极化情况下介电常数随频率变化规律

极化[18]，极化电场作用下，介电常数就是综合反映电介质内以上三种微观极化机制的宏观物理量，是极化电场角频率的函数。当角频率较低时，三种微观极化机制均对宏观介电常数有贡献，但随频率升高，电子云位移极化和离子位移极化逐渐不再参与极化行为，而偶极子取向逐渐落后于外场变化，因此介电常数实部随频率升高而下降，介电常数虚部出现明显峰值，如图1-4中方形线所示。

（2）转向极化

一般极性分子的电偶极矩取向都是杂乱无章的，因此宏观电偶极矩为零，在外极化电场作用下，极性分子电偶极矩受到转向力矩的作用沿外电场方向排列，从而产生宏观电偶极矩，而微波频段下，极性分子电偶极矩由于跟不上外电场的变化，产生极化弛豫损耗转换成热能。

转向极化率 α_O 可表示为：

$$\alpha_O = p_0^2 / 3k_B T \tag{1-12}$$

其中：p_0 为极化分子的极矩，k_B 为玻尔兹曼常数，T 为服役温度。

当电偶极矩转向跟不上外场变化时，其弛豫极化表达式如下：

$$\varepsilon' = \varepsilon_\infty + \frac{\varepsilon_s - \varepsilon_\infty}{1 + w^2 \tau (T)^2} \tag{1-13}$$

$$\varepsilon'' = \frac{\varepsilon_s - \varepsilon_\infty}{1 + w^2 \tau (T)^2} w\tau (T) + \frac{\sigma (T)}{\varepsilon_0 w} \tag{1-14}$$

其中：ε_0 为真空介电常数（$= 8.85 \times 10^{-12}$），$\tau(T)$ 为温度相关的弛豫时间，$\sigma(T)$ 为温度相关的电导率，结合式（1-12），得到转向弛豫极化的表达式为：

$$\varepsilon' = \frac{N p_0^2}{3 \varepsilon_0 k_B T V} + \varepsilon_\infty + \frac{\varepsilon_s - \varepsilon_\infty}{1 + w^2 \tau(T)^2} \tag{1-15}$$

$$\varepsilon'' = \frac{\varepsilon_s - \varepsilon_\infty}{1 + w^2 \tau(T)^2} w \tau(T) + \frac{\sigma(T)}{\varepsilon_0 w} \tag{1-16}$$

（3）自然共振

在微波频段，磁导率频谱和损耗由磁畴的自然共振决定。当外磁场频率接近磁化转动的共振频率 $\omega_0 = \gamma H_K$ 时，将发生共振，其中：γ 为由磁矩和角动量关系式得出的旋磁比，H_K 为与晶体结构相关的磁晶各向异性场。由于共振是由磁晶各向异性场和交变磁场相互作用引起的，故称为自然共振。

（4）涡流损耗

导电性较好的材料在交变磁场的作用下，由于磁通量随时间的变化，将在材料表面产生减弱该磁通量变化的环形电流，该电流密度从材料表面向内逐渐减弱，称为趋肤效应，由该电流导致的能量损耗被称为涡流损耗。涡流损耗主导的磁导率频谱满足以下关系式：

$$\mu'' = 2\pi \mu_0 (\mu')^2 d^2 f \sigma \tag{1-17}$$

其中：μ_0 为真空磁导率（$= 4\pi \times 10^{-7}$），d 为材料厚度，f 为微波频率，σ 为材料电导率。将式（1-17）磁导率实部、虚部和频率项移至表达式左边，得：

$$\mu''(\mu') - 2 f^{-1} = 2\pi \mu_0 d^2 \sigma \tag{1-18}$$

因此，如若材料磁导率频谱满足上述表达式，即式（1-18）左端表达式不随频率变化，则可判定磁损耗主要来源于涡流损耗。

（5）电导损耗

与介电损耗和磁损耗不同，电导损耗属于焦耳损耗，一般与频率项无关，介质在电场作用下，使其内部联系较弱的带电粒子作有规律的运动形成传导电流，由该传导电流造成的能量损耗称作电导损耗。凡是涉及极性电荷移动的极化及磁化过程，均伴随着电导损耗。

1.2.1.3　谐振损耗

频率选择表面是一种由大量谐振单元组成的二维周期性结构[16]，该结构本身并不损耗电磁波，但可通过谐振单元选择性地透过某些频段的电磁波，而反射其他频段的电磁波。频率选择表面一般为导电的金属薄膜或涂层，当电磁波入射到频率选择表面上，某些频段的电磁波能被直接转换成金属表面的感应电流，而其他频段的电磁波将继续透过金属层，因此出现频率选择的特性。近年来，更是出现了结合有损介质的有耗频率选择表面来进一步拓宽吸波频带[13]。

1.2.2 微波性能预测

雷达吸波材料设计是一项复杂且需多学科交叉融合的综合技术。为获取吸波性能优异的材料，避免设计的盲目性，采用电磁理论指导雷达吸波材料的设计，不仅可节省大量成本，还能缩短开发周期、提升吸波性能，主要包含等效电磁参数预测和反射率预测两部分。

20 世纪 80 年代，Fernandez 等人报道了垂直入射下理想吸波材料的一般解，给出了最低阶解析解及设计曲线[21]。1996 年，Valenzuela 等人研究单层均质吸波材料时提出了不同阶解析解及通用设计曲线[22]。甘治平等用 Steffensen 加速法求出了理想均匀吸波材料所需电磁参数的必要条件及边界曲线[23]。为什么采用复介电常数和复磁导率宏观电磁参数表征雷达吸波材料？这是因为可逆或不可逆的电磁能量转换都是电磁波与材料相互作用的结果，而可逆电磁能量转换通常由宏观电磁参数实部决定，不可逆电磁能量转换通常由宏观电磁参数虚部决定，因此研究吸波材料的宏观电磁参数具有十分重要的现实意义。单一组分的吸波材料难以同时满足理想吸波材料"轻、薄、宽、强"的要求，因此开发高性能吸波材料的关键在于如何有效预测复合材料的微波性能[24]。

1.2.2.1 电磁性能预测

给定各组分电磁参数及形貌特征，如何计算复合材料的等效电磁参数，最早可追溯到 1891 年 Maxwell 研究复合材料的电磁表征问题[25]。此后，学者们不断地推动了等效电磁理论的发展[26-29]。

假定填充物均匀地分布于基体材料中，在外电场 $\overline{E}$ 作用下将极化填充物，产生极化能，而复合材料的电通量密度 $\overline{D}$ 可表示为：

$$\overline{D} = \varepsilon_h \overline{E} + \overline{P} \tag{1-19}$$

其中：ε_h 为基体材料介电常数，极化能 $\overline{P}$ 由单位体积极化颗粒的数目 n、极化颗粒极化率 α 和极化颗粒内电场 $\overline{E}_{\mathrm{in}}$ 决定：

$$\overline{P} = n\alpha \overline{E}_{\mathrm{in}} \tag{1-20}$$

而复合材料电通量密度 $\overline{D}_{\mathrm{ave}}$ 也可表示为：

$$\overline{D}_{\mathrm{ave}} = \varepsilon_{\mathrm{eff}} \overline{E}_{\mathrm{ave}} \tag{1-21}$$

其中：$\varepsilon_{\mathrm{eff}}$ 为复合材料等效介电常数，$\overline{D}_{\mathrm{ave}}$ 和 $\overline{E}_{\mathrm{ave}}$ 为相应的有效量。将式（1-20）和式（1-21）代入式（1-19）中得：

$$\varepsilon_{\mathrm{eff}} \overline{E}_{\mathrm{ave}} = \varepsilon_h \overline{E}_{\mathrm{ave}} + n\alpha \overline{E}_{\mathrm{in}} \tag{1-22}$$

因此，复合材料等效介电常数可表示为：

$$\varepsilon_{\mathrm{eff}} = \varepsilon_h + n\alpha \frac{\overline{E}_{\mathrm{in}}}{\overline{E}_{\mathrm{ave}}} \tag{1-23}$$

式(1-23)中极化颗粒内电场 $\overline{E}_{\text{in}}$ 与有效场 $\overline{E}_{\text{ave}}$ 的比值是解决复合材料等效介电常数的关键。式(1-21)对应的磁通量密度 $\overline{B}_{\text{ave}}$ 表达式为：

$$\overline{B}_{\text{ave}} = \mu_{\text{eff}} \overline{H}_{\text{ave}} \qquad (1-24)$$

其中：μ_{eff} 为复合材料有效磁导率，$\overline{B}_{\text{ave}}$ 和 $\overline{H}_{\text{ave}}$ 为有效磁通量密度和磁场强度。磁通量密度由填充物和基体共同决定：

$$\overline{B} = \mu_h \overline{H} + \overline{J} \qquad (1-25)$$

其中：μ_h 为基体磁导率，磁偶极矩 $\overline{J}$ 由单位体积填充物数目 n、填充物磁偶极矩 β 和填充物内磁场 $\overline{H}_{\text{in}}$ 决定：

$$\overline{J} = n\beta \overline{H}_{\text{in}} \qquad (1-26)$$

因此，有效磁导率 μ_{eff} 可表示为：

$$\mu_{\text{eff}} = \mu_h + n\beta \frac{\overline{H}_{\text{in}}}{\overline{H}_{\text{ave}}} \qquad (1-27)$$

对比式(1-23)和式(1-27)可知，无源区域内，求解等效电参量与等效磁参量具有互易性，下面仅介绍等效介电性能预测方面的工作。

(1) Wiener 模型

Wiener 模型研究的是离散或连续相平行层状排布的情形，平行层状排布的复合材料具有显著的各向异性，按场方向与层间平面法线夹角分类，Wiener 模型具有两种形式：Wiener 串联模型和 Wiener 并联模型，其通用表达式[30]为：

$$\frac{\varepsilon_{\text{eff}} - \varepsilon_C}{\varepsilon_{\text{eff}} + u\varepsilon_C} = \varphi_D \frac{\varepsilon_D - \varepsilon_C}{\varepsilon_D + u\varepsilon_C} \qquad (1-28)$$

其中：ε_C 为基体介电常数，ε_D 为填充物介电常数，φ_D 为填充物体积分数。式(1-28)中 $u=0$ 时，为 Wiener 串联模型：

$$\frac{1}{\varepsilon_{\text{eff}}} = \frac{\varphi_D}{\varepsilon_D} + \frac{1-\varphi_D}{\varepsilon_C} \qquad (1-29)$$

式(1-28)中 $u=\infty$ 时，为 Wiener 并联模型：

$$\varepsilon_{\text{eff}} = \varphi_D \varepsilon_D + (1-\varphi_D)\varepsilon_C \qquad (1-30)$$

对于不同填充物分布状态，u 的取值不一样(为 $0 \sim \infty$)，如对于理想球形颗粒弥散分布的复合材料 $u=2$，与 Clausius-Mosotti 表达式一致，即

$$\frac{\varepsilon_{\text{eff}} - \varepsilon_C}{\varepsilon_{\text{eff}} + 2\varepsilon_C} = \varphi_D \frac{\varepsilon_D - \varepsilon_C}{\varepsilon_D + 2\varepsilon_C} \qquad (1-31)$$

(2) Raileigh 模型

为了进一步精确描述球形填充物复合材料，Raileigh[31]提出填充物按立方链式规则排布，从而在求解拉普拉斯方程时获得解集，其低含量下忽略填充物间相互作用的 Raileigh 表达式如下：

$$\varepsilon_{\text{eff}} = \varepsilon_C \left[\frac{\varepsilon_D + 2\varepsilon_C + 2\varphi_D (\varepsilon_D - \varepsilon_C)}{\varepsilon_D + 2\varepsilon_C - \varphi_D (\varepsilon_D - \varepsilon_C)} \right] \tag{1-32}$$

（3）Maxwell – Garnett 公式和 Bruggeman 公式

Maxwell – Garnett 和 Bruggeman 公式被广泛应用于计算复合材料等效介电常数[32-35]。高正娟等[36]提出采用简单方程统一表示 Maxwell – Garnett 公式和 Bruggeman 公式：

$$\frac{\varepsilon_{\text{eff}} - \varepsilon_H}{\varepsilon_{\text{eff}} + 2\varepsilon_H} = \varphi_D \frac{\varepsilon_D - \varepsilon_H}{\varepsilon_D + 2\varepsilon_H} + (1 - \varphi_D) \frac{\varepsilon_C - \varepsilon_H}{\varepsilon_C + 2\varepsilon_H} \tag{1-33}$$

当 $\varepsilon_H = \varepsilon_{\text{eff}}$ 时，为 Bruggeman 公式，即：

$$\varphi_D \frac{\varepsilon_D - \varepsilon_{\text{eff}}}{\varepsilon_D + 2\varepsilon_{\text{eff}}} + (1 - \varphi_D) \frac{\varepsilon_C - \varepsilon_{\text{eff}}}{\varepsilon_C + 2\varepsilon_{\text{eff}}} = 0 \tag{1-34}$$

当 $\varepsilon_H = \varepsilon_C$ 时，为 Maxwell – Garnett 公式，即：

$$\frac{\varepsilon_{\text{eff}} - \varepsilon_C}{\varepsilon_{\text{eff}} + 2\varepsilon_C} = \varphi_D \frac{\varepsilon_D - \varepsilon_C}{\varepsilon_D + 2\varepsilon_C} \tag{1-35}$$

（4）其他等效理论

Sihvola 等[28]总结前人工作，提出随机分布椭球填充物等效模型：

$$\varepsilon_{\text{eff}} = \varepsilon_C + \sum_{i=1}^3 \frac{\varphi_D (\varepsilon_D - \varepsilon_C) \left[\varepsilon_A + N_i (\varepsilon_{\text{eff}} - \varepsilon_C) \right]}{3 \left[\varepsilon_A + N_i (\varepsilon_D - \varepsilon_C) \right]} \tag{1-36}$$

$$\varepsilon_A = \varepsilon_C + a(\varepsilon_{\text{eff}} - \varepsilon_C) \quad 0 \leqslant a \leqslant 1 \tag{1-37}$$

其中：N_i 为退极化因子，ε_A 为表观介电常数，当 $a = 0$ 时，$\varepsilon_A = \varepsilon_C$，式（1 – 36）与 Maxwell – Garnett 公式一致；当 $a = 1$ 时，$\varepsilon_A = \varepsilon_{\text{eff}}$，式（1 – 36）与相干势近似表达式一致[37]；当 $a = 2/3$ 时，可获得球形填充物 Polder – van Santen 表达式[38]。

1.2.2.2 吸波性能预测

吸波材料微波性能的优劣由平板材料的微波反射率评估，基于传输线理论的预测方法是现有主流反射率预测理论。

（1）传输线理论

传输线理论将微波辐照下材料等效为电路参数，通过求解电报方程，预测吸波材料微波反射系数 ρ：

$$\rho = \frac{Z_{\text{in}} - Z_0}{Z_{\text{in}} + Z_0} \tag{1-38}$$

$$Z_{\text{in}} = Z_0 \sqrt{\frac{\mu}{\varepsilon}} \tanh \left[\text{j} \left(\frac{2\pi}{c} \right) \sqrt{\mu\varepsilon} fd \right] \tag{1-39}$$

其中：Z_{in} 为材料的等效输入阻抗，Z_0 为自由空间阻抗（377 Ω），μ 和 ε 为材料的复磁导率和复介电常数，c 为光速（3×10^8 m/s），f 为微波频率，d 为材料厚度。吸波材料的反射率 $R = 20\lg|\rho|$。

由式(1-38)可知，材料反射系数 ρ 小于 1，因此反射率 R 小于 0，反射率数值越低，表明吸波材料的回波信号越微弱。该理论不仅能预测单层吸波材料反射率，还能指导多层吸波材料优化设计，因此，受到学者们广泛关注和应用[39-45]。

（2）跟踪计算法[46]

跟踪计算法能跟踪入射波在多层介质分界面的折射和反射情况。这是因为电磁波每遇到一分界面，均要发生折射和反射从而分成折射波和反射波。随着入射波的深入，会不断发生折射和反射，其物理模型如图 1-5 所示。

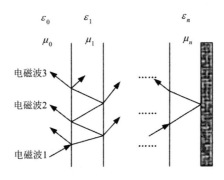

图 1-5　跟踪反射法物理模型

无论入射波、折射波和反射波的叠加如何复杂，在金属底板的作用下，只存在两种情况：①波经过一次或多次反射而折射出吸波材料如电磁波 2 和电磁波 3，这类波的叠加就是吸波材料的反射波；②波经过一次或多次折射和反射最终被衰减在材料内部。

根据传输线理论，第 i 个分界面上沿 x 轴正向传播的反射系数 R_{i+} 为：

$$R_{i+} = R'_{i+} - jR''_{i+} \tag{1-40}$$

$$R'_{i+} = \frac{Z_i'^2 - Z_{i-1}'^2 + Z_i''^2 - Z_{i-1}''^2}{(Z_i' + Z_{i-1}')^2 + (Z_i'' + Z_{i-1}'')^2} \tag{1-41}$$

$$R''_{i+} = \frac{2(Z_i' Z_{i-1}' - Z_i'' Z_{i-1}'')}{(Z_i' + Z_{i-1}')^2 + (Z_i'' + Z_{i-1}'')^2} \tag{1-42}$$

相应的透射系数 T_{i+} 可表示为：

$$T_{i+} = T'_{i+} - jT''_{i+} \tag{1-43}$$

$$T'_{i+} = \frac{2[Z_i'(Z_i' + Z_{i-1}') + Z_i''(Z_i'' + Z_{i-1}'')]}{(Z_i' + Z_{i-1}')^2 + (Z_i'' + Z_{i-1}'')^2} \tag{1-44}$$

$$T''_{i+} = \frac{2(Z_i'' Z_{i-1}' - Z_i' Z_{i-1}'')}{(Z_i' + Z_{i-1}')^2 + (Z_i'' + Z_{i-1}'')^2} \tag{1-45}$$

第 i 层的吸收系数 D_i 为：

$$D_i = \exp\left(-\frac{\omega}{c}\sqrt{\varepsilon'\mu'} \cdot \sqrt{\frac{1}{2}\left[\frac{\varepsilon''\mu''}{\varepsilon'\mu'} - 1 + \sqrt{\frac{\varepsilon'^2 + \varepsilon''^2}{\varepsilon'^2} \cdot \frac{\mu'^2 + \mu''^2}{\mu'^2}} \right]} \right) \quad (1-46)$$

递推到金属背板层 $R = -1$，$T = 0$，则可预测多层吸波材料的微波反射率。

（3）S 参数法

将微波辐照下单层吸波材料抽象为空气–介质–空气三层，雷达探测波大多是圆极化波，大气中以 TEM 模式传播，直角坐标系中只存在电场，即只存在 y 分量，而磁场仅存在 x 分量，假定入射端空气层的电、磁场为 E_{1y} 和 H_{1x}，介质吸波材料层的电磁场为 E_{2y} 和 H_{2x}，而出射空气层的电、磁场分别为 E_{3y} 和 H_{3x}，其物理模型如图 1–6 所示。

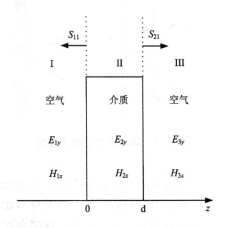

图 1–6　S 参数法的物理模型

根据电磁理论，区域 I 的电磁场 E_{1y} 和 H_{1x} 分布满足：

$$E_{1z} = e^{-jk_0z} + a \cdot e^{jk_0z} \quad (1-47)$$

$$H_{1x} = -\frac{k_0}{\omega\mu_0}(e^{-jk_0z} - ae^{-jk_0z}) \quad (1-48)$$

其中：自由空间波数 $k_0 = 2\pi/\lambda_0$，电磁波角频率 $\omega = 2\pi f$。区域 II 的电磁场 E_{2z} 和 H_{2y} 分布满足：

$$E_{2y} = b \cdot e^{-jk_1z} + c \cdot e^{jk_1z} \quad (1-49)$$

$$H_{2x} = -\frac{k_1}{\omega\mu_0\mu_r}(b \cdot e^{-jk_1z} - ce^{-jk_1z}) \quad (1-50)$$

其中：透入材料内电磁波波数 $k_1 = 2\pi/\lambda_1$，区域 III 的电磁场分布满足：

$$E_{3y} = d \cdot e^{-jk_0z} \quad (1-51)$$

$$H_{3x} = -\frac{k_0}{\omega\mu_0} \cdot d \cdot e^{-jk_0 z} \qquad (1-52)$$

加之 $z=0$ 和 $z=d$ 界面上电场、磁场连续的边界条件，得到 S_{11} 和 S_{21} 的表达式为：

$$S_{11} = \frac{r \cdot (1 - e^{-j2k_1 d})}{1 - r^2 \cdot e^{-j2k_1 d}} \qquad (1-53)$$

$$S_{21} = \frac{1 - r^2}{1 - r^2 \cdot e^{-j2k_1 d}} e^{-jk_1 d} \qquad (1-54)$$

当区域Ⅲ不是自由空间，而是理想电导体底板，则反射系数 S_{11}' 的表达式为：

$$S_{11}' = S_{11} - \frac{S_{12} \cdot S_{21}}{1 + S_{22}} \qquad (1-55)$$

对于均匀材料，$S_{12} = S_{21}$，$S_{22} = S_{11}$，则可获得吸波材料的反射率：

$$R = 20\lg|S_{11}'| \qquad (1-56)$$

1.2.3　波导法电磁参数表征方法

退极化效应作用下的碳纤维形状各向异性导致碳纤维沿不同方向的介电常数具有明显的各向异性[47]。现有电磁参数表征方法中，波导法不仅可研究复合材料电磁参数各向异性，还能研究吸波结构对电磁参数的影响。

矩形波导是最早用于传输微波信号的一类传输线类型，并且至今仍然被广泛应用于高功率系统、厘米波段器件、卫星系统及精确测量等众多领域。电磁场理论指出静态电场无法建立在空心管中，因此空心矩形波导只能传输 TE 和 TM 模，而不能传输 TEM 模信号。

一般矩形波导示意如图 1-7 所示，并假设波导腔中填充着介电常数为 ε，磁导率为 μ 的均质材料。一般将波导横截面中长边沿 x 轴方向摆放，因此 $a > b$。

如前所述，矩形波导可传输 TE 和 TM 模微波信号。一般采用下标 m 和 n 来确定 TE 和 TM 模信号，因此，传播模式可表示为 TE_{mn} 和 TM_{mn}。下标 m 代表沿宽度 a 方向变换周期的数目，下标 n 代表沿高度 b 方向变换周期的数目。

为表征材料 X 波段（8.2 ~ 12.4 GHz）微波电磁参数，必须寻找截止频率低于 8.2 GHz 的矩形波导传播该频段微波信号，从而可靠获取材料电磁参数。矩形波导的截止频率公式如下：

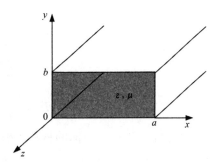

图 1-7　矩形波导示意图

$$f_{c_{mn}} = \frac{c}{2\pi \sqrt{\mu\varepsilon}} \sqrt{\left(\frac{m\pi}{a}\right)^2 + \left(\frac{n\pi}{b}\right)^2} \qquad (1-57)$$

截止频率最低的传播模式作为主模传输，又因为此处假设 $a > b$，因此 TE_{10} 传播模式的截止频率最低为：

$$f_{c_{10}} = \frac{c}{2a \sqrt{\mu\varepsilon}} \qquad (1-58)$$

而一般样品相对磁导率与相对介电常数的乘积大于 1，因此，要设计截止频率低于 8.2 GHz 的波导腔，则需要宽边 $a > 18.29$ mm，同时考虑到传播主模 TE_{10} 微波信号，所以，选择 $a = 22.86$ mm，$b = 10.16$ mm 的波导法兰。

通过求解法兰内亥姆赫兹方程，得到波导腔内电磁场的分布：

$$H_z = A_{10} \cos\frac{\pi x}{a} e^{-j\beta z} \qquad (1-59)$$

$$E_y = \frac{-j\omega\mu a}{\pi} A_{10} \sin\frac{\pi x}{a} e^{-j\beta z} \qquad (1-60)$$

$$H_x = \frac{j\beta a}{\pi} A_{10} \sin\frac{\pi x}{a} e^{-j\beta z} \qquad (1-61)$$

$$E_x = E_z = H_y = 0 \qquad (1-62)$$

其中：TE_{10} 模截止波数 k_C 和传播常数 β 分别为：

$$k_C = \pi/a \qquad (1-63)$$

$$\beta = \sqrt{k^2 - (\pi/a)^2} \qquad (1-64)$$

因此，沿 x 和 y 方向的材料入射区域电磁场分布满足：

$$E_y = \frac{-j\omega a}{\pi} A_{10} \sin\frac{\pi x}{a} e^{-j\beta_0 z} \qquad (1-65)$$

$$H_x = \frac{j\beta_0 a}{\pi} A_{10} \sin\frac{\pi x}{a} e^{-j\beta_0 z} \qquad (1-66)$$

其中，$\beta_0 = \sqrt{k_0^2 - (\pi/a)^2}$，而沿 x、y 方向的材料出射区域电磁场分布满足：

$$E_y = \frac{-j\omega a}{\pi} C_{10} \sin\frac{\pi x}{a} e^{-j\beta_0 z} \qquad (1-67)$$

$$H_x = \frac{j\beta_0 a}{\pi} C_{10} \sin\frac{\pi x}{a} e^{-j\beta_0 z} \qquad (1-68)$$

而材料内沿 x、y 方向的材料出射区域电磁场分布满足：

$$E_y = \frac{-j\omega a}{\pi} B_{10} \sin\frac{\pi x}{a} e^{-j\beta z} \qquad (1-69)$$

$$H_x = \frac{j\beta a}{\pi} B_{10} \sin\frac{\pi x}{a} e^{-j\beta z} \qquad (1-70)$$

由于无源材料的特性，沿 x、y 方向材料分界面的电场和磁场分量连续，与此

前 S 参数法计算方法不同的地方在于，S 参数法中考虑的信号是 TEM 传输方式，而波导腔内只能存在 TE 和 TM 模信号，结合边界条件，通过式(1 - 65) ~ 式(1 - 70)求得反射系数 S_{11} 和透射系数 S_{21}。

$$S_{11} = \mu \cdot (B + C) - 1 \tag{1 - 71}$$

$$S_{21} = \mu \cdot (B \cdot e^{-j\beta d} + C \cdot e^{j\beta d}) \cdot e^{j\beta_0 d} \tag{1 - 72}$$

其中间参数 B 和 C 的表达式如下：

$$C = 2 / \left[\left(\frac{\beta}{\beta_0} + \mu \right)^2 \cdot e^{j2\beta d} / \left(\frac{\beta}{\beta_0} - \mu \right) - \frac{\beta}{\beta_0} + \mu \right] \tag{1 - 73}$$

$$B = \left(\frac{\beta}{\beta_0} + \mu \right) \cdot e^{j2\beta d} / \left(\frac{\beta}{\beta_0} - \mu \right) \cdot C \tag{1 - 74}$$

上式建立了散射参数与电磁参数的关系，因此，采用网络矢量分析仪测得散射参数，再反向计算可获得电磁参数。NRW(Nicolson - Ross - Weir)反演算法指出[48]：

$$S_{11} = \frac{\Gamma(1 - z^2)}{1 - z^2 \Gamma^2} \tag{1 - 75}$$

$$S_{21} = \frac{z(1 - \Gamma^2)}{1 - z^2 \Gamma^2} \tag{1 - 76}$$

其中：P 为传播常数，Γ 为反射常数，当材料厚度为 d 时，其表达式分别为[49]：

$$\Gamma = \frac{Z - Z_0}{Z + Z_0} = \frac{\sqrt{\mu/\varepsilon} - 1}{\sqrt{\mu/\varepsilon} + 1} \tag{1 - 77}$$

$$P = \exp\left(-j \frac{w}{c} \sqrt{\mu\varepsilon} \cdot d \right) \tag{1 - 78}$$

设 $V_1 = S_{11} + S_{21}$，$V_2 = S_{21} - S_{11}$，若 $K = (1 - V_1 V_2)/(V_1 - V_2)$，则反射常数 Γ 和传播常数 P 可表示为：

$$\Gamma = K \pm \sqrt{K^2 - 1} \tag{1 - 79}$$

$$P = (V_1 - \Gamma)/(1 - V_1 \Gamma) \tag{1 - 80}$$

式(1 - 79)中反射常数的模大于 1，则正负号取负号，反之取正号，其中 K 的表达式如下：

$$K = \frac{S_{11}^2 - S_{21}^2 + 1}{2 S_{11}} \tag{1 - 81}$$

由式(1 - 22)可知：

$$\frac{\mu}{\varepsilon} = \left(\frac{1 + \Gamma}{1 - \Gamma} \right)^2 = a \tag{1 - 82}$$

$$\mu \cdot \varepsilon = -\left(\frac{c}{\omega d} \ln \frac{1}{P} \right)^2 = b \tag{1 - 83}$$

联合式(1 - 82)和式(1 - 83)，得到材料的电磁参数：

$$\varepsilon = \sqrt{b/a} \qquad\qquad (1-84)$$

$$\mu = \sqrt{a \cdot b} \qquad\qquad (1-85)$$

而采用上述算法计算待测材料电磁参数的基础是准确获取待测材料两端的散射参数，采用网络矢量分析仪测量材料的散射参数中包含连接转换器、电缆等引起的损耗和相位延迟，需要采用 Through - Reflect - Line(TRL) 校准方法校准其中存在的系统误差、随机误差和飘逸误差。直通校准时两端口网络的信号流如图 1-8 所示。

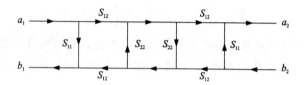

图 1-8　直通校准时两端口网络的信号流图

两端口网络存在两个输入端 a_1 和 a_2，两个输出端 b_1 和 b_2，直通校准时两端口测得的反射系数和透射参数可表示为：

$$T_{11} = \frac{b_1}{a_1}\bigg|_{a_2=0} = S_{11} + \frac{S_{22}S_{12}^2}{1-S_{22}^2} \qquad\qquad (1-86)$$

$$T_{12} = \frac{b_1}{a_2}\bigg|_{a_1=0} = \frac{S_{12}^2}{1-S_{22}^2} \qquad\qquad (1-87)$$

根据对称性及互易性，$T_{22} = T_{11}$ 及 $T_{21} = T_{12}$，反射校准时两端口网络的信号流如图 1-9 所示。

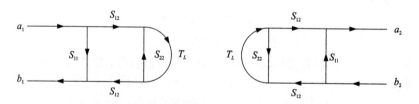

图 1-9　反射校准时两端口网络的信号流图

此时，两端口测量的透射系数为零，反射系数可表示为：

$$R_{11} = \frac{b_1}{a_1}\bigg|_{a_2=0} = S_{11} + \frac{S_{12}^2 T_L}{1-S_{22}T_L} \qquad\qquad (1-88)$$

传输线校准时，两端口间存在长度为 l 的传输线，传输线校准时两端口网络的信号流如图 1-10 所示。

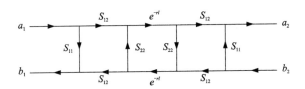

图 1 – 10　传输线校准时两端口网络的信号流图

传输线校准时两端口测量的反射系数和透射参数可表示为:

$$L_{11} = \frac{b_1}{a_1}\bigg|_{a_2=0} = S_{11} + \frac{S_{22}S_{12}^2 \mathrm{e}^{-2rl}}{1 - S_{22}^2 \mathrm{e}^{-2rl}} \qquad (1-89)$$

$$L_{12} = \frac{b_1}{a_2}\bigg|_{a_1=0} = \frac{S_{12}^2 \mathrm{e}^{-2rl}}{1 - S_{22}^2 \mathrm{e}^{-2rl}} \qquad (1-90)$$

由式(1 – 86)至式(1 – 90),可获取 S_{11}、S_{12}、S_{22}、T_L 及 e^{-rl} 五个未知数,从而由网络矢量分析仪测得的散射参数获取材料表面真实反射和透射、散射参数。

1.2.4　弓形法反射率测量原理

弓形法反射率测量系统如图 1 – 11 所示,该测量系统由弓形支架、步进电机、网络矢量分析仪和计算机组成,根据 GJB 2038 – 94 和 GJB 2038A – 2011 中相关规定,标准板采用 180 mm × 180 mm × 5 mm 的电导率大于 3.5×10^7 S/m 的良导体制成。双天线系统中要求标准板的法线与入射线和反射线夹角的角平分线重合,测量程序如下:

①将标准板置于样板支架上;

②调整样板支架,使标准板成水平状态并处于弓形框架圆心;

③测量标准板反射率,记录标准板反射数据;

④用待测吸波板替换标准板,置于样板支架上,测量吸波板反射数据;

⑤计算机处理数据,获得吸波板反射率。

假设收发天线间的耦合噪声、内外环境的辐射噪声等可忽略不计,设由发射天线经标准板反射被接收天线接收的电压为 V_S,用吸波板替换标准板后接收天线测量的电压为 V_A,从而得到吸波材料的电压反射率 Γ:

$$\Gamma = V_A / V_S \qquad (1-91)$$

一般吸波材料反射率表征的是微波信号功率的衰减情况,表示为:

$$\Gamma(\mathrm{dB}) = 20\lg(V_A/V_S) = 20\lg\Gamma \qquad (1-92)$$

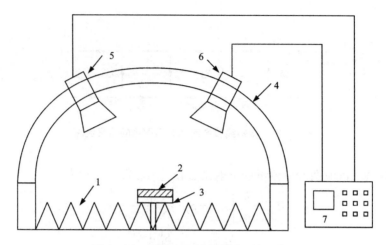

图 1 – 11 弓形法反射率测量系统示意图

1—雷达吸波材料；2—样品；3—样品架；4—拱架；5—发射天线；6—接收天线；7—矢量网络分析仪

1.3 雷达吸波材料研究概况

随着信息技术的迅速发展，现代战争中电子对抗也越来越激烈，因此，对吸波材料的性能也提出了更高的要求，目前新型吸波材料的发展方向主要为："质量轻、厚度薄、频带宽、吸收强"[50]，设计和制备出质轻高强的宽频吸收材料成为该学科领域当前的研究焦点。下面将主要从吸波材料设计、涂层型吸波材料及结构型吸波材料等方面综述雷达吸波材料研究概况。

1.3.1 吸波材料设计

如前所述，吸波材料设计的关键在于：一是如何尽可能减少入射波在空气 – 介质界面处的反射（即阻抗匹配）；二是如何快速衰减掉进入介质的电磁波。传输线理论指出界面处的反射系数 R 由界面两端波阻抗决定：

$$R = \frac{Z_{in} - Z_0}{Z_{in} + Z_0} \quad\quad (1-93)$$

其中：Z_{in} 为介质波阻抗，Z_0 为空气波阻抗，而波阻抗 $Z = \sqrt{\mu_0 \mu_r / \varepsilon_0 \varepsilon_r}$，$\mu_r$ 和 ε_r 为介质的相对磁导率和相对介电常数。由式（1-93）可知，介质的波阻抗越接近空气波阻抗，反射系数 R 越小，则反射的电磁波越少。介质的相对介电常数 $\varepsilon_r = \varepsilon' - j\varepsilon''$，相对磁导率 $\mu_r = \mu' - j\mu''$，两者比值决定了空气 – 介质界面处的反射程度，两者虚部 ε'' 和 μ'' 决定了电磁波在介质中的损耗程度，增大材料的介电常数和磁导率，虚部虽然增强了电磁波的损耗能力，但也将带来更强的界面反射，因此，减少反射和增强损耗之间被认为是相互矛盾的。如何通过成分调控、分布状态、结构设计等方式调整吸波材料的相对介电常数和磁导率成为吸波材料研究的重点。

1.3.1.1　电磁参数设计

A. Fernandez 等最先从阻抗匹配角度，提出单层吸波涂层的一般解析表达式[51]。周永江等利用传输线理论确定了单层吸波材料的最佳电磁参数，得出宽频带吸收下电损耗吸波材料的介电常数实部和虚部需与频率的二次方和一次方成反比，磁损耗吸波材料的介电常数及磁导率实部需与频率二次方成反比，且 ε' 和 μ' 的数值越大，达到良好吸波性能所需的材料厚度越小[40]。房晓勇等研究垂直入射金属基单层吸波材料时，发现电磁参数满足 $\sqrt{\mu/\varepsilon}\,th(\gamma d)=1$ 可实现零反射，其中传播因子 $\gamma=\mathrm{i}2\pi\sqrt{\mu\varepsilon}/\lambda_0$[52]。郑长进等认为理想的阻抗匹配条件需同时满足 $\mu'=\varepsilon'$ 与 $\mu''=\varepsilon''$，但介电常数和磁导率是随频率变化的，因此各个频点均满足上述关系难以实现[53]，随后提出更易满足的"广义匹配定律"，即 $\varepsilon'/\varepsilon''=\mu'/\mu''$[54]。

1.3.1.2　吸波结构优化

K. J. Vinor 和 R. M. Jha 系统地研究了电阻层阻值、介质层介电常数、入射角度、极化方式对 Salisbury 屏吸波性能的影响[14]。王东方等利用多层吸波材料替代无损介质层拓宽了 Salisbury 屏吸波带宽[55]。张海丰等引入三维网格法对 Salisbury 屏进行优化设计，也采用了有损介质替代经典无损介质层[56]。伍瑞新等应用传输线理论研究了金属薄膜 Salisbury 屏的反射率频谱特性，指出该结构金属薄膜厚度应控制在亚微米级以内[57]。

由于 Salisbury 屏一类干涉型吸波结构难以获得足够吸收带宽，在保证吸收峰值的同时显著拓宽吸波频段的损耗型吸波结构引起了学者的关注。徐建国等采用遗传算法设计了介电梯度变化的碳纳米管增强环氧树脂复合材料[58]。李凡采用等效电路法优化设计了 Jaumann 结构的多层吸波材料[59]。鲁先孝等指出同 Jaumann 吸收体一样，Dallenbach 吸收体也是一种阻抗渐变型吸波材料，并综述了国内外渐变型吸波材料研究现状[60]。管登高等采用双梯度设计思想，制备了铁氧体/环氧树脂梯度复合材料，实现了吸波材料低频高吸收[61]。何燕飞等依据阻抗匹配原理，设计了阻抗渐变结构的双层吸波材料[62]。李娟等研究了成分对于夹层结构复合材料吸波性能的影响[63]。马科峰等综述了国内外夹层结构吸波材料的特点，指出影响该结构吸波性能的关键因素[64]。何燕飞等根据强扰动理论推导了蜂窝结构吸波材料等效电磁参数的长波长近似表达式[65]。许少峰等研究了斜入射条件下蜂窝结构吸波材料的反射特性，推导了斜入射下蜂窝结构吸波材料的反射系数公式[66]。赵玉辰等对比分析了 2～18 GHz 内 Hashin - Shtrikman 模型和强扰动理论模型的准确性，为设计蜂窝结构周期尺寸提供理论参考[67]。姚承照等通过多层电路屏、掺杂电损耗介质、磁损耗介质层的方法，开展了拓宽电路模拟吸波材料吸波频带的研究[68]。王国成等采用遗传退火算法加速搜索出电路模拟吸波材料最优解[69]。韩廖明等通过多层金属栅网与多层介质阻抗匹配，不增加厚度的同时显著提升吸收峰值[70]。

1.3.2 涂层型吸波材料

在雷达吸波材料的研制与应用方面，雷达吸波材料可分为吸波涂层材料和结构吸波材料。吸波涂层材料由于维护成本低，更新换代快，受到国内外广泛关注。

1.3.2.1 介电损耗涂层

介电损耗涂层一般以各种形式的碳、碳化硅等为吸波剂，以低介电聚合物为基体。如 S. S. Huang 等研究了短碳纤维/氧化铝复合材料介电性能，1.4 mm 该复合材料吸波性能在 10.2 ~ 12.4 GHz 频率范围内雷达波衰减能力均优于 − 10 dB[71]。刘保荣等研究了 C/Al$_2$O$_3$/SiO$_2$ 涂层的介电和吸波性能，指出 1.8 mm 介电损耗涂层在 9.2 ~ 12.4 GHz 范围内有良好的雷达波衰减能力（ − 10 dB）[72]。卿玉长等研究了不同直径和含量多壁碳纳米管/环氧树脂复合材料的吸波性能，结果表明 2 mm 涂层在 7 ~ 14 GHz 频率范围吸波性能优异（ − 10 dB）[73]。耿健烽等制备了不同含量纳米 Si/C/N 吸收剂，1.7 mm 吸波涂层在 X 波段（8.2 ~ 12.4 GHz）内反射率优于 − 5 dB[74]。张泽洋等对比研究了纳米碳黑、特导纳米碳黑和碳纳米管三种介电吸波涂层，发现 1.6 mm 厚含 20 wt% 碳纳米管的吸波涂层在 11.2 ~ 15 GHz 吸波性能均优于 − 10 dB[75]。江礼等采用等离子喷涂技术制备了纳米莫来石基复合吸波涂层，0.8 mm 厚该涂层在 15 ~ 18 GHz 之间吸波性能均优于 − 5 dB[76]。刘顾等系统研究了 CNTs − SiC/Al$_2$O$_3$ − TiO$_2$ 复合涂层，1.8 mm 该涂层 − 5 dB 吸波带宽达 9.36 GHz[77]。S. S. Huang 等研究了短碳纤维/改性树脂复合材料介电性能，1.8 mm 厚该涂层在 X 波段反射率均优于 − 6 dB[78]。

1.3.2.2 磁损耗涂层

由于磁损耗的加入，磁损耗涂层的阻抗匹配性加强，吸波性能大幅提升，磁损耗涂层一般由均匀分散在低介电基体中的铁氧体等磁性吸波剂组成。如黄小忠等利用碳纤维表面磁性改性，设计并制备了吸波性能优异的夹层结构吸波材料[79]。W. T. Wang 等采用溶胶 − 凝胶法制备了 SrFe$_{12}$O$_{19}$/多壁碳纳米管复合材料，指出添加 6 wt% 的 SrFe$_{12}$O$_{19}$ 后反射损耗可达 − 19.7 dB[80]。L. Wang 等利用电镀法制备了 Fe − Co 合金改性碳纤维，1.7 mm 复合材料反射损耗可达 − 48.2 dB[81]。J. H. Shen 等利用原位化学反应制备了双层核壳结构（Z 型钡铁氧体/氧化硅）@聚吡咯复合材料，2 mm 复合材料反射损耗达 − 19.56 dB， − 8 dB 吸收带宽达 5.56 GHz[82]。C. L. Hou 等利用水热化学法合成了多壁碳纳米管/氧化铁复合材料，12.05 GHz 微波反射损耗达 − 18.22 dB[83]。S. C. Wei 等采用等离子喷涂制备了 W 型六角晶系铁氧体涂层，1.5 mm 该涂层在 14.2 ~ 18 GHz 范围反射损耗优于 -5 dB[84]。张罡等采用乳液聚合法合成导电聚苯胺增强纳米铁氧体吸波涂层，1.5 mm 该涂层在 4.2 GHz 反射损耗达 -39.9 dB[85]。X. G. Meng 等采用电沉积制备了 Fe_3O_4 改性碳纤维，1.7 mm 该复合材料在 8.4 GHz 反射损耗达 -10 dB[86]。

1.3.3　结构型吸波材料

兼顾了承载和吸波双重功能的结构吸波材料，不额外增加重量，具备质轻、高强的优点，又能有效减少雷达探测回波信号，成为当前吸波材料研究热点和发展方向。

自 20 世纪 50 年代开始，美国就已开展结构吸波材料，现役的 F - 117A 隐身战斗机、B - 2 战略轰炸机及 F - 22 先进战术隐身战机，均在不同部位大量使用了结构吸波材料[87]。1990 年以来，各国研制出了多种高性能结构吸波材料，并应用于第四代战机承载与隐身设计[88]。国外已有大量结构吸波材料的应用实例。如美国 Emerson 和 Cuming 公司研制的 SF - RB 系列结构吸波材料在入射角 60° ~ 85°范围内大幅度缩减雷达散射截面[89]。Emerson 公司研制的 Eccosorb MC，以蜂窝结构为隔离层，不仅质量轻、强度高，且工作频段内的衰减达到 20 dB 左右[90]。F - 19A 上大量采用硼纤维复合材料和有吸波性能的碳纤维复合材料，不仅作为承力部件，还能有效减少雷达波反射，吸波性能优异[91]。

在国内，结构吸波材料的研究尚处于起步阶段，西北工业大学、国防科技大学、中国航天科工集团等单位先后对结构吸波材料开展了一些研究工作，且部分产品已能初步应用于武器装备系统的次承力部位。但是，要将结构吸波材料应用于主承力部位，国内的研究水平还有较大差距，还需大量研究人员不懈的努力。

随着新一代战机和巡航导弹等空中武器装备的快速发展，对其隐身性能提出了越来越高的要求。新一代空中武器装备的某些特殊部位，如头锥、翼缘、发动机进气道和喷管等部位需要经历高温、高速热气流冲击等苛刻环境，其局部工作温度将会达到 1000 ℃以上[92]，现有的常温雷达结构吸波材料已难以满足实际应用的需要。为确保空中武器装备的战场生存与突防能力，高温化已成当前结构吸波材料的研究重点，世界各军事强国均在大力发展高性能高温结构吸波材料[93, 94]。有关高温结构吸波材料的研究进展将会在第 2 章进行详细介绍。

1.3.4　吸波材料的发展趋势

常温部位的雷达波隐身一般可通过在部件表面涂覆磁性吸波材料来实现。然而，绝大部分磁性吸收剂的居里温度较低，在高温下将失去磁性，并丧失吸波性能。随着现代空中武器装备的马赫数不断提升，其某些部位的工作温度可能达到 1000 ℃以上，现有常温雷达隐身材料已难以满足实际应用要求，高温吸波材料已

成为决定现在及未来武器装备突防能力的关键材料,已受到世界各国广泛关注。因此,未来吸波材料将会朝着以下方向发展:

(1)轻质、高比强、高比模量以及高韧性

高比强、高比模量的低密度高温结构吸波材料,能降低空中武器装备的自身重量,并且有利于其机动性的提高。高韧性可保证空中武器装备隐身构件在服役过程的可靠性和稳定性,也是未来吸波材料发展的重点。

(2)宽频、高效吸波

随着雷达探测系统及技术升级,对武器系统的隐身能力提出了严峻挑战,现有的雷达吸波材料一般针对某一特定频率段,而雷达探测系统却由不同探测频段的地基、天基雷达组成,如在海湾战争中崭露头角的 F117 隐身飞机,在科索沃空袭中却被低频预警雷达捕捉[95]。因此,为进一步提升材料吸波性能,需向宽频段、高吸收方向发展。

(3)耐温性

随着飞行器速度的不断提升,其蒙皮工作温度不断提高,研究表明马赫数为3.0 的飞机前缘温度可达 240 ℃以上,马赫数 4.0 以上的导弹表面温度高至450 ℃[96]。而现在研制的高声速飞行器马赫数均在 6.0 以上,如洛克希德·马丁公司研发的 SR-72 双发隐形无人机飞行马赫数可达 6.0[97],依靠 B-52 轰炸机投放后的 X-43A 试验机马赫数可达 7.0(约 8200 km/h)[98],印度成功试射了马赫数为 7.5 的"萨尤尔亚"导弹[99]。因此,吸波材料需进一步提高耐温性来适应武器装备的不断升级。

(4)稳定性

近年来,由于高昂的维护费用,吸波涂层逐渐被结构吸波材料取代,吸波材料的稳定性不仅体现在常温—高温范围内吸波性能的稳定性,还包含多次热循环后材料物理、化学性质的稳定性,结构吸波材料的更换成本比吸波涂层更高,因此大力发展结构吸波材料,需提升材料耐温性及抗热震性能。

(5)雷达、红外隐身兼容

高温下,武器装备与背景的红外辐射差异越发明显,这增加了武器装备躲避红外波段探测的难度。因此,在满足雷达隐身的同时,兼容红外隐身是必然的发展方向。

第 2 章　耐高温雷达吸波材料的发展

　　随着新一代空中飞行器的快速发展,以超音速巡航导弹和高马赫数的飞行器为代表,飞行速度越来越快,其某些特殊部位经历高温、热气流冲击等局部温度可达 1000 ℃以上。例如,飞行器在 30 km 高空飞行时,由于气动加热,表面蒙皮的温度随飞行速度的提升急剧增加[100],其变化趋势如图 2 - 1 所示。当飞行器穿梭于空气密集的低空大气层时,短时间内其表面温度将会达到几百甚至上千摄氏度[101 - 104],现有的常温雷达结构吸波材料已难以满足实际需求。因此,为保持内部材料及设备的正常工作,确保新一代空中飞行器的作战效能,亟待发展吸波/承载一体化耐高温雷达吸波材料。

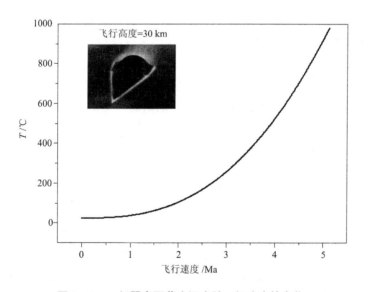

图 2 - 1　飞行器表面蒙皮温度随飞行速度的变化

2.1　耐高温雷达吸波材料研究现状

2.1.1　国外研究现状

　　国外对耐高温雷达吸波材料已进行了多年的研究,并且已经在武器装备上得到了应用。早在 20 世纪 50 年代，美国就陆续对多种型号的侦察机采用各种隐身技术以降低其对雷达波的反射，这是反雷达隐身技术的初始阶段。隐身材料最早应用于军事上，在军用目标的隐身技术研究方面，美国是起步最早、投资最多、收效也是最大的国家，最具代表性的是美国三代隐身飞机，其发展型号、作战特点、隐身措施以及雷达散射截面(radar cross section, RCS)典型值见表 2 - 1。

表 2 - 1   美国三代隐身飞机[105]

代次	型号	特点	隐身措施	RCS/m^2
第一代	F - 117	夜间作战	多平面加隐身材料	0.01 ~ 0.025
第二代	B - 2	气动高、大载荷、隐身	飞行翼加隐身材料	0.1
第三代	F - 22	高空、高速、隐身、昼夜作战、空战和对地攻击	结构加隐身材料	0.1 ~ 0.5
	F - 35			0.5

耐高温吸波材料应用最早也最广泛的要属先进战机[106]，美国用陶瓷基复合材料制成的吸波材料和吸波结构，加到 F - 117 隐身飞机的尾喷管后，使用温度可高达 1093 ℃；法国 SEP 公司制造的 C/SiC 复合材料喷瓣、尾喷管调节片已应用在 Rafale 战斗机的 M88SNEMA 发动机和 Mirage2000 战斗机的 M53 发动机上；洛克希德公司在 F - 117 隐身飞机的研制中，采用陶瓷基材料制备的结构吸波材料，加在尾喷管的后沿可承受高达 1093 ℃ 的高温。美国 F - 117 隐形战机在其发动机四周、主翼前缘、垂直尾翼及前部机身等部位大量采用了碳纤维和反射率很小的硼纤维复合材料。B - 2 战略轰炸机也在中翼盒段、中后段及外翼段大量采用碳纤维结构吸波材料，减轻了机身重量。YF - 22、YF - 23、F - 22 等战机以及先进巡航导弹上都大量采用了碳纤维、碳/芳纶或碳/玻璃纤维混杂作为增强材料的结构吸波材料。法国的"幻影(Mirage)F - 1"战斗机副翼蒙皮采用碳纤维结构的吸波材料；"幻影 2000"战斗机垂尾的大部分和方向舵的全部蒙皮也用吸波的硼/环氧树脂/碳复合材料制造；法国海军战斗机"阵风(Rafale)"的机翼和两段式全翼升降副翼用碳纤维复合材料制造，机身采用 50% 碳纤维复合材料，起落架舱门及发动机舱门均为碳纤维复合材料；英、德、意、西班牙四国合作研制的新型 EF2000 的机身大量采用碳纤维复合材料；美国空军战斗机 F - 16 "战隼(FightingFalcon)"机身采用翼身融合技术，尾翼的垂直安定面蒙皮采用碳纤维复合材料，平尾也部分采用碳纤维复合材料；苏联战斗机米格 - 29 的机翼翼尖、襟翼和副翼采用碳纤维蜂窝结构，垂尾采用碳纤维复合材料。

美国、俄罗斯等国在新一代导弹的研制中也都把导弹的隐身性能作为导弹先进性的一个重要方面，而且各种先进复合材料和耐高温吸波材料也在导弹上得到了广泛应用,国外隐身巡航导弹的应用情况见表 2-2 和表 2-3。由表 2-3 可知,采用了隐身措施后的 RCS 值比未采用隐身措施的要降低一个甚至两个数量级,能大幅提升导弹的突防能力和作战效能。

表 2-2　国外隐身导弹的概况[7]

型号	主要隐身措施	装备情况
ACM (美国先进巡航导弹)	可活动前掠翼,圆拱形弹体外形, 隐蔽进气口,采用雷达波吸收材料	已生产
XSSM - Ⅱ (日本面对面导弹)	涂有 2.5mm 厚的吸波涂料	应用
SRAM (美国短程攻击导弹)	采用吸波复合材料代替金属水平安定面	装备在 B - 52 飞机上
ASM - 1 (日本空舰导弹)	尾翼采用铁氧体玻璃钢	已装备
SSM - 1 (日本地对舰导弹)	尾翼和弹翼均采用铁氧体玻璃钢	应用
AGM - 136A (美国反雷达导弹)	弹体采用雷达透波材料制造, 采用低红外辐射涡扇发动机	已生产

表 2-3　导弹的隐身效果[7]

	无隐身措施	当前隐身水平
空对地导弹	1~2	<0.5(飞鱼)
"战斧"巡航导弹		0.05

2.1.2　国内研究现状

在 20 世纪 80 年代,国内少数单位开始对隐身技术展开探索,但起步就比美国晚了整整 20 年。国防科工委决定,自"七五"开始全面系统地按军方分类部分开展隐身技术预研。1985 年底,国防科工委将隐身技术列为高技术预研课题,从而把隐身技术研究纳入正式轨道,开始了有组织、有规划的研究。

国内在耐高温吸波材料领域进行长期、系统研究的单位比较少,主要有西北工业大学和国防科学技术大学。西北工业大学侧重于纳米颗粒高温吸波剂以及陶瓷基体的研究,材料以非连续纤维增强陶瓷基复合材料为主,且制备工艺以热压法为主。而国防科学技术大学以连续碳化硅纤维增强陶瓷基复合材料为主,制备工艺以自主开发的前驱体浸渍裂解法为代表。我国虽起步较晚，目前也取得了一系列有意义的成果，如罗发在陶瓷基体中引入高温吸波剂，制备了高温吸波材料[107]。赵三团系统地开展了莫来石、MAS和氮化硅陶瓷作为高温吸波材料基体的研究[108]。程海峰等研究了SiC$_f$/SiC复合材料高温介电特性，介电常数实部和虚部在8.2~18 GHz范围内随温度升高而增大[109]。曹茂盛等研究了碳化硅粉末在GHz频段的温谱介电特性及吸波性能，结果表明介电常数实部随温度上升而减小，虚部随温度上升而增大[110]。Z. B. Huang等研究了碳化硅纤维含量和长度对SiCf/LAS耐高温复合材料强度、韧性及介电性能的影响[111]。袁杰等研究了镍改性碳化硅粉体在100~400 ℃范围内X波段介电性能，指出镍改性可大幅提升高温吸波性能[112]。H. Tian等研究了夹心结构SiC$_f$/SiC复合材料高温吸波性能，700 ℃下8~18 GHz吸波性能优于−8 dB[113]。

我国不断推出隐身性能不断提高并且具有自主创新的新型武器装备和新型战机原型机，足见国内对耐高温雷达吸波材料的研究逐渐重视，但总体仍处于研发阶段，与国外相比仍存在较大的技术差距。要真正实现高性能耐高温吸波材料的装备应用，还任重道远。今后高温吸波材料的研究和应用应集中在以下几个方面：

(1)以理论指导高温吸波材料的研制开发，深入研究高温吸波材料损耗机理；

(2)随着服役环境温度的进一步提高，充分结合耐高温吸波材料基体材料力学承载性能的优势，大力发展吸波/承载一体化耐高温吸波材料；

(3)高温吸波材料研究应向兼容型发展，研制开发雷达波、红外、激光等多频段兼容隐身材料；

(4)研制开发智能型高温吸波材料，即能够对探测信号作出感知，并作出最佳响应，使其对各频率电磁波具备宽带吸收能力。

2.2　耐高温雷达吸波材料组元研究进展

对于吸波/承载一体化耐高温吸波材料，一般是以具有耐高温、抗氧化、高强轻质等优异性能的材料体系作为基体，再在此基础上通过不同工艺引入可调节复合材料电磁性能的耐高温吸收剂，实现吸波/承载一体化的目标。就吸波材料而言，其基本构成要素可分为两类：吸波剂和基体材料，而对高温吸波材料而言则需要分别对材料体系进行筛选。

2.2.1　吸波剂的研究进展

吸波剂是吸波材料两大构成要素之一，是损耗电磁波能量的重要组元，是研制吸波材料和提高材料吸波性能的物质基础，而耐高温吸收剂则是制备高温吸波材料的关键。磁性吸波剂因受"居里"温度的限制，在高温环境中失去吸波性能而只能应用于常温吸波材料中。国内外研究应用较多的耐高温吸波剂主要有以下几类。

(1)碳化硅

碳化硅(Silicon carbide, SiC)是一种具有高强度、热稳定性良好、抗氧化性能优异、导热系数高($3.6 \sim 4.9$ W·cm^{-1}·K^{-1})、热膨胀系数低($4.4 \times 10^{-6} \sim 4.8 \times 10^{-6}$ K$^{-1[114]}$)等特点的半导体材料，一直是国内外研究最为广泛的耐高温吸波剂。目前以纤维[115-120]、粉体[100,121]、涂层[122]、基体或界面相[93,123,124]等多种形式广泛应用于高温吸波材料中，其中，SiC 纤维和 SiC 粉是最常用的形态。表2-4列出了一些不同的碳化硅吸波材料在不同频段对于雷达波的衰减情况[127]。从表2-4可以看到纤维状吸波剂比颗粒状吸波剂对电磁波的损耗效率更高，这与相关理论研究结果(在相同材料和相同含量的情况下，具有形状各向异性的纤维状吸波剂比颗粒状吸波剂损耗效率更高[125,126])是一致的。

表 2-4　碳化硅对雷达波的衰减

国别	法国	法国	日本	德国
材料	SiC 陶瓷	C$_f$/SiC	SiC$_f$复合材料	70% SiC 微粉/Si$_3$N$_4$
反射率/dB	$-7 \sim -10$	-10	-20	-7
带宽/GHz	5	$8 \sim 12$	$8 \sim 12$	$7 \sim 10$

SiC 微粉吸收剂一般通过 Acheson 法、溶胶－凝胶(Sol-gel)法、化学气相沉积法(chemical vapor deposition, CVD)等方法制备[128]。对于碳化硅粉体吸波剂可以通过以下两种方法来获得优良的吸波性能：①提高 SiC 粉体的纯度。如日本利用纯度极高的原料制得几乎不含任何杂质的 SiC 粉体，该 SiC 粉体吸波剂具有很宽的吸波频带和很高的吸收效率，但该方法的缺点是纯度极高的原料难以获得，成本高[20]。②掺杂改性。西北工业大学通过对纳米 SiC 进行掺杂，制得了纳米 Si/C/N 吸波剂，具有良好的吸波性能[129-131]。其吸波原理是固溶到 SiC 晶格中的 N 原子取代 C 原子的位置形成晶格缺陷，在电磁场作用下，自由电子移动需要克服一定的势垒，使得电子运动滞后于电磁场变化，出现强烈的极化弛豫，导致电磁波能量的损耗。该纳米 Si/C/N 吸波剂具有以下优点：①介电性能可调，可控制范围 ε' 为 $1 \sim 32$，ε'' 为 $0 \sim 25$；②高温稳定，吸波剂在 700 ℃高温下热处理10 h，微观结构和性能无任何变化；③使用温度范围宽，最高使用温度可达1000 ℃。此外，采用掺杂改性的方法，对 SiC 粉体进行 Al、B、Ni、Fe 元素掺杂改性，同样可获得具有优良吸波性能的 SiC 粉体吸波剂[132-136]。

碳化硅纤维具有良好的力学性能和高温抗氧化性能，作为吸收剂使用的同时还起到强化力学性能的作用，是当今发展最快的吸波剂之一。碳化硅纤维的制备一般采用化学气相沉积法（CVD）[137]和先驱体转化法（precursor infiltration and pyrolysis, PIP）[138]。CVD法制备的碳化硅纤维高温性能好，但直径大（大于100 μm），不利于复杂构件的制备，并且制备成本高，因此，该方法的应用受到很大的限制。PIP法具备可实现先驱体分子设计、易对制品进行改性等优点而应用较为广泛，如 Nicalon、Hi – Nicalon 以及 Tyranno 等碳化硅纤维。

作为高温吸收剂，SiC 纤维具有长径比高、化学成分容易控制等优点。但是单晶碳化硅的电阻率过大（通常大于10^6 Ω·cm）、介电损耗较低，因此，常规制备的碳化硅并不能直接作为雷达波吸波剂，而是通过改进制备工艺或可控改性处理，以此来控制碳化硅的电导率，提高其介电损耗能力。学者们为进一步提高 SiC 的综合性能，对 SiC 纤维吸收剂进行了较深入的研究，主要分为以下几类：

① 高温热处理：Nicalon SiC 纤维在经过高温处理后，会析出大量游离碳粒子，使纤维的电阻率降低、介电损耗增加，从而具有一定的吸波性能。但在高温处理过程中，纤维内部的 O 会与 C、Si 等元素反应，生成 CO_2、SiO_2等物质，使纤维质量下降，力学性能大幅降低。

② 表面改性或化学掺杂：通过在碳化硅纤维表面沉积或涂敷其他物质或是通过制备过程中掺入吸收特性的元素以改善纤维电磁性能。常用的沉积物质有碳[139, 140]、磁性材料[141 - 143]等。但通过碳材料表面改性，最大的问题是高温抗氧化性能差，而对于磁性沉积物，在高温下会失去磁性而导致碳化硅纤维吸波性能下降。

③ 改变形貌：将碳化硅纤维截面从圆形发展成三叶形、"C"形或中空等截面形状后，其吸波性能得到不同程度的改善[118, 144 - 146]。另外，与圆形截面碳化硅纤维相比，异形截面碳化硅纤维的力学性能、纤维与基体间的复合性能等都有较大改善。刘旭光等研究了 SiC 截面形状对纤维电磁性能的影响，结果表明，三折叶形、"T"形、"C"形、"十"形 SiC 纤维的介电及吸波性能明显优于圆截面 SiC 纤维，原因可能是异型截面纤维的叶片顶端的曲率明显大于圆截面纤维，叶片顶端可以富集电荷而产生偶极子，在电磁波作用下产生振荡，异型截面纤维吸波机理的探讨还不够深入，还有待进一步研究。

碳化硅粉体和纤维作为高温吸收剂已经有了较多应用[106]。法国 Alcore 塑料公司试制的法国第一架陶瓷纤维复合材料结构的无人驾驶隐身飞机"豺狼"就大量采用了 Tyranno 碳化硅纤维；法国 ADE 公司研制的 Alkard S C 陶瓷吸收体是一种以 SiC 为主体的掺杂体系，其最高使用温度为 1000 ℃，并可机械加工，在 35 GHz 频带内反射率从 – 10 dB 线性下降；法国 SEP 公司制造的 C/SiC 复合材料喷瓣、尾喷管调节片已应用在 Rafale 战斗机的 M88SNEMA 发动机和 Mirage2000

战斗机的 M53 发动机上；洛克希德公司在 F - 117 隐身飞机的研制中，采用陶瓷基材料制备的结构吸波材料，加在尾喷管的后沿可承受达 1093 ℃的高温；法国马特拉防御公司开发的两大系列隐身材料之一，主要应用于 1000 ℃高温的陶瓷基材料，可以用作亚音速导弹某些部位的面层，如喷管或进气道，这种材料已制成多层的砖块形状，用来包覆导弹上承受强烈热应力的尾部壳体。

（2）石墨、碳黑

石墨及碳黑由于具备密度低、电性能可调、来源广泛等优势，早在二战期间就被用来充填在飞机蒙皮的夹层中吸收雷达波。最为著名的当属称为"超黑粉"的纳米吸波材料[147-151]，是一种石墨 - 热塑性复合材料，不仅对雷达波的吸收率大于99%，而且在低温下（-53 ℃）仍然保持很好的韧性。石墨和碳黑均属于电阻型吸收剂，它们在复合材料内部形成导电网络或局部导电回路，介质在电磁波作用下被电场极化，很容易建立起涡流，使电磁场能量最终以热量的形式被吸收掉。同时，石墨和碳黑粒子的粒径小，具有多空隙，这不仅有利于粒子在复合材料基体中分散均匀，而且对入射电磁波形成多个散射点，电磁波在多次散射过程中能量被逐渐消耗。在透波材料中掺入碳黑，可以使材料介电常数增大，而且可以减少吸波材料的匹配厚度，从而达到减轻吸波材料重量的目的。碳黑导电性好，价格低廉，对复合材料不同的导电要求有较大的选择余地（$10^{-8} \sim 10^{0}$ Ω·cm）。

石墨和碳黑作为高温吸波剂使用时最显著的缺点是高温抗氧化性能差。为提高其抗氧化性能，可采用表面改性方法，如采用硼酸尿素溶液浸渍 - 裂解法，在碳粉表面制备 BN 涂层，可有效改善碳吸收剂的抗氧化能力和阻抗匹配特性[152]。目前针对更高使用温度的改性处理，则主要是将石墨、碳黑吸波剂与其他耐高温陶瓷材料复合制备新型复合吸波剂。如邵南子等[153]采用溶胶凝胶和碳热还原相结合的方法制备了活性碳基 C/SiC/SiO$_2$复合基体材料和沥青碳基 C/SiC/SiO$_2$复合基体材料，其理论反射损耗峰值达 - 30.8 dB，反射损耗小于 - 5 dB 的频宽为6.1 GHz。Liu 等[154]在纳米碳黑中添加微米碳化硅制备了一种新型复合吸波剂，并对其导电性能和微波吸收性能进行了研究，结果表明加入碳化硅可使碳黑的体电阻率和渗流阈值降低，并改善碳黑/碳化硅复合吸波剂的阻抗匹配，当碳化硅的质量含量为 50% 时，厚度为 2 mm 的复合吸波剂最大反射损耗可达 - 41 dB，小于 - 10 dB 的带宽达 6 GHz。此外，Wang 等[155]将有序介孔碳与 Al$_2$O$_3$复合制备C - Al$_2$O$_3$复合吸波剂，当 Al$_2$O$_3$的含量为 50%（质量）时，厚度为 3 mm 的复合吸波剂在 0.5 - 18GHz 频率范围内最大反射损耗达到 - 15.3 dB，小于 - 10 dB 的带宽可达 7.4 GHz。

（3）碳纤维

碳纤维相比于石墨和碳黑这种类球状颗粒而言具备独特的形状各向异性，同时具有高强度、优良的热稳定性等特点，不仅广泛应用于复合材料的增强相，而且是吸波材料吸波剂的首选材料之一,尤其是对高温吸波材料而言。但商业化的碳纤维表现类金属特性,其电阻率较低($< 10^{-5}$ $\Omega \cdot m$),是电磁波的强反射体,因此必须对其进行结构设计及进行化学掺杂或表面改性处理。常用的方法有:

①改变碳纤维的碳化温度[156],以调控碳纤维的结构,来调节碳纤维的电阻率。Xie 等[157]系统地研究了碳化温度对中空碳纤维体电导率的影响,其研究表明碳化温度是调节碳纤维体电导率的主要手段,将碳纤维在 550~950 ℃温度区间进行碳化,可以实现中空碳纤维体电导率在 $10^{-3} \sim 10^3$ $\Omega \cdot cm$ 范围内可调,从而可制得满足吸波要求的碳纤维。但改变碳化温度,特别是降低碳化温度,可使碳纤维内部结构因晶化温度降低而变得疏松,获得较好的吸波效果,然而同时碳纤维的强度和模量也会显著降低。因此,需要综合考虑吸波和力学性能的要求来确定合适的碳化温度。

②改变碳纤维横截面的形状和大小[158],可以精确控制其电导率,使碳纤维具有优良的吸波性能。目前,碳纤维的异性截面有角锥形、三角形、U 形、W 形、Y 形、Y 形、箭形以及中空三角形等[159]。当电磁波入射到这些异型截面时,使纤维获得额外的电磁波损耗机制。战略轰炸机 B-2 上采用了由非圆形特种碳纤维与玻璃纤维混杂编制成三向织物,这种三向织物就像微波暗室结构一样,有许许多多微小的角锥,使反射的雷达波产生散射,经多次散射作用以后,雷达波被吸收掉,从而达到吸波隐身效果。此外,美国 Clementon 大学研究制备的异形截面碳纤维不仅具有较好的吸波性能,还可承受较大的压应力和纤维特有转动惯量[160]。国内北京化工大学也开展了异形截面碳纤维的研究,并成功制备出了异形截面碳纤维,该碳纤维不仅具有较高的介电损耗($\varepsilon''/\varepsilon' = 0.75$,$f = 10$ GHz),还具有较高的磁损耗($\mu''/\mu' = 0.48$,$f = 10$ GHz),且力学性能优异,是一种非常有潜力的吸波碳纤维[161]。刘新等[162]系统研究比较了异形截面聚丙烯腈基碳纤维和 T300 碳纤维增强复合材料的吸波性能和力学性能,发现异形截面碳纤维的电阻率是 T300 碳纤维的 2.76 倍,且异形截面碳纤维复合材料的吸波性能优于 T300 碳纤维复合材料,而两者的力学性能相当。异形截面碳纤维复合材料可同时具有吸波和承载的双重功能,作为结构吸波材料极具发展前景。

③先驱体化学掺杂,在制备碳纤维的先驱体中掺杂其他组分,并经过特殊工艺制得一种新型碳纤维,该方法开辟了碳纤维吸波改性的新途径。国外有报道[163]将具有较高居里温度点的铁系等磁性金属粉末混入聚丙烯腈碳纤维的有机原料中,经350~800 ℃加热碳化后,制得具有较好电性能和磁性能的高强度碳纤维,可作为理想的吸波剂。欧阳国恩等[164]将沥青和聚碳硅烷共混纺丝,再经硫化、烧结等工艺处理,通过调节沥青和聚碳硅烷的比例,制备出了具有较高力学性能和吸波性能的 SiC-C 纤维,其电阻率为 $10^1 \sim 10^5$ $\Omega \cdot cm$,且电阻率可连续调节;这种纤维与环氧树脂复合制成的复合材料在 8~12 GHz 频率范围内对电磁

波衰减达 − 10 dB 以上，最大可达 − 29 dB。孙良奎等[165] 以 SiO$_2$ 溶胶为壳层，聚丙烯腈（PAN）溶液为芯层，采用同轴静电纺丝工艺，经预氧化、碳化处理，制备出了 C/SiO$_2$ 同轴复合纤维，其吸波性能和抗氧化性能均优于纯 PAN 基碳纤维；当纤维质量分数为 20% 时，3mm 厚同轴复合纤维吸波材料在 8 ～ 16 GHz 范围内理论反射率均小于 − 5 dB，最小反射率可达 − 17 dB，小于 − 10 dB 的带宽为 3.3 GHz。

　　④表面改性，在碳纤维表面引入金属、高分子聚合物以及陶瓷相等物质，均可有效改善碳纤维的电磁性能。目前，在碳纤维表面涂覆金属涂层是研究较多且较为有效的表面改性方法。如 Fan 等[166] 采用化学镀的方法在碳纤维表面镀覆了一层镍涂层，涂层改性碳纤维表现出了良好的高频吸波性能，当纤维的质量分数为 30% 时，2mm 厚涂层改性碳纤维复合材料的反射率小于 − 10 dB 的频率范围为 14.4 ～ 18 GHz，最小反射率为 − 14 dB。Zeng 等采用热氧化的方法制备了 CuO 纳米线改性碳纤维，50% 质量分数 CuO 纳米线改性碳纤维复合材料的介电实部值为 20.5 ～ 31.2，虚部值为 6.2 ～ 9.2，并且 CuO 纳米线改性碳纤维复合材料还表现出微弱的磁性，在高频和低频波段对电磁波均有较强的吸收，复合材料反射率分别小于 − 4 dB 和 − 10 dB 时，电磁波频率分别覆盖了 2.5 ～ 18 GHz 和 3 ～ 16.4 GHz。此外，Zeng 等[167, 168] 还采用热氧化方法制备出了 CuO 纳米线/Co 和 ZnO 涂层改性碳纤维，并系统研究了改性碳纤维的吸波性能，结果表明碳纤维表面经金属氧化物涂层改性后其磁性能和吸波性能均明显提高，30% 质量分数改性碳纤维复合材料均具有较宽的吸收频率（≥3 GHz），其介电常数实部 ε' 可调节至 11.1 ～ 27.8，虚部 ε'' 可调节至 0.7 ～ 10.11，并表现出微弱的磁性。另有 Meng 等[86] 采用电镀的方法制备了 Fe$_3$O$_4$ 涂层改性碳纤维，改性碳纤维具有较弱的磁性能，50% 质量分数改性碳纤维复合材料的介电实部值为 26.2 ～ 32.4，虚部值为 7.2 ～ 17.3，厚度为 1.0 ～ 6.0 mm 的复合材料的反射率均小于 − 10 dB。碳纤维表面经金属涂层改性后可明显改善其电磁性能，提高吸波性能，但由于金属涂层的居里温度大多低于 800 ℃，这限制了金属涂层改性碳纤维在更高使用温度环境下的广泛应用。在碳纤维表面制备耐高温陶瓷涂层以提高吸波性能的研究工作，为碳纤维应用于高温结构吸波材料提供了途径。如高文等[169] 利用 SiC 涂层和 SiC − C 共沉积涂层改性碳纤维表面特性，并通过调节涂层的组成和厚度来调节碳纤维的介电常数，当涂层厚度约为 1.6 μm 时，改性碳纤维的介电实部 ε' 下降约 4 倍，而介电虚部 ε'' 下降约 9 倍，使得改性碳纤维复合材料对电磁波的反射减少，吸收率明显增加。王海泉[170] 采用化学气相沉积法在碳纤维表面沉积 TiC 涂层，改性碳纤维复合材料在高频（15 ～ 35 GHz）波段具有良好的吸波性能，有效带宽超过 5 GHz，最大吸收峰达到 − 15 dB，并且在低频（2 GHz 左右）波段也具有很强的电磁波吸收性能，其吸波性能明显高于传统的 SiC 吸波剂。

⑤制备有螺旋形手征结构的碳纤维：当电磁波入射到手征材料中时，交变的电场既诱导介质的极化又诱导磁化，交变的磁场既诱导介质的磁化又诱导极化，从而产生电磁耦合，强烈衰减入射电磁波。

（4）碳纳米管

随着纳米科技的发展，对纳米级碳纤维吸波剂的研究也越来越多。碳纳米管具有高温抗氧化、稳定性好等优点，适合作为耐高温吸波剂使用[171]。对于碳纳米管的吸波机制[172]，一般认为，碳纳米管作为偶极子在电磁场作用下会产生耗散电流，在周围基体作用下，耗散电流被衰减，使得电磁波能量转化成热能等其他形式能量，这是含碳纳米管吸波材料的主要吸波机制。而纳米材料独特的结构使其自身具有大的比表面积，大量悬挂键存在易导致界面极化，且高的比表面积会对电磁波造成多重散射；此外，量子尺寸效应导致纳米离子的电子能级分裂，将增强对电磁波的损耗，这些都是重要的吸波机制。而对于螺旋形碳纳米管这一类手性吸波剂，其结构因素对电磁波的损耗也起到了重要作用，其手性参数(ζ_c)对提高吸波性能的影响大于介电常数(ε_r)对吸波性能的影响。通过调整螺旋形碳纳米管的手性参数(ζ_c)，可使吸波材料实现对电磁波的宽频带吸收。因此，碳纳米管等新型纳米材料的开发将为高温吸波材料的发展提供新型的吸波剂。但高性能且质量稳定的碳纳米管产业化制备还存在一定难度，且作为电传导材料，纯碳纳米管的磁损耗较小而介电常数较高，难以实现复介电常数和复磁导率的匹配而获得优良的吸波性能[173]。为了提高碳纳米管吸波剂的吸波性能，需要通过掺杂其他的纳米材料来对其进行改性处理[174]。

提高碳纳米管吸波剂的吸波性能，可通过改变碳纳米管的结构、排列方式和外应力，控制其介电性能来实现。碳纳米管的结构对其介电性能影响很大，提高碳纳米管的晶化程度可显著降低其介电常数并可提高磁导率实部。而多壁碳纳米管的介电常数、电损耗和磁损耗均比单壁碳纳米管的大。此外，碳纳米管具有较强的压阻效应[175]，当形变量从 0 增加到 3.2% 时，碳纳米管的电导率可从 $10^{-5} \, S \cdot cm^{-1}$ 下降到 $10^{-7} \, S \cdot cm^{-1}$，且变化可逆，因此可通过改变外应力来调节碳纳米管的介电性能，改善吸波性能。除改变碳纳米管的结构、排列方式和外应力等方式来改善吸波性能外，还可对碳纳米管进行掺杂改性。通过碳纳米管与耐高温陶瓷材料的复合制备复合吸波剂，可以提高碳纳米管吸波剂的使用温度。如 Xie 等[176]通过催化裂解工艺制备了碳纳米管/SiC 吸波剂，该吸波剂具有良好的电磁匹配性，在厚度为 1.9 mm 时小于 −10 dB 的带宽可达 5.1 GHz，且具有良好的热稳定性和耐高温性。此外，Song 等[171]将碳纳米管和 SiO_2 复合，制得的复合材料的计算反射率为 30~600 ℃，X 波段均小于 −10 dB，是一种优良的耐高温吸波剂。

（5）硅基非氧化物三元系和四元系陶瓷吸收剂

以 Si - C - N 三元系陶瓷和 Si - B - C - N 四元系陶瓷为代表的硅基非氧化物陶瓷既是优良的结构材料又是性能优异的功能材料,对其制备方法及性能的研究报道数不胜数。同时,作为一种新兴的电磁波吸收剂,研究者们逐渐重视对其介电性能的研究[177-184]。因该非晶态陶瓷中存在着大量缺陷,在电磁波作用下这些纳米界面容易积累电荷,通过松弛极化损耗电磁波能量。

尽管 Si - C - N 或 Si - B - C - N 先驱体陶瓷具有优异的性能,但在高温环境下会出现析晶行为,进而影响力学性能。同时,合成工艺困难,在制备 Si - C - N 陶瓷的过程中,要在隔绝空气的条件下操作,这对工艺条件和原材料的选择要求苛刻,不易满足,难以实现大批量产业化。而且其前驱体聚硅氮烷的价格相对昂贵,不利于成本的降低,合成路线也比较单一,最近几年有关新的合成路线报道较少,目前还难以胜任高效稳定的耐高温吸波剂。

综上所述,SiC 纤维、碳纤维是最有希望作为吸波/承载一体化耐高温雷达吸波材料吸波剂的材料,表 2 - 5 列出了这两种材料与常规的石英纤维性能参数,从表中可以看到与其他陶瓷纤维相比,碳纤维是目前高温性能最好的吸波剂(惰性气氛中,2000 ℃内强度不下降),且它的密度只有 1.7 ~ 2.0 g/cm³,易制备轻质高强吸波材料。同时,高性能、质量稳定的碳纤维商业化程度高,部分型号已实现国产化,且价格相对较低,是最有希望成为耐高温吸波剂的材料。因此,突破常规吸波材料的使用温度,确保复合材料吸波性能在服役环境中的稳定性,应用碳纤维作为吸波剂来制备吸波/承载一体化耐高温结构吸波材料是未来发展的方向。

表 2 - 5　三种常用耐高温吸波纤维的性能

纤维种类	拉伸强度/GPa	拉伸模量/GPa	密度/(g·cm⁻³)	电阻率/(Ω·cm)	稳定温区/℃
T700	4.92	231	1.80	1.22×10^{-7}	>2000
SiC$_f$	3	220	2.55	$10^{-1} \sim 10^{7}$	<1200
石英纤维	7	70	2.2	10^{15}	<700

2.2.2　基体的研究进展

作为吸波材料的基体,对其介电常数的要求非常严格,此外,吸波材料基体的制备、烧结难易程度、热膨胀系数、强度等因素也是选择吸波材料变换层或基体时所要考虑的重要因素。而作为高温吸波材料,不仅要求具有一定的强度,而且还要能够经受反复热冲击，因此变换层或基体还应具有低的热膨胀系数。当前研究较多的高温吸波材料基体可分为两类[106]：①陶瓷基体，如 Si_3N_4、Al_2O_3、AlN、莫来石、董青石等；②耐高温玻璃基体，如 LAS 玻璃、磷酸盐玻璃、MAS 玻璃等，其性能参数详见表 2-6。

表 2-6　高温吸波材料基体的性能

基体材料	密度 /g·cm³	热膨胀系数 /10⁻⁶K⁻¹	抗弯强度 /MPa	断裂韧性 /MPa	介电常数实部	介电常数虚部
Si_3N_4	3.19	2.5~3.6	818~1059	5.8~6.4	8	0.001~0.1
Al_2O_3	3.96	8.8	550~600	2.8~4.5	10.2	0.7
AlN	3.3	4.5	331	3.8	8.1	0.08
Mullite	2.72~2.84	5.3	147~212	2.3~3	5.5~6.3	0~0.5
Cordierite	2.5~2.72	2.5~3	74.3	—	4.5	0
LAS	—	6.6~8.7	103	1.35	7.5	0.16
Si-B-C-N	2.5~2.84	—	270~380	2.3~3.7	—	—
$MoO_3-V_2O_5$ $-P_2O_5-Fe_2O_3$	3.0~3.7	6~11	—	—	8.24~9.02	0.15~0.27

由表 2-6 可知，在众多耐高温吸波材料基体中，从"轻质""高强"以及介电性能等方面加以综合考察不难发现，陶瓷材料的综合性能表现突出，是最有希望应用于耐高温吸波材料的基体材料。同时，陶瓷材料的高温电阻比较高，介电常数低，介电损耗低，是理想的耐高温吸波材料基体。陶瓷材料一方面可以作为较好的绝缘材料，另一方面可以用于电子、军事和核工业上，如开关电路基片、薄膜电容器、高温绝缘体、雷达天线罩、导弹喷管、炮筒内衬、核反应堆的支承件、隔离件和核裂变物质的载体等。表 2-7 列出了不同使用温度范围的常用陶瓷基复合材料，由表可知纤维增强非氧化物陶瓷材料的使用温度约为 1650 ℃，满足耐高温吸波材料的服役要求。

表 2 - 7　常用陶瓷基复合材料的分类[185]

增强材料	基体材料形态		实例	最高使用温度/℃
颗粒	玻璃陶瓷		SiO_2	约800
晶须	玻璃陶瓷		LAS、MAS、CAS	约1100
	氧化物基陶瓷		Al_2O_3、MgO、Sailon	约1300
纤维（连续 纤维、短切 纤维）	非氧化物 基陶瓷	碳化物	B4C、SiC、TiC、ZrC、Mo2C、WC	约1650
		氮化物	BN、AlN、Si_3N_4、TiN、ZrB	
		硼化物	AlB2、TiB2、ZrB2	

综上，国内外对吸波/承载一体化耐高温结构吸波材料的研究主要集中于碳纤维 - 陶瓷基复合材料和碳化硅纤维 - 陶瓷基复合材料两大类。把耐高温吸波剂和基体两大要素从耐温性、力学性能及介电性能、制备及改性技术、成本等方面加以综合考虑可以发现，碳纤维增强陶瓷基复合材料在目前吸波/承载一体化耐高温吸波材料中具有强势竞争力。

2.3　材料高温介电及吸波性能研究进展

2.3.1　理论研究

Debye 方程是研究材料介电常数温谱与频谱特性的重要理论，对材料介电常数随频率及温度的变化规律具有重要的指导意义。考虑到耐高温吸波材料是多组元复合材料，而复合材料高温介电性能取决于各组元介电特性对温度的响应机制。对氮化硅基体的介电性能研究主要是通过第一性原理计算来了解其介电响应机制[186, 187]，但其计算结果只适应于基态($T = 0$ K)的情况。出于计算方法的局限性，对于氮化硅基体介电常数温谱特性鲜见报道。对于复合材料而言，曹茂盛等[188]提出了作为吸波剂的碳纤维介电响应模型，但更多的只是侧重于用 Debye 模型对介电常数随温度的变化趋势进行定性地解释。田昊等[189]获得了室温 ~ 700 ℃具有良好吸波性能的 SiC_f/SiC 复合材料，并从电导率的角度间接地分析了复合材料吸波性能对温度的响应特性。

2.3.2　实验研究

高温吸波材料处于变温环境下服役的特殊环境，研究其介电性能和吸波性能对温度的响应特性非常有必要。近年来，高温吸波材料逐渐受到研究学者的关注，但由于高温电磁参数及高温反射率测试设备成本高、系统复杂，参研单位较少。Cheng – Hsiung Penga 等[190]研究了热压法制备的 LAS 玻璃陶瓷和 LAS – SiC 复合材料在 300～500 ℃范围内 X 波段(8.2～12.4 GHz)的高温反射率,结果表明低于 –10 dB 的吸收带宽为 3.5 GHz,且最小值达 –24 dB。北京理工大学[171, 188]研究了 C_f/SiO_2 和 $CNTs/SiO_2$ 复合材料在 30～600 ℃范围内 X 波段的介电常数,结果表明复合材料介电常数实部和虚部均随着温度的升高而升高,且反射率理论计算值在 X 波段均小于 –7.5 dB。国防科学技术大学[109, 189]设计并制备了夹层结构 SiC_f/SiC 复合材料,并测试了该复合材料在 25～700 ℃的高温介电常数及反射率,结果表明该复合材料介电常数实部在 10 GHz 时随温度增加几乎成直线增加,但其虚部随温度增加呈指数式增加,反射率均小于 –8 dB,但该复合材料在 550～800 ℃范围内的方阻发生急剧的变化,这将对反射率产生较大影响。Jie Yuan 等[191, 192]分别研究了 $BiFeO_3$ 陶瓷在 100～500 ℃、Ku 波段(12.4～18 GHz)以及 Ni 掺杂 SiC 微粉在 100～400 ℃、X 波段(8.2～12.4 GHz)的介电常数,结果表明介电常数实部和虚部随着温度的升高而增加,但由于测试温度范围较窄,介电常数变化的幅度也比较小。

总体来说,目前对耐高温吸波材料的高温介电性能和吸波性能的理论和实验研究均十分有限,特别是碳纤维 – 陶瓷基复合材料。

第 3 章　碳纤维电磁波响应特性

碳纤维为耐高温结构吸波碳纤维复合材料的关键核心组元，首先需要探明碳纤维的电磁波响应特性，为后续复合材料的结构和电性能兼容设计、碳纤维和基体相的介电性能调控以及制备工艺的选择和优化等提供理论指导。

3.1　碳纤维的介电特性

碳纤维具有形状各向异性，其排布方式对介电性能具有显著影响。因此，需分别对定向排布连续碳纤维和随机分布短切碳纤维的介电特性进行研究，以探明碳纤维的介电特性。

3.1.1　定向平行排布连续碳纤维的介电性能

对于介电常数矩形波导测试试样，入射电磁波的电场方向为平行于 X 轴方向，其示意如图 3-1 所示。由于碳纤维具有形状各向异性，以碳纤维束（T700 12K）为原料，石蜡为黏结剂，分别制备单束纤维轴向平行和垂直于电场方向，及全波导尺寸多束纤维轴向平行和垂直于电场方向的 X 波段波导样品（尺寸：22.86 mm×10.16 mm×3 mm），其样品结构示意如图 3-2 所示。

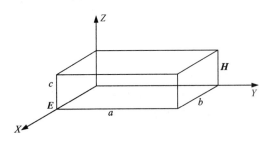

图 3-1　矩形波导试样示意图

a—试样长度；b—试样宽度；c—试样高度；E—电场强度；H—磁场强度

在室温条件下对所制备的碳纤维波导试样的介电常数进行了测试，测试结果如图 3-3 所示。由图 3-3 可知，当单束连续碳纤维轴向垂直于电场方向排布时，复合材料的介电常数值较小［图 3-3（a）］，实部为 2.5 左右，虚部为 0.2 左右。当单束连续碳纤维轴向平行于电场方向排布时，复合材料的介电常数实部具有较大值为 120~300，而虚部出现较大负值［图 3-3（b）］，这可能是因为此时材

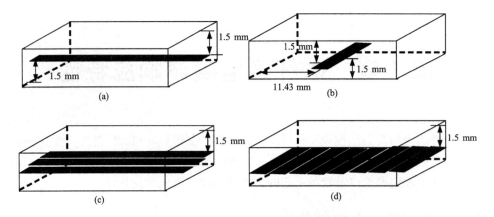

图 3 - 2 定向排布碳纤维波导试样示意图

(a)单束连续碳纤维轴向垂直于电场方向;(b)单束连续碳纤维轴向平行于电场方向;
(c)多束连续碳纤维轴向垂直于电场方向;(d)多束连续碳纤维轴向平行于电场方向

料的介电常数值过大,超过了现有中等损耗材料测试软件的测试量程而报错导致。当全波导尺寸多束连续碳纤维轴向垂直于电场方向排布时,复合材料的介电常数的实部和虚部相比于单束连续碳纤维轴向垂直于电场方向排布时有所增大[图 3 -3(c)],这主要是由于碳纤维束增多,导电能力增强,使得介电常数增大。当全波导尺寸多束连续碳纤维轴向平行于电场方向排布时,与单束连续碳纤维轴向平行于电场方向排布相比,材料的导电能力进一步增强,使得介电常数值进一步增大,导致现有测试系统报错,无法获得准确的介电常数数据。

当碳纤维处于微波电磁场作用下时,由于微波电场的波长远大于纤维的尺寸,对于单根碳纤维可等效为一组电阻 - 电容($R - C$)串联电路,如图 3 - 4 所示。由于微波电场的频率为 $10^9 \sim 10^{11}$ Hz,此时电感是不显著的,因而等效电路中不包括电感[20]。

结合 Maxwell 方程,通过求解等效电路参数(电阻、电容),可求得单根碳纤维内的电极化强度,从而可计算得到单根碳纤维的理论轴向介电常数 $\varepsilon_{//}$(即纤维轴向平行于电场方向)和径向介电常数 $\varepsilon_{\perp}$(即纤维轴向垂直于电场方向)分别为[193, 194]:

$$\varepsilon_{//} = 1 + \frac{\sigma}{2N_{//}\sigma + \mathrm{j}\omega\varepsilon_0} \cdot \frac{2}{ka} \cdot \frac{I_1(kr)}{I_0(kr)} \tag{3-1}$$

$$\varepsilon_{\perp} = 1 + \frac{\sigma}{2N_{\perp}\sigma + \mathrm{j}2\omega\varepsilon_0} \cdot \frac{I_1(kr)}{krI_0(kr) - I_1(kr)} \tag{3-2}$$

其中:r 为碳纤维的半径,I_0、I_1 分别表示零阶虚宗量 Bessel 函数和一阶虚宗量 Bessel 函数,σ 为碳纤维的电导率,$N_{//}$ 和 $N_{\perp}$ 分别表示碳纤维轴向退极化因子和径向退极化因子。

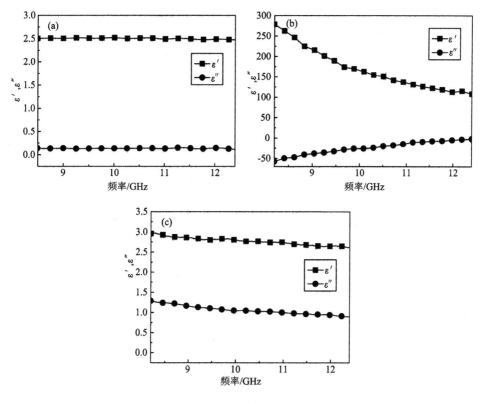

图 3 - 3　定向排布碳纤维波导试样的介电常数

（a）单束连续碳纤维轴向垂直于电场方向；（b）单束连续碳纤维轴向平行于电场方向；

（c）多束连续碳纤维轴向垂直于电场方向

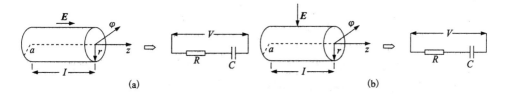

图 3 - 4　微波电磁场作用下单根碳纤维的等效电路

（a）电场方向平行于纤维轴向；（b）电场方向垂直于纤维轴向

　　根据上述碳纤维轴向介电常数 $\varepsilon_{/\!/}$ 和径向介电常数 $\varepsilon_{\perp}$ 的计算公式（式 3 - 1 和式 3 - 2），计算了当入射电磁波频率 $f = 2$ GHz 时，不同长度单根碳纤维的理论介电常数，其结果列于表 3 - 1 中。由表 3 - 1 可知，碳纤维轴向介电常数实部远大于径向介电常数实部。

表 3 - 1 $f = 2$ GHz 时不同长度单根碳纤维的理论介电常数

L /mm	0.1	0.5	1
$\varepsilon_{//}$	44.0362 − j0.0683	644.70 − j1.7101	2192.9 − j11.861
$\varepsilon_{\perp}$	2.0117 − j0.0031	2.0008 − j0.0030	2.0002 − j0.0030

综上所述,当单束或多束连续碳纤维轴向平行电场方向排布时,碳纤维表现为轴向介电常数,其值很大,超出现有电磁参数测试系统测试量程,导致出现如图 3 - 3(b) 所示介电常数虚部出现负值的现象,或因测试系统报错而无法获得电磁参数数据;而当单束或多束连续碳纤维轴向平行电场方向排布时,碳纤维表现为径向介电常数,且其值较小,从而得到如图 3 - 3(a) 和图 3 - 3(c) 所示的结果。因此,当连续碳纤维定向排布时,其介电常数呈现出明显的各向异性。

3.1.2 随机分布短切碳纤维的介电性能

对于部分碳纤维吸波材料,碳纤维主要以均匀分散短切碳纤维作为吸波剂的形式存在。由于碳纤维电阻率较低,当材料中纤维含量较高时,材料呈金属特性,具有电磁屏蔽效应。因此,对于碳纤维吸波材料,纤维的含量应低于具有屏蔽性能的纤维含量。有研究表明当碳纤维含量为 1.5 wt% 时,具有较好的屏蔽性能[195],而当纤维含量小于 0.1 wt% 时,基本无吸波效果[196]。此外,短切碳纤维在复合材料中一般以半波谐振子的形式来损耗电磁波[197],在 2~18 GHz 雷达波段,可由公式 $f\lambda = v$ 计算出具有良好吸波性能的碳纤维的长度范围为 0.5~7.5 mm。因此,为了研究简便,针对 X 波段,先研究含量为 1 wt%,长度分别为 3 mm、4 mm 和 5 mm,随机分布短切碳纤维的介电性能。测试试样由短切碳纤维均匀分散于环氧树脂中,经固化后机加工制得,其介电常数测试结果如图 3 - 5 所示。

从图 3 - 5 可以看出,碳纤维含量为 1 wt% 时,当纤维的长度从 3 mm 增加到 4 mm 时,试样的介电常数实部 ε' 和虚部 ε'' 均随之增大。当纤维长度增加到 5 mm 时,介电常数的值明显下降。由此可知,在含量为 1 wt% 时,4 mm 长碳纤维复合材料的介电常数值相对最大。因此,再针对 4 mm 长碳纤维复合材料,测试了纤维含量分别为 0.5 wt%、1 wt%、1.5 wt% 和 2 wt% 时的介电常数,测试结果如图 3 - 6 所示。由图 3 - 6 可知,当碳纤维长度为 4 mm 时,随着纤维含量从 0.5 wt% 增加到 1.5 wt%,试样的介电常数实部和虚部均逐渐增大。但当纤维含量增加到 2 wt% 时,试样的介电常数实部和虚部均开始显著下降。由此可知,当纤维长度为 4 mm 时,碳纤维复合材料的介电常数随纤维含量的增大,先增大后降低。

短切碳纤维与电磁场作用时,相当于电偶极子或谐振子,会与入射电磁波谐振而产生谐振感应电流。由于碳纤维具有形状各向异性的特点,当感应电流沿纤

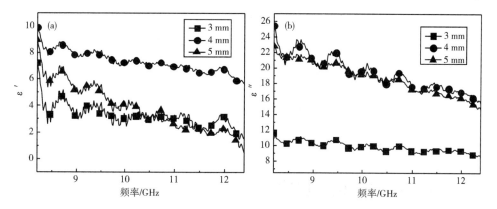

图 3-5 短切碳纤维的介电常数(含量:**1 wt%**,长度:**3 mm,4 mm,5 mm**)

$(a)\varepsilon'$;$(b)\varepsilon''$

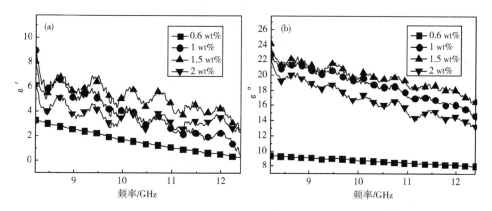

图 3-6 短切碳纤维的介电常数(长度:**4 mm**,含量 **0.5 wt%,1 wt%,1.5 wt%,2 wt%**)

$(a)\varepsilon'$;$(b)\varepsilon''$

维轴向流动时,具有较大的电导率。而当电流沿纤维径向流动时,由于电流不能穿过纤维间的间隙,只能在横截面上流动,此时具有较小的电导率。因此,当纤维长度较小时,电流沿纤维轴向流动时间较短,从而产生的电导较小,导致复合材料的介电常数较小。当纤维长度增加,电流沿纤维轴向流动时间增加,使得复合材料电导率增大,导致介电常数增大。当纤维长度继续增加到某一定值时,会使得纤维彼此接触或相互靠近,形成导电网络,产生强反射效应,但由于阻抗变化使得有功分量部分减少,损耗降低,导致衰减量下降,不会产生较大的复介电常数[198]。因此,当碳纤维含量一定时,复合材料介电常数随纤维长度的增加,先增加后减小。

对于纤维含量变化的情况,当纤维含量较低时,均匀分散的碳纤维彼此隔开,且相互作用较弱,为相互独立的电偶极子,难以形成连续的导电网络,导致介电常数较小。随着纤维含量的增加，碳纤维间的距离逐渐减小，相互接触的几率增大，导电能力显著增强，并形成"导电通道"，使得介电常数随之增大。当纤维含量继续增加到某一定值时，作为谐振子的碳纤维相互接触或靠近，其电力线相互排斥，电场相互叠加，显现出强反射特性，也不会产生较大的介电常数。因此，一定长度碳纤维的介电常数随纤维含量的增加，也是先增加后减小。

综上所述，随机分布短切碳纤维的介电常数与其长度和含量密切相关，一定含量(或长度)的碳纤维在对应的长度(或含量)下才具有相对较大的介电常数。

3.2 碳纤维的磁损耗特性

理想微波吸波材料能够吸收所有频率的微波而不反射其中任何频率的电磁波。完美吸波材料的概念引起学者们研究透波材料来减少界面反射，开发高电磁损耗材料增强衰减进入吸波材料内部的电磁波[199, 200]。实际上，完美吸波材料的实现却受限于无法降低目标折射率至1而实现阻抗匹配，从而彻底消除微波反射。合适比例的复介电常数 ε 和复磁导率 $\mu(\mu/\varepsilon=1)$ 意味着更好的阻抗匹配性，介电常数和磁导率的实部通常均代表材料的储能能力，而介电常数和磁导率虚部代表材料衰减电磁波的能力。如，碳纤维和碳纳米管的强微波吸收能力就是因为具有大的介电损耗能力[201-204]，但也受限于空气-介质分界面的阻抗失配。正是大的介电常数和小的磁导率之间的差异导致了阻抗失配。已有大量研究针对如何提高碳纤维阻抗匹配性，如 Liu 等[205]探讨了纤维分布状态的影响(随机和周期排布)。Singh 等[206]指出导电外壳填充磁损耗组元有利于提升阻抗匹配。缺乏磁损耗能力是导致碳纤维复合材料无法实现理想微波吸收的关键问题，并且碳纤维及其复合材料在上述理论和实验研究中被广泛认为是一种无磁损耗的吸波材料。最近有研究观测到低密度的碳纳米管阵列可实现极低折射率($n=1.01\sim1.10$[207])，该平行碳纳米管阵列不仅反射极微弱的光，还能实现光的强吸收[208, 209]。同时，研究表明如此优良的性能不是来源于碳纳米管本身，而是来源于独特的阵列结构[210]。实际上，如不考虑磁损耗的存在，结合介电损耗和碳纳米管粗糙表面是不足以使碳纳米管垂直阵列有如此低的反射损耗(低于 -30 dB)[211]。正如可见光频率的碳纳米管阵列特性，发现竖直排列碳纤维阵列在微波频段也可实现极低的反射系数。实验研究表明，平行碳纤维样品有望实现理想微波吸收。特殊的纤维阵列呈现合适的阻抗匹配性和相对较高的电磁损耗能力是实现完美电磁吸收的原因。实验结果也表明该特殊结构可实现极低的反射[207]，但碳纤维复合材料中低反射的原因尚未明了。

为探讨阵列结构带来极低反射的原因，本节将通过制备碳纤维阵列增强复合材料并测量其在 8.2~12.4 GHz 频率范围的电磁频谱，系统研究电磁波同碳纤维阵列结构的相互作用机理。

3.2.1　碳纤维阵列复合材料制备及表征

采用的碳纤维是 PAN 基 T700 碳纤维（东丽工业公司，日本），其拉伸模量为 294 GPa，直流电导率为 62500 S/m，直径为 6.8 ~ 7.2 μm。树脂基体是通过混合 87 份环氧树脂（E44）和 13 份增塑剂（邻苯二甲酸二丁酯），然后按 10∶100 比例（重量）添加固化剂（乙二胺）到上述混合物（环氧树脂和增塑剂）。该树脂基体在 X 波段的相对介电常数为 2.95，密度为 1.18 g/cm^3。

碳纤维预制体制备：将一张张 22.86 × 5.0 mm^2 的碳纤维束布从碳纤维无纬布（12K 东丽 T700）上剪下堆积在另一块上方，碳纤维束紧密平行排列于无纬布中，将剪下的碳纤维束布平行地排列于波导腔模具中，纤维束竖直平行分布其中。采用公开报道的真空辅助树脂注模技术[212]，制备竖直阵列碳纤维/环氧树脂复合材料。

采用波导法电磁参数测量方法，利用 Agilent N5230A 网络矢量分析仪表征复合材料的电磁性能，测量系统采用直通 - 反射 - 负载校准技术。电磁参数由测量的散射参数通过标准 S 参数反演算法计算得到。

制备的竖直阵列碳纤维结构的扫描电镜照片如图 3 - 7(a)所示。由图 3 - 7 可知，该尺度上纤维相互接触，均匀分布在整个区域，形成疏松、相互接触的粗糙表面，图中黑色区域也存在大量竖直碳纤维。这种亚微米级表面由于未形成连续表面而十分特殊。图 3 - 7(b)中，50 μm 尺度下纤维竖直而平行的排列。

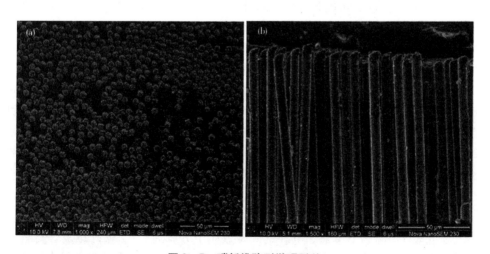

图 3 - 7　碳纤维阵列微观形貌

(a) 顶部方向；(b) 侧面方向

3.2.2 碳纤维阵列复合材料电磁性能

8.2 ~ 12.4 GHz 频率范围，由 Agilent N5230A 网络矢量分析仪测量纤维体积分数为 20.9% 的 4 mm 长碳纤维阵列/环氧树脂复合材料试样、纤维体积分数为 20.9% 的 4 mm 长随机分布碳纤维/环氧树脂复合材料试样及氧化硅试样的介电常数和磁导率，将其进行对比，如图 3 – 8 所示。为评估测量系统的可靠性，对比分析了无损氧化硅试样介电常数和磁导率的测量结果。氧化硅试样的介电常数和磁导率测量结果分别为 $\varepsilon_s = 2 - j0$ 和 $\mu_s = 1 - j0$（图 3 – 8 中实心和空心上三角点线所示），与已有文献报道相符[213]，验证了测量系统及测量结果的有效性。随机分布碳纤维复合材料被认为是高介电损耗[214]和无磁损耗材料，因此随机分布碳纤维/环氧树脂复合材料（图 3 – 8 中实心和空心圆点线所示）介电常数虚部很高而磁导率虚部很低。与阵列式碳纤维/环氧树脂复合材料比较而言，同纤维体积分数的随机分布碳纤维复合材料具有更大的介电常数虚部。碳纤维阵列复合材料的测量结果表明，同体积碳纤维阵列排布可有效降低纤维复合材料的介电常数实部和虚部，有利于改善阻抗匹配，并且该结构的磁导率虚部为 0.1 ~ 0.3，表明阵列结构具有一定磁损耗，并通过磁导率频谱观察到有明显的抗磁性现象（图 3 – 8 中实心和空心方形线所示）。氧化硅试样和随机分布碳纤维复合材料试样的测量结果可直接支撑磁损耗测量结果的有效性，而非测量系统误差所致。该特殊阵列结构的特征在于紧密排列的平行纤维，其间的强相互作用使得碳纤维介电材料具有显著的磁损耗。

20.9 vol% 含量的随机碳纤维/环氧树脂试样电磁参数如图 3 – 8 中实心和空心圆点线所示，其介电常数实、虚部均远高于同体积分数的阵列式碳纤维/环氧树脂试样参数（实心和空心方点线）。这是由于短碳纤维相互桥联，形成导电网络，增强了复合材料的导电能力，同时磁导率频谱显示随机碳纤维的磁导率实部小于 1，是因为微波作用下，相互桥联的碳纤维形成电流环，由法拉第电磁感应定理可知，该电流环将阻碍该闭合面内磁通量的变化，从而出现抗磁性现象，因此小于 1，因磁性项引起的能量损耗很弱，因此磁导率虚部接近 0；相同体积的碳纤维阵列结构不仅介电常数数值大幅度降低，还出现明显的磁损耗（磁导率虚部大于 0.1），这不仅有利于降低吸波材料厚度，还可增强材料微波损耗能力。

3.2.3 碳纤维阵列结构的磁响应模型

研究表明，高频下单根导电纤维的磁效应十分微弱[215]，碳纤维复合材料一般不具有磁损耗能力。此前观察到碳纤维阵列复合材料在整个测量频段内出现的抗磁性现象，是由高频磁场作用下纤维和基体中电子运动的累积效应引起的。外磁场将在纤维上激发电流，控制纤维上电流激发的磁矩是调控竖直阵列碳纤维复

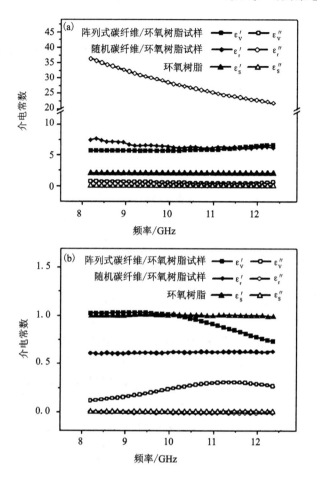

图 3 – 8　阵列式碳纤维，随机碳纤维及氧化硅电磁常数频谱

(a)介电常数；(b)磁导率

合材料磁响应的关键。

　　为深入分析阵列式碳纤维微观结构及极化电场同纤维间相互作用，将借鉴平行纤维模型解释阵列式结构磁响应机制。从扫描电镜照片看(如图 3 – 7)，碳纤维都是平行排列如图 3 – 9(a)所示，相应外磁场作用下与电磁波间相互作用如图 3 – 9(b)所示。$I(l)$ 代表外磁场 **H** 作用下激发的微弱电流，连接导电纤维电流的宏观电流在图中以虚线表示。外磁场将在纤维内激发一部分的环形电流 $I_s(l)$，沿纤维电流 $I(l)$ 的相反方向。实心点圆圈表示磁场方向垂直平面向外。虚线代表纤维间位移电流 $I_d(l)$，而 $U(l)$ 代表两平行纤维间的电压差。

　　如图 3 – 8 所示，阵列式碳纤维/环氧树脂复合材料磁导率频谱出现明显的抗磁性现象。如图 3 – 9(a)所示，在外磁场的作用下，围绕平行纤维的面积($a-b-$

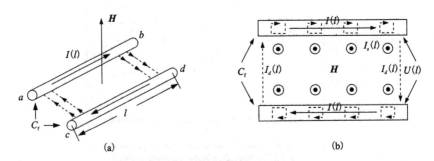

图 3 – 9 理论模型和相互作用示意图

(a) 平行纤维磁响应模型[216]；(b) 外磁场下平行纤维微波相互作用示意图

$d – c$)中将激发感应电流，该感应电流的强度决定了阵列式碳纤维复合材料的磁响应。同时，平行纤维的假设从阵列式碳纤维微观形貌看，也是合理的。

从宏观角度看，电流将像 $I(l)$ 一样具有择优流动方向 [如图 3 – 9(a)所示]。相邻纤维中的大部分环形电流将沿相反方向流动，而纤维内激发的小环形电流方向将随外电场变化而变化 [如图 3 – 9(b)所示]。由能量守恒定律可知，$I(l)$ 等于 $I_s(l)$ 与 $I_d(l)$ 之和，电流 $I_d(l)$ 可表示为电压差 $U(l)$ 除以阻抗 R。由 Faraday 电磁感应定律可知，闭合回路中感应电流正比例于磁通量的变化，而任意闭合面 [如图 3 – 9(a)中的 $a – b – d – c$] 磁通量定义如下：

$$\psi_B = \oiint_S B(r,\ t) \cdot \mathrm{d}A \qquad (3 – 3)$$

其中：$\mathrm{d}A$ 为闭合面的面积单元，B 为磁场强度，因此闭合回路 $a – b – d – c$ 中感应电流可以表示为：

$$I = \frac{U}{R} = -\frac{1}{R}\frac{\partial \psi_B}{\partial t} \qquad (3 – 4)$$

其中：R 为整个回路的电阻（包含纤维和纤维间电阻），感应电流的大小是正比于整个环路磁通量 ψ 的时间变化率。对于静态电路而言，磁通量随时间变化率等于环路面积乘以磁场变化率，因此感应电流与回路面积关联的表达式为：

$$I = -\frac{A}{R}\frac{\partial B}{\partial t} \qquad (3 – 5)$$

其中：A 为垂直磁场方向回路面积，该感生环路电流将有利于减慢由外磁场变化导致的磁通量变化速率。由式（3 – 5）可知，当外磁场随时间变化的一阶导数是常数，闭合回路的电流将随面积 A 减小和电阻 R 的增大而减弱。而抗磁性现象也将随感生电流减小而变弱，因此磁相互作用引起的磁损耗和传导损耗也将减弱。

　　为研究竖直阵列碳纤维复合材料中纤维间距对磁响应的影响，并保证纤维均匀分布波导腔中，分别制备纤维体积分数为 20.9%（稀疏）和 27.8%（致密）的碳纤维阵列/环氧树脂复合材料。首先，将波导测量样品厚度均磨至 4 mm。测量完两个不同体积分数样品的介电常数和磁导率之后，再将这两个样品厚度磨至 3 mm，以研究纤维长度对碳纤维阵列复合材料电磁性能的影响，因为竖直阵列碳纤维结构中样品厚度等于纤维长度。不同纤维体积分数的阵列碳纤维/环氧树脂电磁参数测量结果的对比如图 3 - 10 所示。

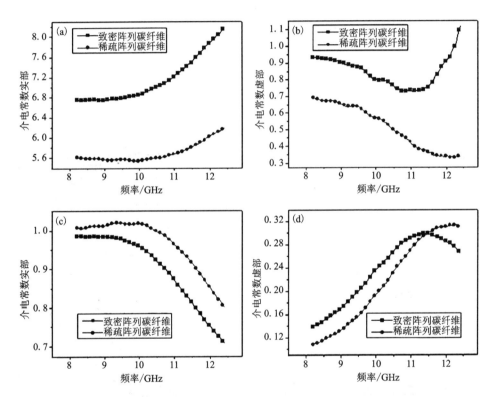

图 3 - 10　27.8%（体积）和 20.9%（体积）阵列碳纤维/环氧树脂复合材料电磁参数（4 mm）
（a）介电常数实部；（b）介电常数虚部；（c）磁导率实部；（d）磁导率虚部

　　不同体积分数的碳纤维阵列/环氧树脂复合材料介电常数实部均随频率升高而增大，虚部随频率升高而减小，其中体积分数为 27.8% 的复合材料试样介电常数虚部在 11 GHz 后随频率升高而增大，明显可见致密样品的介电常数实部和虚部均大于稀疏样品。不同体积分数的碳纤维阵列/环氧树脂复合材料试样磁导率实部和虚部分别随频率升高呈减小和增大趋势。

　　随着碳纤维体积分数下降，介电常数实部和虚部均下降，而磁导率实部上升，虚部下降。由于环氧树脂的介电常数低，阵列式碳纤维复合材料的极化能主要由碳纤维提供，因此随纤维体积分数下降，介电常数实部及虚部会降低。电导率的降低将有利于提升空气－介质间阻抗匹配性。纤维体积分数的改变带来的是平行纤维间距的变化，致密样品中纤维间距相对更短。纤维间距越短，单位长度纤维间电压差 $U(l)$ 越大。由于随着体积分数下降，纤维间距离增大，导致纤维间电阻增大，因此产生的传导电流减小，而电流环产生的抗磁能正比于传导电流的大小，从而抗磁性减弱，电流损耗降低，导致磁导率实部上升而虚部下降。

为研究纤维长度对竖直阵列碳纤维/环氧树脂复合材料磁响应的影响，分别制备纤维长度为 3 mm 和 4 mm 的阵列式碳纤维/环氧树脂复合材料试样，不同纤维长度的碳纤维阵列复合材料试样电磁参数的测量结果如图 3-11 所示。

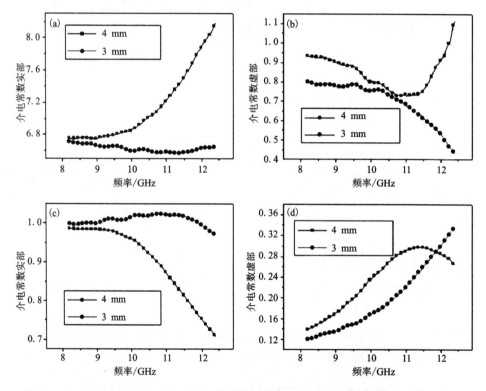

图 3-11 纤维长度为 3 mm 和 4 mm 的阵列碳纤维/环氧树脂电磁参数 (27.8 vol%)

(a) 介电常数实部；(b) 介电常数虚部；(c) 磁导率实部；(d) 磁导率虚部

结果表明，随着纤维长度的减小，介电常数实部和虚部均下降，磁导率实部上升而虚部下降。但复合材料介电常数实部和虚部随纤维长度变化的幅度并不大，因为作为理想竖直阵列排布，如若不是纤维径向介电常数是纤维长度的函数，不同纤维长度的阵列式碳纤维复合材料介电常数测量结果应该一致(不受厚度干涉的前提下),而此处 3 mm 和 4 mm 长碳纤维试样介电常数实部在低频时仅相差 0.1,随后在 12.4 GHz 处差异达 2,而介电常数虚部之间的差距更小。此处 3 mm 和 4 mm 长碳纤维试样介电常数测量值之间的差异可能是由样品厚度干涉所致。半波干涉造成的谐振频率点随样品厚度增加而降低,因此,3 mm 的竖直阵列碳纤维介电常数频谱未观测到明显的谐振现象,而样品厚度增至 4 mm 时复合材料介电常数实部和虚部均出现明显的谐振现象。随着纤维长度的减小,磁导率实部上升而虚部下降,是由于随着纤维长度的减少,平行纤维围成的面积减少,导致传导电流减小,因而随纤维长度减小磁导率实部上升而虚部下降,所以,短纤维竖直阵列碳纤维样品的磁导率实部相对更大(更接近于 1),而磁导率虚部相对更小,也就导致抗磁响应减弱,磁损耗减弱[如图 3 – 11(c)和图 3 – 11(d)所示]。

研究表明,碳纤维阵列结构的确具有磁损耗,而这正是微波吸收材料提升阻抗匹配亟需的。此外,由阵列结构带来的磁损耗,由于不受材料本身磁性质的影响,还可应用于高温环境,可突破传统磁性材料居里温度点的限制。碳纤维阵列结构是耐高温微波吸收材料的理想候选结构。

3.2.4　碳纤维阵列结构的高温磁损耗

碳纤维阵列结构磁损耗的突出优势在于不受限于材料本身的磁性,其磁损耗来源于纤维结构同电磁波间相互作用,因此直到组元不能再承受的超高温度极限(可能超越绝大部分传统磁性材料的居里温度),该磁损耗才会消失。为探究碳纤维结构磁损耗是否随温度升高而消失,使用氧化铝基体替代环氧树脂基体,采用传统溶胶 – 注模工艺,经裂解,烧结制备了竖直阵列碳纤维/氧化铝复合材料。高温波导测量系统示意如图 3 – 12(a)所示,该测量系统由网络矢量分析仪、高温矩形波导测量系统和计算机组成。碳纤维阵列/氧化铝复合材料宏观形貌如图 3 – 12(b)所示。图 3 – 12(c)为高温电磁测量期间,碳纤维阵列增强氧化铝复合材料试样的宏观照片,图片显示碳纤维阵列增强氧化铝复合材料中阵列结构未发生改变,800 ℃高温环境下复合材料结构完整。图 3 – 12(d)中对比了碳纤维阵列/氧化铝与碳纤维阵列/环氧树脂复合材料的磁导率虚部常温频谱,由于氧化铝中存在更多的自由电子,碳纤维阵列增强氧化铝复合材料的磁导率虚部更大,相邻纤维间同样的电压差,在氧化铝基体中将产生更大的感生传导电流 $I_d(l)$[如图 3 – 9(a)中虚线所示]。由于平行纤维的总环形电流受限于相邻纤维间传导电流,因此碳纤维阵列/氧化铝复合材料磁导率虚部比阵列式碳纤维/环氧树脂复合材料磁导率虚部要大[如图 3 – 12(d)所示],碳纤维阵列/氧化铝复合材料的磁损耗能力更强,这可能是由纤维间基体决定的电阻减小引起的,因为随着纤维间电阻减小,纤维间传导电流将增大,磁损耗将增强。

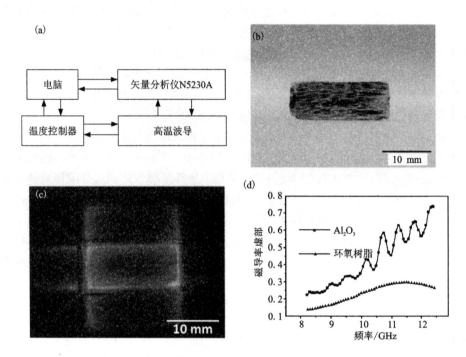

图 3 – 12　高温测量系统及实验结果

(a) 高温测量系统示意图；(b) 碳纤维阵列/氧化铝复合材料宏观照片；

(c) 高温测量时阵列式碳纤维/氧化铝复合材料宏观照片；

(d) 阵列式碳纤维/氧化铝和阵列式碳纤维/环氧树脂间磁损耗比较

　　如理论模型所预测的那样，碳纤维阵列增强氧化铝复合材料在超高温度（800 ℃）环境下仍然具备磁损耗的能力，该结构磁损耗在高温下没有消失。磁导率虚部在 8.2 GHz 的温谱特性如图 3 – 13(a) 所示。该结构磁损耗在 200 ~ 800 ℃ 范围内随温度上升逐渐减小，测量前均采用标准无损氧化硅样品的磁导率虚部检验高温电磁参数测量系统的精度，不同环境下电子运动状态可解释该结构随温度变化的趋势。温度越高，基体材料内电子的不规则运动加剧，由于电子的不规则运动，阻碍了电子的定向移动，因此平行纤维系统的总电流减小，导致磁损耗能力的下降，磁损耗随着温度的上升而下降。竖直阵列碳纤维/氧化铝复合材料在不同频率点的温谱特性如图 3 – 13(b) 所示，微波频率越高，磁导率虚部的值越大。当频率上升，平行纤维模型中的电子运动加速，单位时间内通过纤维单位面积的电子数目增大。因此，较低频而言，高频电场下平行纤维具有相对更大的传导电流。

　　综上所述，阵列式纤维结构在 8.2 ~ 12.4 GHz 频率范围内具有显著的磁损耗，该磁损耗可通过纤维间距、纤维长度等结构参数调控。碳纤维阵列的磁导率

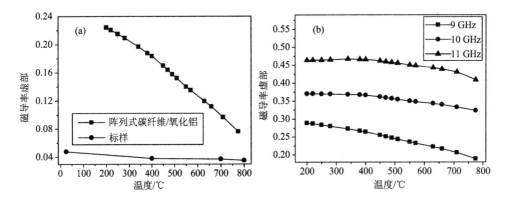

图 3 - 13　碳纤维阵列/氧化铝温谱
（a）8.2 GHz 阵列式碳纤维/氧化铝同标样间磁导率虚部的比较；
（b）阵列式碳纤维/氧化铝不同频率点的温谱曲线

虚部随着纤维长度增大、间距减小而增大，该磁损耗不受限于材料本身磁特性。因此，竖直阵列碳纤维结构的磁损耗将为电磁设计理念带来重大变革，特别是极端高温环境下。与应用于高温环境的合金相比，碳纤维阵列结构磁损耗不受居里温度点限制，可突破 800 ℃的温度上限。

3.3　碳纤维的微波衰减特性

3.3.1　连续碳纤维定向平行排布结构复合材料微波衰减特性

由于碳纤维排布方式对其介电性能影响显著，进而会影响其吸波性能。因此，采用低损耗的切片石蜡为黏结剂，制备不同平行排布方式碳纤维复合材料，对其微波衰减特性进行研究。各试样的编号及结构参数列于表 3 - 2 中，试样的尺寸为：180 mm × 180 mm × 6 mm，其结构示意如图 3 - 14 所示。

表 3 - 2　碳纤维复合材料的结构参数

样品	碳纤维分布	连续碳纤维含量 /vol%	短切碳纤维含量 /vol%
1#	单层连续碳纤维	5	0
2#	平行排布双层连续碳纤维	5	0
3#	垂直排布双层连续碳纤维	5	0
4#	垂直排布单层连续碳纤维	5	0

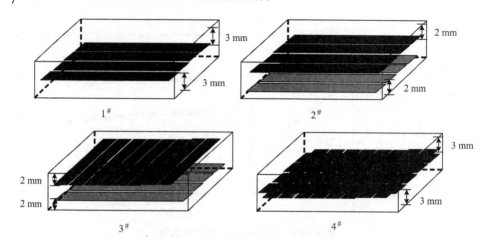

图 3 – 14   碳纤维复合材料的结构示意图

3.3.1.1   极化方式的影响

　　由于定向平行排布碳纤维的介电常数呈现显著各向异性，从而采用垂直极化(碳纤维轴向与入射电磁波的电场方向垂直)和平行极化(碳纤维轴向与入射电磁波的电场方向平行)两种测试方式测试了 1# 试样的反射率，其极化方式示意如图 3 – 15 所示。

　　图 3 – 16 为 1# 试样在垂直和平行极化方式测试条件下的反射率衰减曲线。由图 3 – 16 可知，在平行极化测试条件下，试样的反射损耗基本为零，对入射电磁波呈现强反射特性。在垂直极化测试条件下，

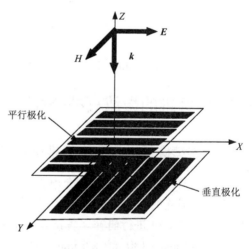

图 3 – 15   极化方式示意图

试样的反射损耗曲线出现明显的吸收峰，最大反射损耗达 – 17 dB，表现出了较好的吸波性能。

　　平行极化测试条件下，碳纤维轴向与入射电磁波电场方向平行，碳纤维表现为轴向介电常数，其数值很大。由材料的特征阻抗表达式[217] $Z = \sqrt{\mu_0\mu_r/\varepsilon_0\varepsilon_r}$ 可知，过高的介电常数使得材料的特征阻抗远小于自由空间的特征阻抗($Z_0 = 1$)，导致阻抗失配，材料对入射电磁波呈现强反射特性。此外，纤维轴向与电场方向平行时，纤维内部自由电子在同一石墨片层移动、跃迁，形成较大的与电场方

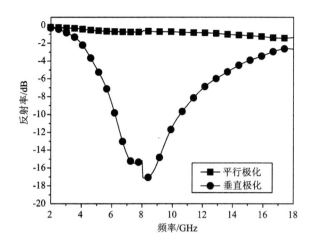

图 3 - 16　1#试样不同极化方式测试条件下的反射率曲线

平行的传导电流[如图 3 - 17(a)所示]，导致材料的电导率增大，增强了材料对
电磁波反射。且形成的传导电流会形成向四周发散的二次电磁波，这又使得材料
的反射特性增强。因此，1#试样在平行极化测试条件下对入射电磁波表现出强反
射特性，对其衰减损耗较小。

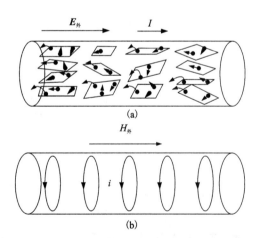

图 3 - 17　不同极化方式测试条件下碳纤维内部电流分布
(a) 水平极化；(b) 垂直极化

　　垂直极化测试条件下，碳纤维轴向与入射电磁波电场方向垂直，碳纤维表现
为径向介电常数，其数值较小。此时，碳纤维复合材料的特征阻抗比较接近自由
空间的阻抗，使得入射电磁波易于进入材料内部被损耗。且入射电磁波磁场方向

与纤维轴向平行，导致纤维内部激发产生涡流电流[图3-17(b)]，涡流电流将对进入材料内部的入射电磁波造成损耗、衰减，涡流损耗为其主要的损耗机制。当材料的厚度(d)和频率(f)满足关系式[218]：

$$d = c/4f\sqrt{|\mu(f)\varepsilon(f)|}$$

其中，$\mu(f)$和$\varepsilon(f)$分别为频率f下的磁导率和介电常数，电磁波会产生干涉相消，导致材料的反射损耗曲线出现峰值。因此，1#试样在垂直极化测试条件下出现电磁波衰减吸收峰，表现出较好的吸波性能。

3.3.1.2 碳纤维排布方式的影响

由图3-16可知，极化方式对定向平行排布长碳纤维复合材料的吸波性能具有显著影响。因此，主要采用垂直极化方式(连续纤维轴向与入射电磁波电场方向垂直)对所制备试样的反射率进行测试，测试结果如图3-18所示。由图3-18可知，2#试样的反射率曲线在5 GHz处出现吸收峰，最小反射率为-16 dB，小于-5 dB的带宽为3.5 GHz，小于-10 dB的带宽为2.5 GHz。3#试样的反射率曲线在6.8 GHz处出现吸收峰，小于-5 dB的带宽为7 GHz，小于-10 dB的带宽为2.5 GHz。4#和5#试样的反射率曲线均无吸收峰出现，对入射电磁波呈现反射特性。

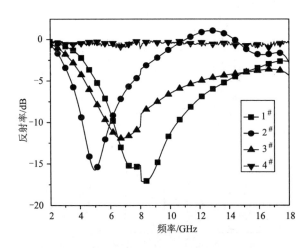

图3-18 垂直极化方式测试条件下碳纤维复合材料的反射率曲线

综上所述，采用单层连续碳纤维定向平行排布及双层连续碳纤维平行或正交平行排布时，碳纤维复合材料具有较好的吸波性能。由前面的分析可知，这主要是因为垂直极化条件下，1#、2#、3#试样表层碳纤维轴向与入射电磁波电场方向垂直，碳纤维具有较小的径向介电常数，有利于阻抗匹配。且入射电磁波的磁场与纤维轴向平行，导致纤维内部激发产生涡流电流，对进入材料内部的电磁波进行衰减、损耗。2#试样的双层平行排布碳纤维层会进一步增强涡流电流，进而增强涡流损耗，这使得反射率吸收峰朝低频方向移动，但同时电流增大会增强反射特性。因此，与 1#试样相比，2#试样表现出反射率吸收峰朝低频移动，高频部分反射特性增强，吸收带宽变窄。3#试样的下层连续碳纤维轴向与入射电磁波电场方向平行，纤维具有较大的电导率和轴向介电常数，这会对电磁波造成较强反射，增加材料的反射特性。但部分反射回去的电磁波会被表层纤维层二次损耗，且部分反射回去的电磁波还会与底层金属板反射回去电磁波发生干涉相消，增强对电磁波的损耗。因此，与 1#试样相比，3#试样的吸波性能仅略有下降。4#试样由于一部分连续碳纤维的轴向平行于电场方向，会产生较大的轴向介电常数和传导电流，且碳纤维正交排列相互接触而形成完整的导电网络，从而对入射电磁波呈现强反射率特性，具有较差的吸波性能。

3.3.2　连续碳纤维格子结构 FSS 复合材料微波衰减特性

　　碳纤维具有模量高、强度大、重量轻、耐高温、热膨胀系数小等一系列优点，在结构型吸波材料中的应用日趋扩大。频率选择表面（FSS）具有良好的滤波特性，其特有的频率选择表面效应能很好地改善吸波材料的吸波性能，在吸波材料领域已得到广泛应用。碳纤维在 GHz 频段的电性能与金属（制备传统 FSS 的原料）非常类似，因此，若将两者结合，即将连续碳纤维制成 FSS 结构，则既可以保留连续碳纤维优异的力学性能，又能使复合材料获得优良的吸波性能。本节主要研究连续碳纤维格子结构 FSS 复合材料的吸波性能，以及各结构参数对复合材料吸波性能的影响，并对其吸波机理进行分析。

3.3.2.1　连续碳纤维格子结构 FSS 复合材料的结构

　　（1）复合材料的结构

　　碳纤维格子结构 FSS 的结构示意以及单层复合材料结构示意如图 3 – 19 所示。图 3 – 19 中 a 表示格子结构的周期尺寸，c 表示每束碳纤维之间的间距，w 为每束碳纤维的宽度，d 为环氧树脂介质层厚度。采用真空辅助树脂注模技术制备样品并进行性能检测。

　　（2）碳纤维格子结构 FSS 周期尺寸的选择

　　当 FSS 的周期尺寸偏离其谐振尺寸很多时，FSS 的作用就会被大幅减弱，甚至可以认为 FSS 不存在。在理想情况下，对于孔径型频率选择表面，电磁波将会被完全反射，此时的 FSS 相当于一个理想的导体面；而对于贴片型频率选择表面，电磁波将完全透过 FSS，此时的 FSS 相当于不存在[219]。因此，对于 FSS 而言，要使其发挥出相应的作用，周期尺寸的选择尤为重要。周期尺寸的范围选择可以由以下三原理来确定[220]：

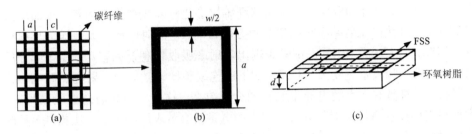

图 3 - 19

（a）碳纤维格子结构 FSS 的结构示意图；（b）格子单元；

（c）碳纤维格子结构 FSS 复合材料结构示意图

①有效媒质理论：当 FSS 的周期尺寸比入射电磁波的波长小得多时，含 FSS 吸波材料的吸波性能仅与介质的电磁参数有关，而与 FSS 的周期尺寸无关。

②匹配理论：当 FSS 的周期尺寸与入射电磁波的波长相差不大时，含 FSS 吸波材料的吸波性能既与介质的电磁参数相关，还与 FSS 的周期尺寸相关。

③电磁绕射理论：当 FSS 的周期尺寸远大于入射电磁波的波长时，含 FSS 吸波材料的吸波性能仅与介质的电磁参数相关，而与 FSS 的周期尺寸无关。

因此，在设计 FSS 时，其周期尺寸的选择依据应该是入射电磁波在介质中的波长。本文中选用的介质为环氧树脂（介电常数为 2.9），因此，将 FSS 的周期尺寸范围选为 9 ~ 25 mm。

3.3.2.2　连续碳纤维格子结构 FSS 复合材料吸波性能的影响因素

频率选择表面的单元形状、周期尺寸等结构参数均会对其吸波性能产生重要影响。下面对影响复合材料吸波性能的因素分别进行讨论。

（1）碳纤维格子在介质中的位置

固定碳纤维格子结构 FSS 的周期尺寸 $a = 13$ mm，介质厚度 $d = 4$ mm，碳纤维 K 数为 12K，将碳纤维格子结构分别置于环氧树脂介质层表面、中间和底面，研究碳纤维格子结构 FSS 的位置对其吸波性能的影响，样品的反射率测试结果如图 3 - 20 所示。

由图 3 - 20 可见，将碳纤维格子结构 FSS 置于环氧树脂介质层表面时，材料的吸波性能最好，其反射率曲线在频率为 14.35 GHz 处出现较大吸收峰，吸收峰峰值达到了 - 23.12 dB；碳纤维格子结构 FSS 置于环氧树脂介质中间层时的吸波性能次之，置于环氧树脂介质最底层时的吸波性能最差，其反射率曲线没有明显的吸收峰出现。

为了分析出现这种情况的原因，可以从两方面来考虑，一方面是碳纤维本身对电磁波的吸收损耗作用；另一方面是电磁波的干涉相消对电磁波造成的衰减作用。

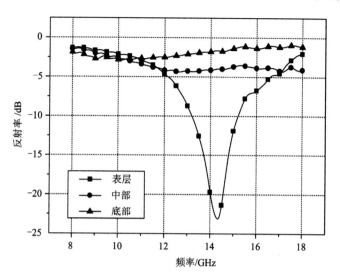

图 3 - 20　碳纤维格子处于不同位置时复合材料的反射率

1) 碳纤维本身对电磁波的损耗

为了探明碳纤维本身对电磁波的损耗作用的大小, 将上述周期尺寸的碳纤维格子结构在不加任何介质的情况下直接测试其反射率, 得到的反射率结果如图 3 - 21 所示。

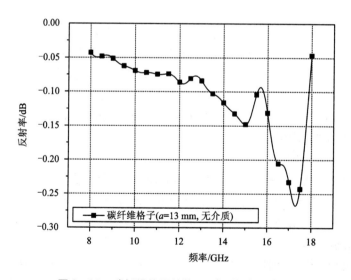

图 3 - 21　碳纤维格子结构(无介质)的反射率

由图 3 - 21 可知, 碳纤维格子结构本身对电磁波的损耗很小(< - 1 dB), 几乎可以忽略不计。

2)电磁波的干涉相消作用

当电磁波垂直入射到厚度为 d 的平板吸波材料时,一部分电磁波被平板吸波材料表面反射,另一部分电磁波进入材料内部,而进入吸波材料内部的电磁波在到达底层的金属衬底后又会被反射回去,其示意如图 3 - 22 所示。

当吸波材料的厚度满足式(3 - 6)时,被上、下两表面反射的电磁波正好满足干涉相消的条件,使得电磁波大幅衰减,即会出现较强的吸收峰。

$$d = \frac{(2n+1)\lambda}{4} \quad (n = 0, 1, 2, \cdots) \tag{3-6}$$

式中: $\lambda = \lambda_0 / \sqrt{\varepsilon\mu}$,为电磁波在材料中的波长。

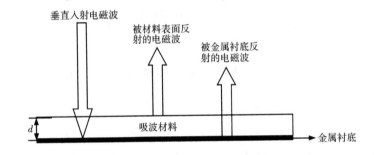

图 3 - 22　入射电磁波在材料中的反射示意图

综上所述,将碳纤维格子结构 FSS 置于环氧树脂介质表面时会出现强吸收峰的主要原因是其结构类似于 Salisbury 屏结构,即被碳纤维格子 FSS 表面反射的和被金属衬底反射的两列波在某频率下满足干涉相消的条件,使电磁波的能量大幅衰减。因此,在下面的研究中将采用此种结构。上述分析也说明了单层碳纤维 FSS 格子结构吸波复合材料的吸波机理主要是电磁波的干涉相消而不是碳纤维本身对电磁波的损耗作用。

(2)碳纤维 K 数

固定碳纤维格子结构的周期尺寸 $a = 13$ mm,环氧树脂介质厚度 $d = 4$ mm,将碳纤维格子结构 FSS 置于材料表面,分别取碳纤维 K 数为 $3K$、$6K$、$12K$ 来制备样品,研究碳纤维 K 数对复合材料吸波性能的影响,样品的反射率测试结果如图 3 - 23 所示。

为了便于分析,分别将三个样品的反射率曲线吸收峰对应的频率和吸收峰值列于表 3 - 3 中。由图 3 - 23 的反射率曲线和表 3 - 3 可以看出,碳纤维 K 数对吸波性能的影响主要体现在对吸收峰值的影响上,对于吸收峰出现的位置基本无影响(14 GHz 附近)。当碳纤维 K 数为 $12K$ 时,复合材料的吸收峰值最大,为

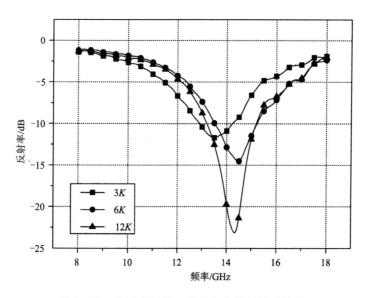

图 3 - 23　不同碳纤维 K 数的复合材料的反射率

- 23.12 dB，其主要原因是随碳纤维 *K* 数的增加，碳纤维含量也相应增加，涡流损耗增大，从而导致对电磁波的损耗增加，体现为反射率曲线峰值的增大。因此本书之后的实验均采用 12*K* 碳纤维。

表 3 - 3　反射率曲线吸收峰对应的频率和吸收峰值

不同碳纤维 K 数的样品	吸收峰对应的频率值/GHz	吸收峰值/dB
3*K*	13. 75	- 11. 72
6*K*	14. 45	- 14. 55
12*K*	14. 35	- 23. 12

（3）碳纤维格子结构周期尺寸

固定环氧树脂介质层厚度 *d* = 4 mm，碳纤维 *K* 数 12*K*，将碳纤维格子结构 FSS 置于介质表面，分别取格子结构的周期尺寸 *a* 为 9 mm、11 mm、13 mm、15 mm、17 mm 制备样品，研究周期尺寸对复合材料吸波性能的影响，样品的反射率测试结果如图 3 - 24 所示。

分别将不同格子结构周期尺寸的样品的反射率曲线吸收峰对应的频率和吸收峰值列于表 3 - 4 中以便于比较。由图 3 - 24 和表 3 - 4 可见，随格子结构周期尺寸的增加，吸收峰对应的频率点和吸收峰值均受到影响。当周期尺寸从 9 mm 逐

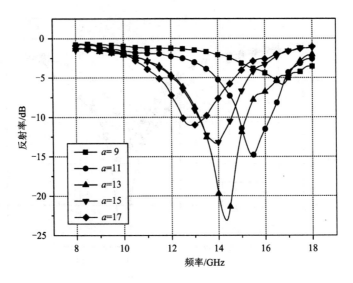

图 3 - 24　不同周期尺寸的格子结构复合材料反射率

渐增加到 17 mm 时，吸收峰出现的位置逐步向低频移动，吸收峰值呈先增大后减小的趋势。下面将分别对出现这种规律的原因进行分析。

表 3 - 4　反射率曲线吸收峰对应的频率和吸收峰值

不同格子周期尺寸/mm	吸收峰对应的频率值/GHz	吸收峰值/dB
9	16.75	- 5.84
11	15.45	- 14.85
13	14.35	- 23.12
15	13.9	- 13.34
17	12.85	- 11.06

1）吸收峰对应的频率随周期尺寸的变化

吸收峰对应的频率点随周期尺寸的变化的主要原因是频率选择表面的不同的周期尺寸对应不同的谐振频率。对于格子结构的谐振频率的研究，前人已经做了许多工作，Lee[221] 的经验公式阐述了格子结构的归一化电纳：

$$Y_{ind} \approx (-j)(\beta - \beta^{-1}) \frac{\left[\dfrac{a}{c} + \dfrac{1}{2} \left(\dfrac{a}{\lambda} \right)^2 \right]}{\ln \left[\csc \left(\dfrac{\pi}{2} \cdot \dfrac{\delta}{a} \right) \right]} \qquad (3-7)$$

$$\beta = \frac{(1 - 0.41\delta/a)}{a/\lambda} \qquad (3-8)$$

$$\delta = \frac{a-c}{2} \qquad (3-9)$$

其中，参数 a 和 c 分别代表格子结构的周期尺寸和碳纤维束之间的间距，如图 3-19 所示，λ 是电磁波在介质中的波长。此公式在 c/a 的值大于 0.7 时具有很好的适用性。根据式(3-7)、式(3-8)和式(3-9)，对不同 c/a 值的格子结构的电纳值进行了计算，计算结果如表 3-5 和图 3-25 所示。

表 3-5　不同频率下不同 c/a 值的格子结构的电纳值

尺寸	频率/GHz					
	8	10	12	14	16	18
8/11	1.8926	2.0363	1.5964	1.2605	0.9869	0.7523
10/13	1.8926	1.4185	1.0774	0.8086	0.5811	0.3770
12/15	1.4198	1.0352	0.7498	0.5158	0.3085	0.1134
14/17	1.1017	0.7730	0.5199	0.3026	0.1005	0.0993
16/19	0.8728	0.5800	0.3446	0.1323	0.0751	0.2895
18/21	0.6991	0.4291	0.2014	0.0143	0.2352	0.4724
20/23	0.5614	0.3051	0.0777	0.1484	0.3896	0.6570
22/25	0.4482	0.1985	0.0345	0.2768	0.5445	0.8493

注：尺寸命名规则为 c/a，c 和 a 值见图 3-5，单位为 mm。

当 $Y_{ind}=0$ 时，对应频率下的电磁波将会完全传输，表现为反射率曲线中吸收峰的出现。由图 3-25 可以看出，随周期尺寸的增加，曲线的折点（即 $Y_{ind}=0$ 的点）对应的频率向低频移动，从而导致吸收峰位置随周期尺寸的增加而向低频移动，与图 3-24 中所示的规律一致。

但是，从图 3-24 和图 3-25 的比较可以看出，同一周期尺寸下，吸收峰对应的频率和电纳值曲线折点对应的频率并不完全相同，吸收峰出现的频率点低于电纳值的曲线折点，这是因为介质的加载会影响 FSS 的谐振频率。当介质加载在 FSS 后，由于电磁波在介质中的波长比在空气中的波长要小，而 FSS 本身的谐振波长是固定的，因此，谐振频率就相对地降低了[219]。介质加载对 FSS 谐振频率的影响可用经验公式(3-10)来求得：

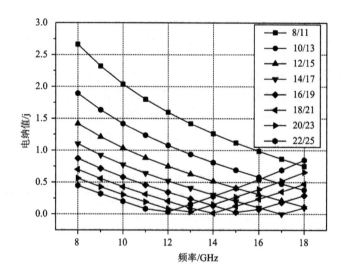

图 3 – 25   不同 c/a 值的格子结构的电纳值随频率的变化曲线

$$f = \frac{f_0}{\sqrt{\varepsilon_r}} \qquad\qquad (3-10)$$

式中：f 为加载介质后 FSS 的谐振频率，f_0 为 FSS 本身固有的谐振频率，ε_r 为 FSS 两侧介质的介电常数的平均值。以格子结构周期尺寸为 17 mm 的复合材料为例，将其吸收峰对应的频率（加载介质后的谐振频率）、电纳值曲线折点对应的频率（未加载介质的谐振频率）和由经验公式(3 – 10)计算的加载介质后的谐振频率列于表 3 – 6 中。

表 3 – 6   介质加载前后 FSS 谐振频率实验值和计算值的对比

介质加载前 （电纳值曲线折点对应的频率）	介质加载后 （吸收峰对应的频率）	介质加载后 （经验公式计算）
17 GHz	12.85 GHz	12.17 GHz

由表 3 – 6 可以看出，加载介质后 FSS 谐振频率的实验值和计算值能较好地吻合，因此，可以用谐振频率随周期尺寸的变化来解释上述吸收峰对应的频率随格子结构周期尺寸增加而逐渐向低频移动的规律。

2）吸收峰峰值的变化

从图 3 – 24 和表 3 – 4 还可以看出，吸收峰的峰值随周期尺寸的增加呈现先减小后增大的规律，这主要是由碳纤维含量的变化引起的。碳纤维对电磁波的响应特性主要体现在两个方面，一方面是对电磁波的反射，另一方面是对电磁波的损耗，两者同时存在，又相互矛盾。当周期尺寸很小时，碳纤维含量很大，对电磁波的反射起主导作用，因此，吸收峰峰值较小；随着周期尺寸的增大，碳纤维含量逐渐减小，对电磁波的反射作用也逐渐减小，对电磁波的损耗作用逐渐增强，使得吸收峰峰值逐渐增大；而当周期尺寸再继续增大时，此时碳纤维含量变得很少，对电磁波的损耗起着主导作用，由于此时纤维含量很小，故吸收峰峰值又变小。当这两种矛盾的机理在某个周期尺寸下达到平衡时，复合材料的吸收峰峰值最大。

（4）介质层厚度

固定格子结构的周期尺寸 $a=13$ mm，碳纤维 K 数为 12K，将碳纤维格子结构 FSS 置于介质表面，分别取环氧树脂介质厚度 d 为 2 mm、3 mm、4 mm 和 5 mm 来制备样品，研究介质层厚度对复合材料吸波性能的影响，其反射率曲线如图 3 - 26 所示。

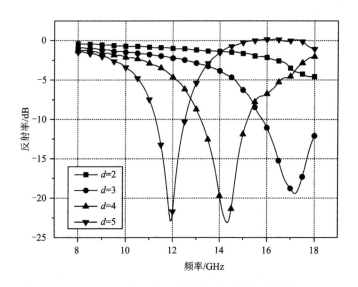

图 3 - 26 不同介质层厚度的复合材料的反射率

由图 3 - 26 可见，环氧树脂介质层厚度对复合材料吸波性能的影响主要体现为对吸收峰位置的影响。随介质厚度增加，吸收峰逐渐向低频移动，这可以用电磁波的干涉理论来解释，即当介质层厚度满足式（3 - 11）时，入射电磁波和反射电磁波将发生干涉相互抵消，这种情况下可以达到最小反射，即出现吸收峰。

$$d = \frac{(2n+1)\lambda}{4} \ (n = 0, 1, 2, \cdots) \tag{3-11}$$

式中：$\lambda = \lambda_0 / \sqrt{\varepsilon\mu}$ 为电磁波在材料中的波长，ε 和 μ 分别为材料的相对介电常数和磁导率。由式（3-11）可知，随着介质层厚度 d 的增加，波长 λ 随之增大，即频率 f 减小。但是，通过计算发现，与传统的 Salisbury 屏结构不同的是，介质层厚度对其的影响并不是简单地满足 $\lambda/4$ 规律，这是由于不同周期尺寸的 FSS 本身还对应不同的谐振频率，因此，吸收峰对应的频率会受到这两种因素的共同影响。

综上所述，对于连续碳纤维格子结构 FSS 复合材料，碳纤维格子结构在介质中的位置对复合材料的吸波性能具有显著影响。当其位于介质层表面时，复合材料的反射率曲线出现明显的吸收峰，表现出较好的吸波性能。当碳纤维的 K 数为 $12K$ 时，制得的连续碳纤维格子结构 FSS 复合材料的反射率曲线具有最大的吸收峰值，达到 -23.12 dB。不同周期尺寸的格子结构 FSS 的谐振频率也不同，表现为其反射率曲线的吸收峰随 FSS 周期尺寸的增加逐渐向低频段偏移。随介质层厚度的增加，复合材料反射率曲线的吸收峰逐渐向低频移动，与电磁波干涉理论的规律相符。

3.3.3 碳纤维网胎贴片结构 FSS 复合材料微波衰减特性

碳纤维网胎是经过纤维短切、开松、梳理、针刺制备而来的，由短切碳纤维组成。短切碳纤维的电磁波响应特性不同于连续碳纤维，在电磁场作用下，可以将其看作谐振子或偶极子，因此在短切碳纤维中不会形成连续电流，而碳纤维谐振子或偶极子会产生耗散电流，此耗散电流在基体作用下逐渐被衰减，所以短切碳纤维具有比较好的吸波效果[198]。因此，将碳纤维网胎制备成频率选择表面，既能利用碳纤维网胎中短切碳纤维本身对电磁波的损耗吸收作用，又能发挥频率选择表面的频率选择效应，有望获得吸波性能更加优异的碳纤维吸波复合材料。

本节在研究碳纤维网胎的电磁波响应特性的前提下，将碳纤维网胎裁剪成一定大小的正方形贴片状，制备成正方形贴片结构 FSS，然后以环氧树脂为介质层制得吸波材料。研究碳纤维网胎贴片结构 FSS 复合材料的吸波性能及其机理，并采用正交实验设计方法优化影响贴片型 FSS 吸波复合材料吸波性能的各因素。

3.3.3.1 碳纤维网胎的电磁波响应特性

（1）介电特性

通过波导法测试碳纤维网胎的介电常数来研究其介电特性。对于矩形波导测试试样，入射电磁波的磁场方向平行于波导试样的长度方向（Y 方向），而电场方向平行于波导试样的宽度方向（X 方向），测试试样示意图如图 3-27 所示。

将碳纤维网胎裁剪成波导试样大小，以环氧树脂为黏结剂，制备了 X 波段的波导测试试样(尺寸为 22.86 mm × 10.16 mm × 1 mm),其测试试样示意图如图 3 - 28 所示。

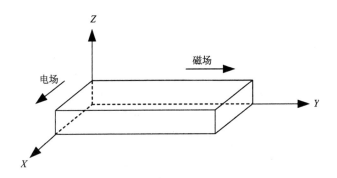

图 3 - 27　X 波段矩形波导测试试样示意图

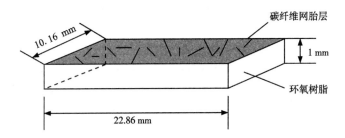

图 3 - 28 碳纤维网胎波导试样示意图

将所制备的碳纤维网胎 X 波段波导试样置于波导腔中,在室温条件下测试其介电常数,测试结果如图 3 - 29 所示。

从图 3 - 29 可以看出,碳纤维网胎的介电常数数值虽然较大(实部 ε' 为 80 左右,虚部 ε'' 为 40 ~ 63,其虚部随频率增加不断增大),但已明显小于连续碳纤维的轴向介电常数,且具有较大的介质损耗角正切值(其值越大,代表该材料对电磁波的电损耗越大),如图 3 - 30 所示。由图 3 - 30 可以看出,碳纤维网胎在 8.2 ~ 12.4 GHz 频率范围内的介质损耗角正切值为 0.5 ~ 0.8,且随着频率增加,其值增加。

(2)微波衰减特性

为了进一步了解碳纤维网胎的电磁波响应特性,对其微波衰减特性进行研究。按照国家军用标准 GJB2038—94 雷达吸波材料反射率测试方法的规定,采用弓形法测试样品反射率,对样品尺寸的要求为 180 mm × 180 mm。因此将碳纤维网胎裁剪成 180 mm × 180 mm 片状,采用低损耗的透波环氧树脂为基体,制备反

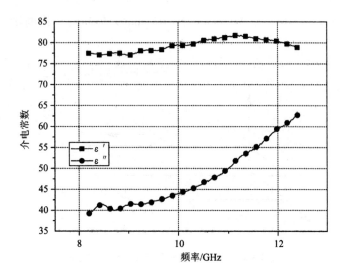

图 3 – 29　碳纤维网胎 X 波段波导试样的介电常数

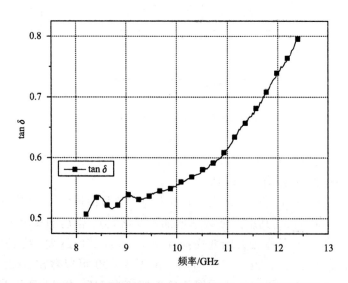

图 3 – 30　碳纤维网胎 X 波段波导试样的介质损耗角正切

射率测试试样，对其微波衰减特性进行研究，测试试样的示意图如图 3 – 31 所示。

采用弓形法对所制备的试样反射率进行测试，测试结果如图 3 – 32 所示。从图 3 – 32 可以看出，在平行极化和垂直极化测试条件下样品的反射率相差不大，碳纤维网胎为各向同性，对电磁波的反射较强。

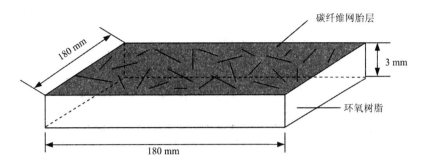

图 3 - 31　碳纤维网胎复合材料结构示意图

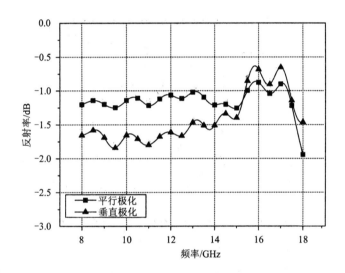

图 3 - 32　不同极化方式下碳纤维网胎的反射率

3.3.3.2　碳纤维网胎贴片结构 FSS 复合材料的结构

（1）复合材料的结构

碳纤维网胎贴片结构 FSS 的结构示意图以及单层复合材料示意图如图 3 - 33 所示。

图 3 - 33 中 a 表示贴片结构的周期尺寸，c 表示贴片单元的边长，d 为环氧树脂介质层厚度。按 3.3.2 中介绍的方法制备样品并进行性能检测。

（2）贴片结构在复合材料中位置的确定

分别将碳纤维网胎贴片结构 FSS 置于环氧树脂介质层的表面、中间和底面制备三个样品，分别测试其反射率，测试结果如图 3 - 34 所示。

从图 3 - 34 的反射率曲线可以看出，将碳纤维网胎贴片结构 FSS 置于基体底面时，反射率曲线中没有吸收峰出现，而将其置于基体中间和表面时均出现吸收

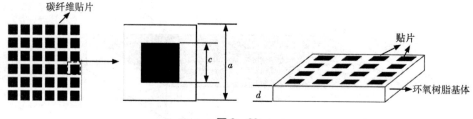

图 3 – 33

(a) 碳纤维网胎贴片结构 FSS 的结构示意图；(b) 贴片单元；
(c) 碳纤维网胎贴片结构 FSS 复合材料结构示意图

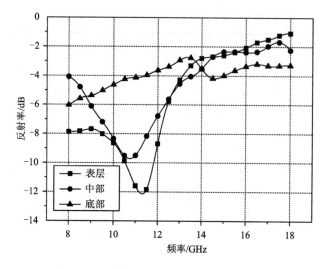

图 3 – 34　分别将贴片结构置于基体表面、中间和底面时复合材料的反射率

峰，且当其位于表面时吸收峰峰值更大，– 6 dB 以下的带宽也较大，具有较好的吸波性能。因此，将碳纤维网胎贴片结构 FSS 置于环氧树脂基体表面相比于其他两种结构具有明显优势，其结构示意图如图 3 – 33(c)所示。在接下来的研究中将采用此种结构。

(3)贴片结构尺寸的选择

为了使 FSS 具有优异的吸波性能，对于其谐振频率的研究至关重要。而 FSS 的谐振频率主要依赖于其单元尺寸，因此，在设计 FSS 时，尺寸的选择至关重要。Munk 等对不同类型的 FSS 的谐振频率做了总结，归纳出一些规律供近似参考，他们认为，对于图 4 – 6 中所示的实心内部单元，其横截尺寸应该近似等于 $\lambda/2$，但也会受许多其他因素的影响。因此，根据此规律计算，对于如图 3 – 33 中的贴片单元，其边长 c 的最佳取值为 5.9 ~ 13.21 mm。

对于周期尺寸的选择，为了缩小周期尺寸的选择范围，固定贴片结构的边长

c 取值为 9 mm，分别取周期尺寸 a 为 17 mm、21 mm 和 25 mm 制备样品，并测试试样的反射率，测试结果如图 3-35 所示。

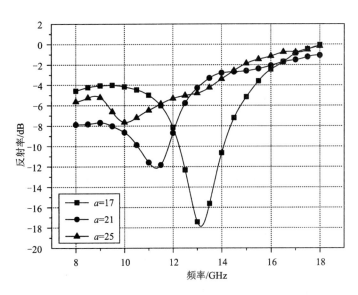

图 3-35　不同周期尺寸碳纤维网胎贴片复合材料的反射率

从图 3-35 中可以看出，当贴片结构的周期尺寸为 17 mm 时，试样的反射率曲线有较强的吸收峰，但是吸收频带较窄；当周期尺寸增大到 21 mm 时，虽吸收峰值较周期尺寸为 17 mm 时有所减小，但是其吸收频带明显增大，复合材料的吸波性能变好；当周期尺寸继续增加到 25 mm 时，吸收峰值和吸收频带均较小，复合材料的吸波性能又变差。因此，将碳纤维网胎格子结构 FSS 的周期尺寸确定为 21 mm 左右。

3.3.3.3　正交实验设计优化影响复合材料吸波性能的因素

正交实验设计能够仅用很少的实验次数，探明各因素对实验结果的影响，并且按其对实验结果影响的程度，可以找出各因素的主次关系，然后找出最优工艺条件[222]。因此，选用正交实验设计来优化影响碳纤维网胎贴片结构 FSS 复合材料的各参数，以期获得吸波性能优异的复合材料。

影响碳纤维网胎贴片结构 FSS 复合材料吸波性能的主要因素有贴片结构的周期尺寸 a，贴片的边长 c 以及环氧树脂介质层的厚度 d。因此，我们选用上述的三个参数作为因素，并根据 3.3.2 节中所讨论的贴片结构的尺寸选择，为每个因素设定三个水平，分别为周期尺寸 a = 19 mm、21 mm、23 mm，贴片边长 c = 7 mm、9 mm、11 mm，如表 3-7 中所示。

表 3-7　正交实验设计中的因素和水平

	周期尺寸 a/mm	贴片边长 c/mm	贴片厚度 d/mm
1	19	7	2
2	21	9	3
3	23	11	4

根据上述所选的因素和水平，应选用 $L_9(3^4)$ 正交实验表来进行正交实验设计，需要制备 9 组样品，每组样品的各参数如表 4-2 所示。

表 3-8　正交实验表

列号 实验号	1 (a/mm)	2 (c/mm)	3 (d/mm)
1	1(19)	1(7)	1(2)
2	1	2(9)	2(3)
3	1	3(11)	3(4)
4	2(21)	1	2
5	2	2	3
6	2	3	1
7	3(23)	1	3
8	3	2	1
9	3	3	2

分别测试表 3-8 中 9 组样品的反射率，结果如图 3-36 所示。

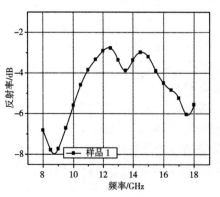
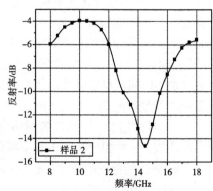

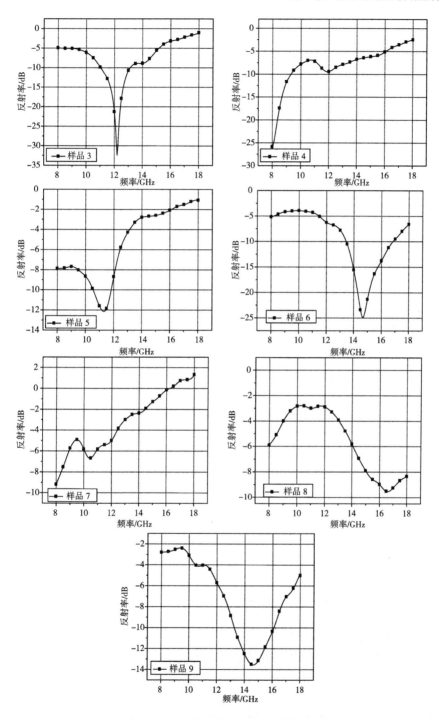

图 3 - 36　正交实验表中各样品的反射率

统计图 3 -36 中样品的反射率数据，以反射率在 -10 dB 以下的带宽为实验指标，并对实验结果进行直观分析，直观分析计算数据如表 3 -9 所示。

表 3 -9　直观分析计算数据

列号 实验号	a/mm 1	c/mm 2	d/mm 3	反射率在 -10 dB 以下的带宽/GHz
1	19	7	2	0
2	19	9	3	2.5
3	19	11	4	2.05
4	21	7	3	1.3
5	21	9	4	1.25
6	21	11	2	3.35
7	23	7	4	0
8	23	9	2	0
9	23	11	3	2.8
k_{1j}	4.55	1.3	3.55	
k_{2j}	5.9	3.75	6.6	
k_{3j}	2.8	8.2	3.3	
$\overline{k_{1j}}$	1.517	0.433	1.117	
$\overline{k_{2j}}$	1.967	1.25	2.2	
$\overline{k_{3j}}$	0.933	2.733	1.1	
R	1.034	2.3	1.1	
优水平	$a_2(21)$	$c_3(11)$	$d_2(3)$	

对实验结果的直观分析如下：

①从正交实验结果分析表 3 -9 中挑出较好的方案：第 6 次实验结果最好，具体参数为 $a =21$ mm、$c =11$ mm、$d =2$ mm，样品反射率在 -10 dB 以下的带宽为 3.35 GHz。

②计算各因素在对应的水平下的实验指标之和 k 以及平均实验指标 $\overline{k}$，然后计算极差 R（R 代表各因素最大 $\overline{k}$ 值与最小 $\overline{k}$ 值的差值）。

③确定各因素的重要性顺序：各因素的重要性顺序是根据极差值 R 来确定的，R 值越大，表明该因素越重要。根据表 3-9 可知，各因素的重要性顺序为贴片边长 c、介质层厚度 d、贴片结构周期尺寸 a。

④确定最佳结构参数：取每个因素下样品反射率在 -10 dB 以下的带宽最大的为优水平，因此，最优的水平组合为 $a_2 c_3 d_2$，即最优参数为贴片结构周期尺寸 $a = 21$ mm、贴片边长 $c = 11$ mm、介质层厚度 $d = 3$ mm。而 $a_2 c_3 d_2$ 不在所做的 9 次实验中，因此，将这个参数制备成样品，与正交实验表中较好的方案（6 号样品）作比较，从而得出最优的参数。

因此，以最优参数（$a = 21$ mm、$c = 11$ mm、$d = 3$ mm）来制备样品，命名为 10 号样品（Sample 10），样品的宏观照片如图 3-37 所示，并测试样品的反射率，如图 3-38 所示。

图 3-37　10 号样品的宏观照片

从图 3-38 的反射率曲线可以看出，样品 10 的反射率在 -10 dB 以下的频率区间为 13.5～18 GHz，带宽为 4.5 GHz，优于正交实验表中较好方案（样品 6），因此，最优的结构参数为贴片结构周期尺寸 $a = 21$ mm、贴片边长 $c = 11$ mm、介质层厚度 $d = 3$ mm。

3.3.3.4　吸波机理分析

从以上分析可以看出，碳纤维网胎贴片结构 FSS 在最佳结构参数下，反射率在 -10 dB 以下的吸收带宽达到 4.5 GHz，具有优异的吸波性能，下面将对其吸波机理进行分析。

（1）碳纤维网胎本身对电磁波的损耗作用

碳纤维网胎是由许多短切碳纤维组成，当电磁波入射到短切碳纤维上，其与电磁场相互作用时，短切碳纤维相当于一个个电偶极子或谐振子，会与电磁波发生谐振从而产生谐振感应电流，最终在基体和碳纤维中通过欧姆损耗、极化损耗等转化为其他形式的能量损耗掉[158, 198]。为了证明碳纤维网胎 FSS 本身对电磁波的损耗作用，我们在不加任何介质基底的情况下，直接采用弓形法测试碳纤维网胎贴片 FSS（$a = 21$ mm，$c = 11$ mm）的反射率，测试结果如图 3-39 所示。

如图 3-39 所示，在不加任何介质基底的情况下，碳纤维网胎贴片的反射率

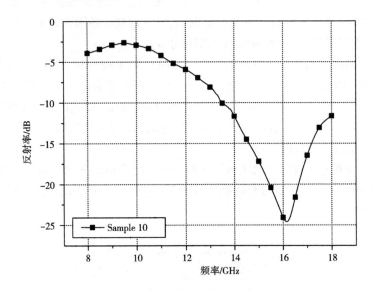

图 3 - 38   样品 10 的反射率

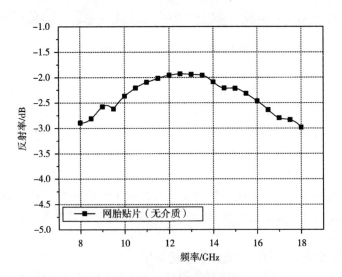

图 3 - 39   碳纤维网胎贴片 (不加介质层) 的反射率

为 - 2 ~ - 3 dB, 说明其本身对电磁波有一定的损耗作用。

（2）阻抗匹配

当电磁波入射到碳纤维网胎贴片结构 FSS 复合材料表面时, 会激发其产生感应电流, 而该感应电流会产生一个磁场, 它与金属衬底激发的反向电流所产生的磁场会在一定的频率范围内进行耦合，从而会产生多模式的谐振作用，这样就可以更好地实现与自由空间的波阻抗匹配，从而使更多的入射电磁波能够进入吸波材料内部，大大减小了电磁波的反射[223]。

3.3.4　多层碳纤维 FSS 复合材料结构设计及其微波衰减特性

由前面的讨论可知，连续碳纤维格子结构 FSS 和碳纤维网胎 FSS 均能改善碳纤维对电磁波强反射的缺点，能够制备出具有较好的吸波性能的复合材料。但上述研究的均是单层碳纤维 FSS 吸波复合材料，从样品的反射率曲线也可以看出，其吸波带宽较窄。因此，为了拓宽吸波频带，获得具有更加优异吸波性能的吸波复合材料，多层碳纤维 FSS 复合材料结构的设计必不可少。

在现有的多层结构中，应用最广泛的主要有 Jaumann 吸收体结构和多层匹配吸波材料结构，多层匹配吸波材料结构是通过多层具有不同特征阻抗的多种材料进行设计组合，以使其表面输入阻抗能够与自由空间波阻抗相匹配，从而使更多的入射电磁波能够进入材料内部被吸收损耗[224]。多层匹配吸波材料结构能够实现对电磁波的宽频吸收，吸波性能优良，但其缺点是要设计并制备出满足阻抗匹配条件的具有不同介电性能的材料比较复杂，较难实现；而 Jaumann 吸收体结构的吸波性能主要取决于电阻片方阻、材料的介电常数和磁导率以及材料的厚度三个因素。Jaumann 吸收体的结构相对简单，且对电磁波的吸收频带宽，吸波性能较好，且设计起来较为简便[225]。

本节采用 Jaumann 吸收体结构为基础，用碳纤维 FSS 代替 Jaumann 吸收体结构中的电阻片层，通过建立等效传输线电路模型，计算碳纤维 FSS 的等效阻抗值，利用梯度阻抗设计的原理，设计并制备多层连续碳纤维格子结构 FSS 复合材料、多层碳纤维网胎贴片结构 FSS 复合材料、以及多层混合碳纤维 FSS 复合材料，研究其吸波性能，以期获得能在较宽频带范围内有效吸收电磁波的吸波复合材料。

3.3.4.1　理论分析

在设计 Jaumann 吸收体结构时，各层电阻片的电阻值对于其吸波性能来说至关重要。类似于 Jaumann 吸收体结构中的电阻片，只要知道了碳纤维 FSS 的等效阻抗值，就可以进行多层碳纤维 FSS 复合材料的结构设计。因此，首先要推导出格子结构 FSS 的等效阻抗的计算公式。格子结构 FSS 的最小周期单元如图 3 – 40 所示。图 3 – 40 中，a 表示格子结构 FSS 的最小周期尺寸，w 表示碳纤维束的宽度，c 表示碳纤维之间的间距。

对于如图 3 – 40 中所示的格子结构 FSS，可以将其近似看作是各向同性的，假设入射平面在 xz 平面上，当 w 远小于 a 时，在格子结构中碳纤维束之间在连接交叉处的接触可以看成是理想接触。当入射波入射到图 3 – 40 中所示的平面时，

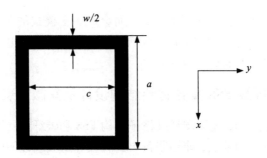

图 3-40　格子结构 FSS 最小周期单元

假设格子结构交叉处是理想接触的规则的几何状平面周期结构，当电场有非零的 x 或 y 分量(平行于碳纤维束的方向)时，此格子结构是感性的。此时格子结构对电场的作用可以用等效阻抗(用 Z_g 表示)来表述，等效阻抗表示的是在格子结构 FSS 的 x - y 平面的总电场的平均切向分量 $\hat{E}_x^{tot}$ 或 $\hat{E}_y^{tot}$ 与格子结构 FSS 上平均表面电流密度 $\hat{J}$(由入射电磁波产生，在格子结构 FSS 表面流动)之间的关系。对于 TE 极化波:

$$\hat{E}_y^{tot} = Z_g^{TE} \cdot \hat{J}_y \qquad (3-12)$$

式中: Z_g^{TE} 为 TE 极化波的格子结构的等效阻抗，$\hat{J}_y$ 为沿 Y 轴方向格子结构中的平均面电流密度。对于图 3-40 中的格子结构单元，在 TM 极化波和 TE 极化波的条件下，利用平均边界条件(由 M. I. Kontorovich 在 20 世纪 50 年代提出)，可以得到[226]:

$$\hat{E}_x^{tot} = j\,\frac{\eta_{eff}}{2}\alpha\left[\hat{J}_x + \frac{1}{k_{eff}^2\left(1+\dfrac{b}{a}\right)}\,\frac{b}{a}\,\frac{\partial^2}{\partial x^2}\hat{J}_x\right] \qquad (3-13)$$

$$\hat{E}_y^{tot} = j\,\frac{\eta_{eff}}{2}\alpha\,\hat{J}_y \qquad (3-14)$$

式(3-13)和式(3-14)中，b 和 a 分别代表格子结构沿 x 轴方向和沿 y 轴方向的周期尺寸，由于本书中的结构为各向同性，因此 b = a。η_{eff} 为均一主媒质的波阻抗，如式(3-15)所示:

$$\eta_{eff} = \sqrt{\frac{\mu_0}{\varepsilon_0\varepsilon_{eff}}} \qquad (3-15)$$

其中: $\mu_0 = 4\pi \times 10^{-7}$ H/m(自由空间磁导率)，$\varepsilon_0 = 8.85 \times 10^{-12}$ F/m(自由空间介电常数)，k_{eff} 为实际主媒质中入射波矢的波数，其计算公式如式(3-16)所示:

$$k_{eff} = k_0\sqrt{\varepsilon_{eff}} \qquad (3-16)$$

其中: $k_0 = 2\pi/\lambda$ 为自由空间的波数。

式(3-13)和式(3-14)是在主媒质均一的条件下得到的，如果我们要把它推广到将格子结构 FSS 置于介电常数为 ε_r 的介质层表面的情况时，就要引入有效介电常数的概念，有效介电常数表示的是位于格子结构 FSS 两侧介质材料的介电常数的平均值，即

$$\varepsilon_{\text{eff}} = \frac{\varepsilon_r + 1}{2} \qquad (3-17)$$

对于理想连接格子结构的电稠阵列，式(3-13)和式(3-14)的格子参数 α 可以表示为[226]：

$$\alpha = \frac{k_{\text{eff}}a}{\pi}\ln\left(\frac{1}{\sin\frac{\pi w}{2a}}\right) \qquad (3-18)$$

式中：w 为碳纤维束的宽度，当 $w \ll a$ 时：

$$\ln\left(\frac{1}{\sin\frac{\pi w}{2a}}\right) \approx \ln\left(\frac{2a}{\pi w}\right) \qquad (3-19)$$

在自由空间，入射电磁波波矢的 x 分量 $k_x = k_0\sin\theta$（θ 为入射角，$k_y = 0$），用 $-jk_x$ 替换式(3-13)中的 $(\partial)/(\partial x)$，我们就可以从式(3-13)和式(3-14)中得到格子结构的等效阻抗为：

$$Z_g^{\text{TM}} = j\frac{\eta_{\text{eff}}}{2}\alpha\left(1 - \frac{k_0^2}{k_{\text{eff}}^2}\frac{\sin^2\theta}{2}\right) \qquad (3-20)$$

$$Z_g^{\text{TE}} = j\frac{\eta_{\text{eff}}}{2}\alpha \qquad (3-21)$$

式中：TM 和 TE 分别代表 TM 极化波和 TE 极化波。当电磁波垂直入射时（入射角 $\theta = 0°$），格子结构 FSS 的等效阻抗可以表示为：

$$Z_g = j\frac{\eta_{\text{eff}}}{2}\alpha \qquad (3-22)$$

由图 3-25 中不同 c/a 值的格子结构的电纳值随频率的变化曲线还可以看出，当周期尺寸 a 在 15~25 mm 间取值时，其电纳值较小，且随频率的变化范围较小，这就为吸波材料的宽频设计提供了条件。因此，通过公式(3-22)，对周期尺寸为 15~25 mm 的连续碳纤维格子结构 FSS 在不同频率下的等效阻抗进行了计算，其部分值如表 3-10 所示。由于此公式仅是对格子结构的等效阻抗计算，而未考虑制备这种结构所用材料的参数，因此只能利用计算值进行定性比较而不能作定量计算。

表 3 – 10　不同周期尺寸的格子结构 FSS 的等效阻抗计算值

周期尺寸 /mm	频率/GHz						最高和最低频率下的阻抗差/Ω
	8	10	12	14	16	18	
15	177.09	221.37	265.64	309.91	354.19	398.46	221.37
17	221.47	276.84	332.21	387.57	442.94	498.31	276.84
19	268.28	335.35	402.42	469.49	536.56	603.63	335.35
21	317.26	396.57	475.89	555.2	634.51	713.83	396.57
23	368.18	460.23	552.28	644.32	736.37	828.41	460.23
25	420.89	526.11	631.33	736.55	841.77	946.99	526.10

　　格子结构 FSS 的等效阻抗值随其周期尺寸和入射电磁波频率的变化规律如图 3 – 41 所示。

　　从表 3 – 10 和图 3 – 41 可以看出，在同一周期尺寸下，格子结构 FSS 的等效阻抗值随入射电磁波频率的增加而不断增大；在同一电磁波频率下，随周期尺寸的增加，格子结构 FSS 的等效阻抗值逐渐增大。且由表 3 – 10 最后一列中"最高和最低频率下的阻抗差"可以看出，随周期尺寸的增大，在 8 ~ 18GHz 下格子结构 FSS 的等效阻抗变化范围逐渐增加，而这个差值越大，对宽频设计越不利。因此，把用于多层结构复合材料设计的连续碳纤维格子结构 FSS 的周期尺寸范围选为 15 ~ 21 mm。

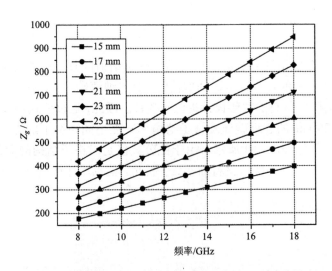

图 3 – 41　不同周期尺寸格子结构 FSS 等效阻抗随频率变化规律

3.3.4.2 多层连续碳纤维格子结构 FSS 复合材料结构设计及其微波衰减特性

根据以上理论分析，在进行多层结构设计时，分别选取连续碳纤维格子结构 FSS 的周期尺寸为 15 mm、17 mm、19 mm 和 21 mm，如表 3－11 所示。根据这些不同周期尺寸的 FSS，下面分别进行双层和三层连续碳纤维格子结构 FSS 复合材料的设计。

表 3－11　不同周期尺寸的格子结构 FSS 编号

FSS 格子	FSS1	FSS2	FSS3	FSS4
周期尺寸/mm	15	17	19	21

（1）双层连续碳纤维格子结构 FSS 复合材料

以 Jaumann 吸收体结构为基础，根据梯度阻抗设计的原理，即从表层到底层碳纤维格子结构 FSS 的等效阻抗值依次减小，设计并制备了如图 3－42 中所示的两种双层连续碳纤维格子结构 FSS 吸波复合材料，并测试了样品的反射率，如图 3－42 所示。

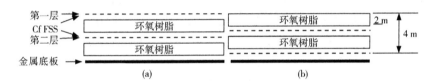

图 3－42　两种双层连续碳纤维格子结构 FSS 吸波复合材料

从图 3－43 中的反射率曲线可以看出，按照图 3－43(b)结构所制备的双层连续碳纤维格子结构 FSS 吸波复合材料的吸波性能明显优于按照图 3－43(a)结构所制备的样品。因此，在接下来的设计与制备样品过程中，将采取图 3－43(a)所示的结构。分别制备了如表 3－12 中所示的不同周期尺寸连续碳纤维格子结构 FSS 组合的 6 种样品（编号为 DL1～DL6），并测试其反射率，不同样品的反射率测试结果如图 3－44 所示。每个样品的结构示意图及所对应的 FSS 周期尺寸分别列于图 3－44 中反射率曲线图的右上角。

表 3－12　不同周期尺寸连续碳纤维格子结构 FSS 组合的 6 种样品

样品	DL1	DL2	DL3	DL4	DL5	DL6
第一层	FSS4	FSS3	FSS2	FSS4	FSS3	FSS4
第二层	FSS1	FSS1	FSS1	FSS2	FSS2	FSS3

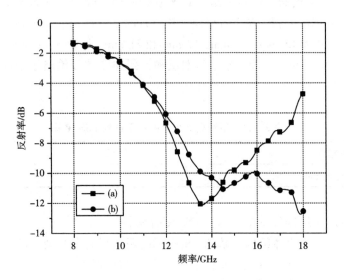

图 3 - 43　结构(a)和结构(b)对应样品的反射率

　　如图 3 - 44 所示,双层连续碳纤维格子结构 FSS 复合材料的反射率曲线均比较平缓,虽然峰值较小,但吸收带宽明显增加。DL1 试样的反射率在 12 ~ 18 GHz 频率范围内均低于 - 6 dB,吸收峰峰值为 - 8 dB;DL2 试样的反射率在 11.5 ~ 18 GHz频率范围内均低于 - 6 dB,吸收峰峰值为 - 10.5 dB,其吸波性能稍优于 DL1 试样,这是由于 DL2 试样与 DL1 试样相比,上下两层的碳纤维格子结构 FSS 的周期尺寸更加接近,使其两层间的阻抗匹配性更好,从而其吸波性能更好;DL3 试样的吸波性能较差,与 DL2 试样相比,虽然两层间的碳纤维 FSS 的周期尺寸更为接近,但是其等效阻抗值均较小,使得吸波材料的输入阻抗很小,不利于阻抗匹配,导致其吸波性能较差;DL4 试样的反射率在 13 ~ 18 GHz 频率范围内均低于 - 8 dB,吸收峰峰值为 - 10 dB,表现出比 DL1 试样更好的吸波性能,这是由于与 DL1 试样相比,其第二层碳纤维格子 FSS 的周期尺寸增加了,更接近于第一层的周期尺寸,使两层碳纤维格子 FSS 之间的阻抗匹配性更好;DL5 试样的反射率在 13 ~ 17 GHz 频率范围内均低于 - 8 dB,吸收峰峰值为 - 11.5 dB,吸波性能稍差于 DL4 试样,主要是因为其第一层碳纤维格子 FSS 的周期尺寸减小了,使得吸波复合材料的输入阻抗有所减小;DL6 试样的反射率在 13 ~ 18 GHz 频率范围内均低于 - 10 dB,吸收峰峰值为 - 12.5 dB,相比于其他试样,表现出较优异的吸波性能,主要原因是 DL6 试样的结构使其具有更好的阻抗匹配特性,具体为:①两层碳纤维格子 FSS 的周期尺寸相差较小,使得两层间的阻抗匹配性较好;②所选用的两层碳纤维格子 FSS 的等效阻抗值均较大,使得吸波复合材料的输入

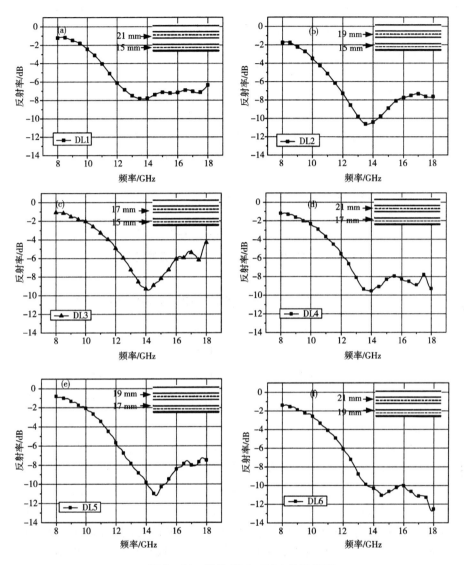

图 3 – 44　样品 DL1 ~ DL6 的反射率

阻抗更加接近于自由空间的波阻抗,能使更多的电磁波进入材料内部被衰减、吸收。

　　从上述分析讨论可以看出,与单层连续碳纤维格子结构 FSS 复合材料比较,双层结构的反射率曲线虽峰值有所降低,但是其吸收带宽均明显增加。DL6 试样的反射率在 – 10 dB 以下的吸收带宽达到了 5 GHz,表现出了较优异的吸波性能。但是,这也还是不能满足新型吸波材料宽频吸收的要求,且其低频性能还较差。

因此，为了进一步拓宽连续碳纤维格子结构 FSS 的吸收频带，获得更加优异的吸波性能，就需要更好的阻抗匹配特性以及对电磁波更多的损耗，而这可以通过增加连续碳纤维格子结构 FSS 的层数来达到，所以，接下来介绍三层连续碳纤维格子结构 FSS 吸波复合材料的设计、制备及吸波性能研究方法。

（2）三层连续碳纤维格子结构 FSS 复合材料

三层连续碳纤维格子结构 FSS 复合材料的结构示意图如图 3 - 45 所示，采用梯度阻抗设计的原理，分别制备了如表 3 - 13 所示的 4 种结构（分别命名为TL1 ~ TL4），并测试其反射率，样品的反射率测试结果如图 3 - 46 所示。

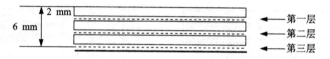

图 3 - 45 三层连续碳纤维格子结构 FSS 吸波复合材料

表 3 - 13 不同周期尺寸连续碳纤维格子结构 FSS 组合的 4 种样品

Samples	TL1	TL2	TL3	TL4
Layer 1	FSS3	FSS4	FSS4	FSS4
Layer 2	FSS2	FSS2	FSS3	FSS3
Layer 3	FSS1	FSS1	FSS1	FSS2

如图 3 - 46 所示，三层连续碳纤维格子结构 FSS 复合材料的反射率曲线比较平缓，虽然峰值较小，但吸收带宽较之单层和双层明显增加，低频段的吸波性能逐渐得到改善。TL1 试样在 10 ~ 12.7 GHz 和 13.8 ~ 18 GHz 频率范围内反射率均小于 - 8 dB；TL2 试样吸波性能相对较差，这是因为第一层与第二层连续碳纤维格子结构 FSS 的周期尺寸相差较大，其等效阻抗差也较大，造成阻抗失配，从而吸波性能恶化；TL3 试样在 10 ~ 18 GHz 频率范围内反射率均小于 - 8 dB，但其吸收峰峰值仅为 - 10.5 dB；TL4 试样在 10 ~ 18 GHz 频率范围内反射率值均小于 - 10 dB，具有较好的宽频性能，达到了较好的吸波效果。

综上所述，相比于单层和双层连续碳纤维格子结构 FSS 复合材料，三层结构复合材料的反射率曲线的吸收频带更宽，这主要是因为各层间的阻抗匹配性更好。TL4 试样的反射率在 - 10 dB 以下的带宽达到了 8 GHz，具有较好的宽频吸收特性，表现出了优异的吸波性能。

（3）多层连续碳纤维格子结构 FSS 复合材料吸波机理

多层连续碳纤维格子结构 FSS 复合材料对电磁波的损耗主要体现在三个方

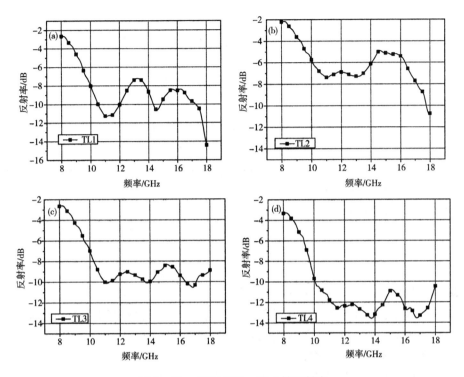

图 3-46　样品 TL1～TL4 的反射率

面：与自由空间更好的阻抗匹配、碳纤维本身对电磁波的损耗以及电磁波在各层连续碳纤维格子结构 FSS 层之间的多重反射和衰减。下面对上述三个方面分别进行论述。

1）更好的阻抗匹配特性

在等效电路模型中，FSS 可被等效为 RLC 电路，如图 3-47 所示，其阻抗表达式可表示为[227]：

$$Z_{FSS} = R + j\omega L + \frac{1}{j\omega C} \qquad (3-23)$$

因此，FSS 的阻抗不仅包含电阻性成分还包含电抗性成分，这就给层阻抗增加了电抗分量，从而能达到改善吸波材料的阻抗匹配特性的目的，使更多的入射电磁波能够进入材料内部。因此，连续碳纤维格子结构 FSS 的使用能够获得更好的阻抗匹配特性。

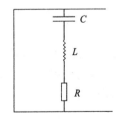

图 3-47　FSS 的等效电路模型

2）连续碳纤维本身对电磁波的损耗

连续碳纤维对入射电磁波的损耗作用主要有极化损耗、涡流损耗以及欧姆损耗等[228]。

在微波阶段，碳纤维的极化机制主要为电子弛豫极化，当碳纤维等电介质突然受到静电场作用时，往往要经过一段时间（即弛豫时间）后极化强度才能达到其最终值，从而会损耗部分电磁波能量。

连续碳纤维是由多根碳纤维组合而成，且碳纤维之间都相互接触，由于迁移电子和跳跃电子的运动，纤维间就很容易形成一个稳定的平面导电网络。根据电磁波理论，当电磁波入射到碳纤维表面时会产生涡流，而且随着频率的不断增加，在碳纤维截面上的电流将会趋向于向碳纤维表面集中，此即趋肤效应。趋肤效应现象是由入射电磁波向碳纤维内部的传播引起的，趋肤效应随频率的增加越来越显著，产生的涡流损耗也就越来越大，从而导致对电磁波的损耗也增多，这也是试样在高频段的吸波性能较好的原因之一。

碳纤维的电阻率 ρ 在 $(1.6 \sim 5) \times 10^{-2}$ $\Omega \cdot m$ 左右，当电磁波入射到碳纤维表面时，会激发感应电流，其中部分电流将会被碳纤维通过欧姆损耗的方式被转换为热能损耗掉。除了涡流损耗以外，由于每束 $12K$ 碳纤维基本由 12000 根左右的碳纤维丝组成，因此，在每根碳纤维之间传播的部分电磁波还会经过散射发生相位相消的现象，当入射电磁波和反射电磁波等幅且相位相差 180 ℃ 时将会发生相互对消，从而达到减少电磁波反射的目的[229]。

3）电磁波在各层间的多次反射

多层碳纤维格子结构 FSS 吸波复合材料经梯度阻抗设计后，其表面输入阻抗更接近于空气中的波阻抗，使得入射电磁波更容易进入吸波材料内部。而当电磁波到达碳纤维格子结构 FSS 后，会发生衍射现象，即透射波将偏离原来的方向入射到下一层碳纤维格子结构 FSS 或金属衬底上，进入的部分电磁波在不同周期尺寸的碳纤维格子结构 FSS 之间或碳纤维格子结构 FSS 与金属衬底之间经多次反射后，逐渐被碳纤维通过欧姆损耗、涡流损耗和相位相消等机制消耗掉，多次反射的作用示意图如图 3-48 所示；另一部分电磁波返回到自由空间，当通过不同层反射的电磁波满足干涉相消的条件时将发生干涉现象，从而衰减电磁波，但由于各层间的厚度较小，很难满足干涉相消的条件，故该作用不是此结构的主要吸波机理，体现为反射率曲线中没有较强的吸收峰出现。而随着碳纤维 FSS 的层数增加，表面输入阻抗越接近空气中的波阻抗，进入的电磁波也就越多，而且层数增加，电磁波在各层间反射，碳纤维损耗的电磁波也就越多，所以吸波性能越优异。

3.3.4.3 碳纤维贴片–格子多层复合结构材料的微波衰减特性

从上述分析中可以看出，多层连续碳纤维格子结构 FSS 复合材料具有较好的吸波性能，尤其是三层连续碳纤维格子结构 FSS 复合材料的反射率在 -10 dB 以下的带宽达到了 8 GHz，具有较好的宽频吸收特性。但是，其缺点是吸波材料的厚度较厚（6 mm），且 8 ~ 10 GHz 频率段的吸波效果较差。有研究表明[230]，将容

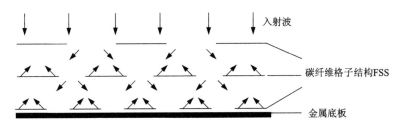

图 3 – 48　电磁波在各层间的多次反射

性 FSS 置于吸波材料的表面，能起到改善其低频吸波性能的作用。而碳纤维网胎贴片 FSS 属于容性 FSS，因此，通过在双层连续碳纤维格子结构 FSS 复合材料(厚度仅为 4 mm)的表面加入一层碳纤维网胎贴片结构 FSS，有望得到在 8 ~ 18 GHz 全频段范围内均能有效吸收电磁波的碳纤维 FSS 吸波复合材料。

在双层连续碳纤维格子结构 FSS 复合材料的试样中，DL6 试样的吸波性能最好，其反射率在 13 ~ 18 GHz 频率范围内均小于 – 10 dB，高频段的吸波性能较好，因此，选用此样品的结构作底层；而根据前述分析图 3 – 36 样品的反射率曲线可以看出，Sample 4(贴片结构 FSS 的结构参数为：周期尺寸 $a = 21$ mm，贴片边长 $c = 7$ mm)在低频段的吸波性能最好，因此，将具有该结构参数的碳纤维网胎贴片结构 FSS 加入 DL6 试样的表面来制备碳纤维贴片 – 格子多层复合结构材料，其结构示意图如图 3 – 49 所示。

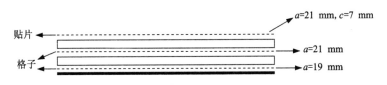

图 3 – 49　多层混合碳纤维 FSS 复合材料结构示意图

按照图 3 – 49 所示结构制备复合材料，并测试试样反射率，测试结果如图 3 – 50 所示。从图 3 – 50 的反射率曲线可以看出，碳纤维贴片 – 格子多层复合结构材料的反射率曲线的吸收峰峰值较小，为 – 11 dB，但其在整个 8 ~ 18 GHz 频率范围内的反射率均小于 – 6 dB，具有非常好的宽频吸收特性。与 DL6 试样相比[反射率曲线见图 3 – 44(f)所示]，在其表面加入一层碳纤维网胎贴片 FSS 后的复合材料在低频段性能得到明显改善。

综上所述，经过梯度阻抗多层结构设计后，多层碳纤维 FSS 复合材料的吸波性能得到明显提高，尤其是其吸收带宽明显增加。碳纤维贴片 – 格子多层复合结构材料的反射率在 8 ~ 18 GHz 全波段范围内均小于 – 6 dB，表现出较好的宽频吸波性能。

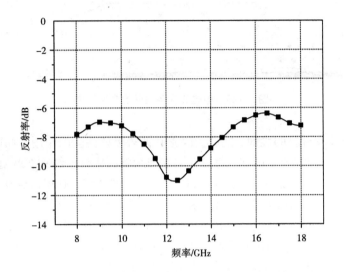

图 3 – 50　多层混合碳纤维 FSS 复合材料的反射率

第4章 碳纤维本征介电常数提取

碳纤维本征介电常数是进行耐高温结构吸波碳纤维复合材料结构和电性能兼容设计的关键基础数据。在微观尺度上,碳纤维由层状石墨堆积而成,碳纤维轴向电导率远大于径向电导率[231],而介电常数的虚部一般正比于电导率。同时纤维半径一般远小于纤维长度,沿径向和轴向方向的退极化场强度存在显著差异。因此,碳纤维介电常数呈现明显各向异性。而目前尚无可靠的方法和测试仪器可获取呈显著各向异性碳纤维的本征介电常数。本章主要介绍在碳纤维本征介电常数提取方面开展的一些探索性基础工作及取得的进展。

4.1 碳纤维径向介电常数提取

本节通过深入分析碳纤维阵列/环氧树脂复合材料的径向介电频谱特性,提出基于 Wiener 理论的纤维阵列结构等效介电模型,该模型借鉴 Wiener 理论中等效介电常数随体积分数变化规律的描述,通过引入纤维束几何尺寸对等效介电常数的影响,建立阵列式碳纤维等效介电模型。并利用该模型开展碳纤维径向介电常数提取工作。

4.1.1 碳纤维阵列复合材料制备及表征

碳纤维束阵列复合材料的制备过程如图 4-1 所示:一排排椭圆截面碳纤维束(碳纤维束布)由碳纤维无纬布(PAN 基 T700,东丽,日本)上剪下堆积在另一块上方。无纬布中,碳纤维束紧密排列。平行地将剪下的碳纤维束布排列在矩形模具中,纤维束在其中竖直平行分布。将环氧树脂(E44)加热到 60 ℃降低其黏度,树脂基体由 87 份树脂和 13 份增塑剂(邻苯二甲酸二丁酯)组成,按树脂基体质量 10% 添加固化剂(乙二胺)。制备过程借助了真空除去树脂中气泡,之后在 80 ℃下静置 24 h 固化。纤维束的体积分数由纤维束的根数决定。考虑到纤维束横截面形状对介电性能的影响,分别制备了两类阵列式碳纤维复合材料样品:纤维束横截面长轴垂直电场极化方向作为垂直 1 号样(Perpendicular1,简称 P1),纤维束横截面短轴垂直电场极化方向作为垂直 2 号样(Perpendicular2,简称 P2)。T700 碳纤维束横截面长轴和短轴平均长度分别为 1.5 mm 和 0.2 mm。为进行 X 波段电磁参数测量,所有试样均磨至 22.86 mm 长和 10.16 mm 宽,除用于讨论纤

维束长度对阵列式碳纤维复合材料介电常数影响的试样，所有样品厚度均磨至
3 mm。

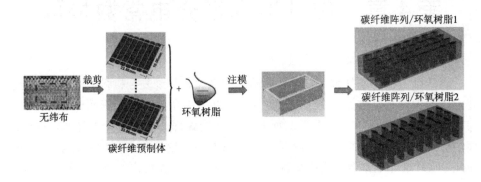

图 4 - 1　纤维阵列/环氧树脂复合材料制备方法示意图

本节采用波导法电磁参数测量方法，利用 Agilent N5230A 矢量网络分析仪测
量碳纤维阵列复合材料的散射参数，再通过标准散射参数反演算法获得介电常
数，测量系统采用直通—反射—负载校准方法。为保障测量的精度和可靠性，所
有样品测量前均采用环氧树脂试样进行校验。

4.1.2　碳纤维阵列复合材料介电性能

为检验测量结果的有效性，先后采用上述方法制备了碳纤维束体积分数为
58.9%的 P1、P2 和环氧树脂波导样品，通过对比环氧树脂电磁参数测量结果和
已有公开报道的文献数据，来检验波导法电磁参数测量系统的可靠性。对比相同
体积分数的 P1 和 P2 波导样品的介电常数测量值，分析纤维束横截面形状对碳纤
维阵列复合材料介电常数的影响。图 4 - 2 中对比了环氧树脂、碳纤维束体积分
数为 58.9 vol% 的 P1 和 P2 复合材料波导试样的介电常数测量结果。

环氧树脂介电常数的测量结果为 2.9 - j0.1（如图 4 - 2 中黑色实心和空心上
三角所示），与已有文献报道吻合，验证了波导法电磁参数测量系统的可靠性；纤
维束体积分数为 58.9% 的阵列式碳纤维束/环氧树脂复合材料在两种极化方向下
的介电常数频谱如图 4 - 2 所示。在 8.2 ~ 12.4 GHz 频率范围，P2 样品介电常数
实、虚部（实心和空心圆点）均高于 P1 样品介电常数的实、虚部（实心和空心方
块），这是由沿电场极化方向的纤维束相对尺寸差异造成的。纤维束的极化能正
比于纤维束内电场大小，任意形状填充物的内电场表达式如下：

$$E_{in} = \varepsilon_M / [\varepsilon_M + L \cdot (\varepsilon_{in} - \varepsilon_M)] \cdot E_{out} \qquad (4-1)$$

其中：E_{in} 和 E_{out} 是填充物内、外电场，ε_{in} 和 ε_M 是填充物和填充物附近基体的介电

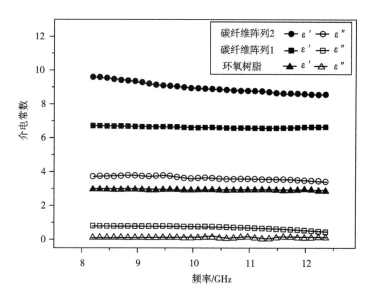

图 4 - 2　环氧树脂试样、纤维束体积分数 58.9% 的 P1 和 P2 试样介电常数对比图

常数,而退极化因子 L 可以表示为[232]:

$$L = \frac{r_1 r_2 r_3}{2} \int_0^{+\infty} \frac{\mathrm{d}u}{(u + r_1^2)\sqrt{(u + r_1^2)(u + r_2^2)(u + r_3^2)}} \tag{4 - 2}$$

其中:r_1 为沿电场方向填充物的半长轴,r_2 和 r_3 为直角坐标系下填充物沿另外两方向的半长轴。因此,任意形状填充物的有效极化能可以表示为:

$$
\begin{aligned}
P &= \varepsilon_0(\varepsilon_{\text{eff}} - 1)E_{\text{out}} = \varepsilon_0(\varepsilon_{\text{in}} - 1)E_{\text{in}} \\
&= \varepsilon_0(\varepsilon_{\text{in}} - 1)\varepsilon_M/[\varepsilon_M + L \cdot (\varepsilon_{\text{in}} - \varepsilon_M)]E_{\text{out}}
\end{aligned}
\tag{4 - 3}
$$

其中:ε_{eff} 为任意形状填充物的有效介电常数,因此,填充物的有效介电常数可表示为:

$$\varepsilon_{\text{eff}} = 1 + (\varepsilon_{\text{in}} - 1)\varepsilon_M/[\varepsilon_M + L \cdot (\varepsilon_{\text{in}} - \varepsilon_M)] \tag{4 - 4}$$

根据退极化因子定义,沿电场极化方向纤维束相对尺寸越小,则沿该方向的退极化因子越大。P1 样品沿电场方向尺寸小于 P2 样品,因此 P1 样品的退极化因子大于 P2 样品,P2 试样的有效介电常数(实心和空心圆点)大于 P1 试样(实心和空心方块)的值。

除此之外,由式(1 - 38)可知,材料表面反射率由空气和介质间阻抗匹配性决定,介质的输入阻抗越接近自由空间阻抗,材料表面的反射损耗越高,反射的电磁波能量越低。同时式(1 - 39)指出,非磁性电介质(磁导率为 1)的介电常数越小,材料输入阻抗越接近自由空间阻抗,图 4 - 2 中结果表明 P2 的介电常数随频率升高而减小，将有利于改善空气 – 介质间的阻抗失配。由于退极化场的作用，P1 样品的介电常数在测量频段变化不大，式(1 – 39)表明在讨论的频率范围内，介电常数保持不变，阻抗失配情况并未随频率升高而得到改善，电磁波未能进入材料内部被损耗而将直接被反射。

4.1.3　碳纤维阵列结构介电模型的建立与验证

为有效预测碳纤维阵列复合材料等效介电常数，提出一种新的唯象模型——Wiener 修正模型。该模型借鉴了 Wiener 模型中对体积分数的描述，补充了填充物几何形状对复合材料等效介电常数的影响。碳纤维束阵列复合材料的 Wiener 修正模型表示如下：

$$\varepsilon_{\text{eff}} = \varphi_{\text{in}} \cdot \varepsilon_{\text{in}}(L) + (1 - \varphi_{\text{in}}) \cdot \varepsilon_{\text{M}} \tag{4 - 5}$$

$$\varepsilon_{\text{in}}(L) = c - 1/[a(L - b)] \tag{4 - 6}$$

其中：φ_{in} 为碳纤维束的体积分数，$\varepsilon_{\text{in}}(L)$ 为退极化因子 L 下的碳纤维束径向介电常数，a，b，c 为拟合参数，由纤维、基体介电常数和分布状态等因素决定。

由公式(4 – 2)计算可得，P2 和 P1 样品的退极化因子分别为 0.089 和 0.82，在式(4 – 5)中将纤维束体积分数 58.9% 代入 φ_{in} 及图 4 – 3 中 P1 和 P2 复合材料样品介电常数代入 ε_{eff}，可求得退极化因子分别为 0.089 和 0.82 的碳纤维束径向介电常数，如图 4 – 3 所示。

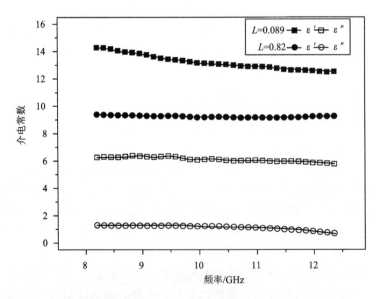

图 4 – 3　退极化因子为 0.089 和 0.82 的碳纤维束径向介电常数频谱

　　退极化场作用下，碳纤维束阵列复合材料介电常数随退极化因子增大而减小。由于相对较小的退极化场，P2 复合材料样品的介电常数随频率增大而减小，而 P1 复合材料样品的介电常数在该频段变化不大。

　　由式(4-4)可知，退极化因子为零时，即材料内部不存在退极化场，材料的介电常数才为本征介电常数 $\varepsilon_{eff}(0) = \varepsilon_{in}(0)$，而退极化因子为 1 的极端情况下，材料的介电常数是由材料周围基体及材料本身共同决定，因此，退极化因子为 1 时，材料的介电常数为 $\varepsilon_{eff}(1) = 1 + \varepsilon_M - \varepsilon_{in}(1)/\varepsilon_M$，结合提取的 P1 和 P2 样品中碳纤维束径向介电常数，求解方程可获取拟合参数 a，b 和 c。将退极化因子设为零，可获得碳纤维束本征介电常数，如图 4-4 所示。

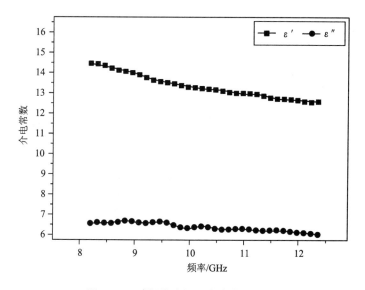

图 4-4　碳纤维束径向介电常数频谱

　　X 波段内，碳纤维束径向介电常数实部由 14.46 减小至 12.6，径向介电常数虚部由 6.56 缓慢递减至 6.0。根据传输线理论，材料表征阻抗($377\sqrt{\mu/\varepsilon}$)越接近自由空间阻抗(377)，则更多的电磁波能进入吸波材料内部被损耗掉。当相对磁导率 μ 等于 1 时，减小介电常数是提升阻抗匹配的可靠途径。图 4-4 表明，碳纤维束径向介电常数不仅数值较小，且随频率升高而减小，表明径向极化的碳纤维束具有优良的阻抗匹配性，而相对较大的介电常数虚部将迅速衰减掉进入吸波材料内部的电磁波。

　　为了验证提取的碳纤维束径向介电常数的可靠性，制备不同体积分数的 P1 和 P2 样品，以检验修正模型的可靠性。相应复合材料试样介电常数的计算值和测量值对比如图 4-5 所示。

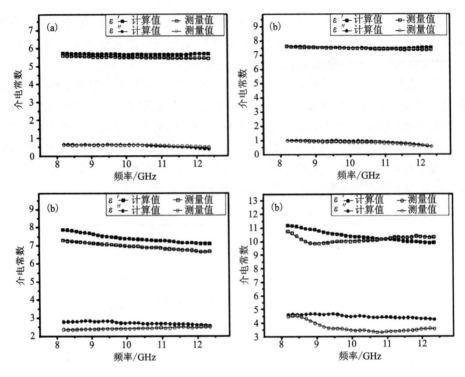

图 4 - 5 碳纤维束阵列介电常数计算实验对比图

(a)纤维束体积分数 43.5% P1；(b)纤维束体积分数 72.5% P1；
(c)纤维束体积分数 43.5% P2；(d)纤维束体积分数 72.5% P2

由图 4 - 5(a)和(b)可知，Wiener 修正模型在预测碳纤维束阵列/环氧树脂复合材料的 P1 样品等效介电常数非常有效，介电常数理论计算值与实验测量值间仅在 12 GHz 附近出现不到 0.3 的偏差。同时，图 4 - 5(c)和(d)表明，Wiener 修正模型可有效预测碳纤维束阵列/环氧树脂复合材料 P2 样品的等效介电常数，但较 P1 样品而言，该模型在预测 P2 复合材料试样等效介电常数的精度略低，在高纤维束体积分数下更是如此[图 4 - 5(d)]。在预测纤维束体积分数 43.5% 的 P2复合材料样品中，计算值和实验值间偏差不大于 1，而在预测纤维束体积分数72.5% 的 P2 复合材料样品中，理论值和实验值间不大于 2。因此，Wiener 修正模型不仅可有效预测不同体积分数的碳纤维阵列/环氧树脂复合材料介电常数，还能计算不同极化方式下的碳纤维阵列/环氧树脂复合材料的介电常数。但是Wiener 修正模型的预测精度随体积分数和退极化因子的增大而降低，因此 P2 样品的预测误差大于 P1 样品的。在另一角度也说明了在碳纤维束阵列/环氧树脂复合材料中忽略纤维束间相互作用的假设是合理的。在验证了 Wiener 修正模型的可靠性后，可进一步采用 Wiener 修正模型提取碳纤维径向介电常数，为碳纤维复合材料介电性能设计提供基础数据。

4.1.4　碳纤维阵列结构介电模型的应用

在验证模型可靠性后,本节采用 Wiener 修正模型进一步提取单根碳纤维的径向介电常数,并讨论纤维束形状(横截面形状和纤维束长度)对纤维束径向介电常数的影响。

4.1.4.1　碳纤维径向介电常数提取

基于 Wiener 修正模型提取的碳纤维束径向介电常数,可进一步提取单根碳纤维径向介电常数。碳纤维阵列/环氧树脂复合材料中碳纤维束实际是由碳纤维阵列和填充期间的环氧树脂组成,因此单束碳纤维的径向介电常数即为碳纤维阵列/环氧树脂复合材料的径向介电常数,在式(4 - 5)中将碳纤维束径向介电常数作为复合材料等效介电常数(图 4 - 4)代入 $\varepsilon_{\mathrm{eff}}$ 及碳纤维体积分数 49% 代入 φ_{in},得到碳纤维径向介电常数,在 8.2 ~ 12.4 GHz 范围的碳纤维径向介电常数频谱如图 4 - 6 所示。

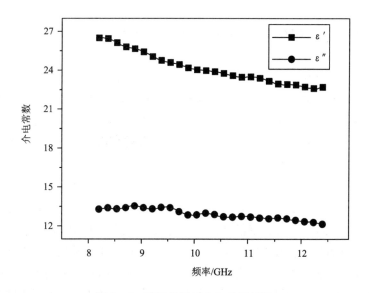

图 4 - 6　碳纤维径向介电常数频谱

由图 4 - 6 可知,8.2 ~ 12.4 GHz 范围碳纤维径向介电常数实部由 26.48 迅速降至 22.69,碳纤维径向介电常数虚部由 13.29 缓慢递减至 12.15。碳纤维径向介电常数实部随频率升高而减小,具有明显的频散现象。而介电常数虚部虽然也随频率升高而减小,但仍能保持足够大而快速衰减进入纤维内部的电磁波。为论证径向极化的碳纤维需结合基体才能有效衰减电磁波,假定复合材料仅由碳纤维阵列组成，即复合材料介电常数等于碳纤维径向介电常数，研究该复合材料对微波频段电磁波的反射情况，如图 4 - 7 所示。

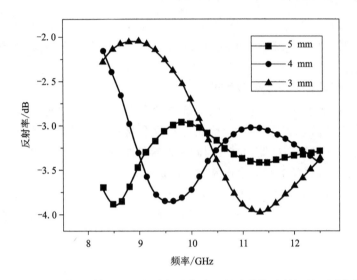

图 4 - 7 不同厚度的径向极化碳纤维复合材料试样的反射损耗预测曲线

由图 4 - 7 可知，仅含径向极化碳纤维的复合材料的反射损耗并不高，最优反射损耗仅 - 4 dB。因此，从力学及吸波性能方面考虑，碳纤维阵列复合材料仍需筛选合适的基体。利用传输线理论可筛选出反射损耗低于 - 10 dB 的非磁性材料介电常数范围，图 4 - 8 指出了 5 mm 厚的非磁性材料在 8.2 ~ 12.4 GHz 频率范围反射损耗低于 - 10 dB 的最佳介电常数范围。

结合图 4 - 7 和图 4 - 8 可知，8.2 ~ 12.4 GHz 频率范围内碳纤维径向介电常数实部由 26.48 降至 22.69，穿过 - 10 dB 反射损耗要求的最佳介电常数实部范围，而碳纤维径向介电常数虚部却达 12 以上，远大于 - 10 dB 反射损耗要求的最佳介电常数虚部范围，因此单纯依靠径向极化的碳纤维来吸收并衰减电磁波是无法满足高吸波性能要求，需结合基体材料来调控复合材料等效介电常数，以提升空气 - 介质间阻抗匹配性。提取的碳纤维径向介电常数不仅有利于相关碳纤维复合材料介电性能设计，还能帮助分析碳纤维复合材料的介电响应特性。

4.1.4.2　纤维束横截面对碳纤维束径向介电常数的影响

从不同极化方式下的碳纤维束径向介电常数差异可以看出，碳纤维束径向介电常数是由退极化因子决定的，而退极化因子又是由碳纤维束横截面几何形状决定的，因此接下来讨论碳纤维束横截面形状（退极化因子）对碳纤维束径向介电常数的影响。由退极化因子表达式可知，沿电场极化方向相对尺寸越小，该方向的

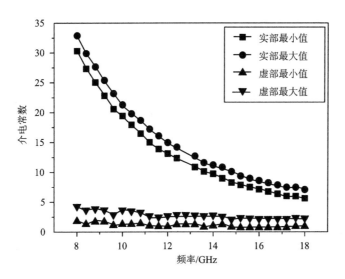

图 4 - 8 5 mm 厚的非磁性材料在 8.2 ~ 12.4 GHz 频率
范围内反射损耗低于 - 10 dB 的最佳介电常数范围

退极化因子就越大,因此当纤维束横截面的长轴方向平行电场极化方向,短轴又
远小于长轴时,沿该方向的退极化因子将无限趋近于零,即退极化场的作用很
弱。而当纤维束横截面的长轴方向垂直电场极化方向,长轴远大于短轴时,沿电
场极化方向的退极化因子无限趋近于 1,即退极化场达到最大。通过代入碳纤维
径向介电常数及不同纤维束横截面形状对应的退极化因子,得到不同纤维束横截
面形状及退极化因子下的碳纤维束径向介电常数,图 4 - 9 表示的是 8.2 GHz 和
12.4 GHz 频率下碳纤维束径向介电常数随退极化因子变化的趋势,同时也表征
了横截面形状同退极化因子的关系。

　　由图 4 - 9 可知,随着碳纤维沿电场方向相对尺寸的减少,介电常数实部和虚
部均逐步下降。当频率较低时,介电常数实部和虚部的数值更大。碳纤维束径向
介电常数实部和虚部均随退极化因子增大而减小,这是由于随着退极化因子的增
大,退极化场强增大,纤维内电场强度减小,导致极化能减小,因此介电常数随
退极化因子升高而减小。同时,碳纤维束径向介电常数随频率升高而减小,是由
于碳纤维径向介电常数是随频率升高而降低的。另一方面,引起碳纤维束径向介
电常数频散现象的原因可能是碳纤维径向极化的滞后现象,即随频率升高,沿碳
纤维径向方向上的极化响应难以跟上外场的变化,从而导致碳纤维及碳纤维束径
向介电常数随频率上升而减小,因此图 4 - 9 所示曲线中 12.4 GHz 对应的曲线低
于 8.2 GHz 对应的曲线。

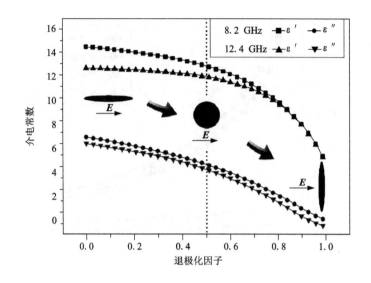

图4-9 纤维束横截面对碳纤维束径向介电常数的影响

如上节所述，径向极化的碳纤维由于过高的介电常数虚部导致最优反射损耗仅 -4 dB。由本节可知，纤维束横截面形状可大幅调控碳纤维束径向介电常数。因此，通过改变纤维横截面可有效调控碳纤维束径向介电常数，但异型纤维存在各向异性，不利于吸波材料设计，且奇异的形状会影响纤维力学性能，在复合材料中容易造成应力集中点，因此，考虑兼顾力学性能的前提下，采用改变纤维形状来调控纤维吸波性能并不是最佳途径。

4.1.4.3 纤维束长度对碳纤维束径向介电常数的影响

理论研究工作表明，长径比较小时径向介电常数与纤维长度有关[233]。为研究纤维束长度对碳纤维束阵列复合材料介电性能的影响，将碳纤维束体积分数为43.5% 的 P1 试样从 5 mm 磨至 3 mm，不同样品厚度的碳纤维束阵列复合材料的介电常数对比如图 4-10(a) 所示。碳纤维阵列结构中纤维束长度等于样品厚度，所以研究纤维束长度对阵列式碳纤维结构介电常数影响，只需改变复合材料样品厚度，由 Wiener 修正模型提取不同纤维束长度的碳纤维束径向介电常数如图 4-10(b) 所示。

分析图 4-10 数据可知，不同长度的碳纤维束径向介电常数频谱差异显著，复合材料和提取的碳纤维束径向介电常数频谱均出现谐振现象，且频谱均显示谐振频率点随厚度(或纤维束长度)增大而降低。半波干涉理论指出谐振频率点应出现在样品厚度等于传播其中电磁波波长 1/4 的奇数倍，由此谐振频率点的表达式如下所示：

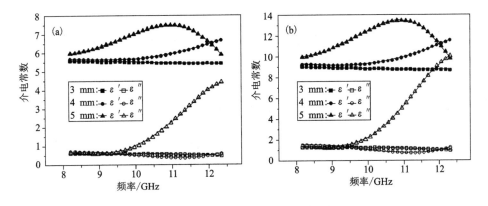

图 4 – 10　不同纤维束长度

（a）P1 复合材料介电常数；（b）碳纤维束径向介电常数

$$f = (2n + 1)\frac{c}{4d\sqrt{\varepsilon}} \tag{4-7}$$

式（4-7）忽略了材料磁损耗，只考虑了材料介电损耗。为剔除谐振对材料介电常数频谱的影响，将该频段未出现明显谐振现象的 3 mm 厚的 P1 复合材料介电常数代入式（4-7）中，得出 5 mm 厚的复合材料谐振频率点在 11.8 GHz（即 $n = 1$ 时），和图 4-10 的实验测量结果吻合，而 3 mm 和 4 mm 厚的复合材料谐振点分别处于 19.67 GHz 和 14.75 GHz。因此，利用半波干涉理论成功解释了不同样品厚度的复合材料谐振频率点的变化规律，这表明该结构复合材料的介电常数不随样品厚度变化而变化。因此，提取的碳纤维束径向介电常数与纤维束长度无关。与理论工作相悖的原因可能是由于毫米级纤维束长度的纤维长径比已足够大，纤维长度在毫米级变化不再引起长径比数值的突变，因此毫米级纤维束长度的碳纤维径向介电常数与纤维束长度无关。

4.2　碳纤维轴向介电常数提取

上节通过分析阵列式碳纤维复合材料微波介电响应特性，建立了碳纤维阵列结构电磁理论模型，成功提取了单根碳纤维径向介电常数。在上节工作的基础上，本节通过建立随机分布碳纤维的等效介电理论模型，进一步提取碳纤维轴向介电常数，完整地获取碳纤维 X 波段各向异性介电常数，为碳纤维复合材料的介电设计提供基础数据和预测模型，提高碳纤维复合材料介电性能设计效率。

采用 Pouring 方法制备不同纤维长度的随机分布碳纤维/环氧树脂复合材料，测量 8.2 ~ 12.4 GHz 频率范围不同纤维长度的随机分布碳纤维复合材料的介电常数。忽略纤维间相互作用前提下，提出基于 Reynolds - Hugh 理论的计算公式预测随机分布碳纤维复合材料的介电常数，结合上节提取的碳纤维径向介电常数，获取碳纤维轴向介电常数，并通过实验来验证理论模型的可靠性。在不同纤维长度的碳纤维轴向介电常数的基础上，利用该公式进一步提取碳纤维轴向本征介电常数。

4.2.1　随机分布碳纤维复合材料制备及表征

为可靠获取随机分布碳纤维/环氧树脂复合材料的微波频段的介电常数，需制备纤维体积分数合适、各向同性且纤维随机分布的测量试样，才能保障实验测量结果真实可信。研究表明，Pouring 方法可制备分布更均匀的随机碳纤维样品[234]，因此借鉴该方法制备随机分布短碳纤维/环氧树脂复合材料。

试样采用的碳纤维是 PAN 基 T700 碳纤维，其拉伸模量为 294 GPa，直流电导率为 62500 S·m，直径为 6.8 ~ 7.2 μm。树脂基体是通过混合 87 份环氧树脂和 13 份增塑剂(邻苯二甲酸二丁酯)，然后按 10∶100 比例(重量)添加固化剂(乙二胺)到上述混合物(环氧树脂和增塑剂)。该树脂基体在 X 波段的相对介电常数为 2.95，密度为 1.18 g/cm^3。

随机分布碳纤维/环氧树脂复合材料制备是先混合短切碳纤维和树脂基体，再添加固化剂，一直搅拌混合物直至纤维在复合材料中均匀且均质分布。最后，将混合物倒入测试法兰(22.86 mm × 10.16 mm × 3 mm)，并经 80 ℃下静置 24 h 的常压固化而获得测量样品。

采用波导法电磁参数测量方法，利用 Agilent N5230A 网络矢量分析仪测量随机分布碳纤维/环氧树脂复合材料试样在 X 波段的相对介电常数。测量系统采用直通 - 反射 - 负载校准方法，测量系统的精度通过环氧树脂试样检测。介电常数由标准 S 参数反演算法计算获得。并采用阿基米德方法测量样品的密度。

4.2.2　随机分布碳纤维复合材料介电性能

复合材料介电常数正比于材料密度，密度越高，相对介电常数越大[235]。为保证介电常数测量结果具有可比性，需制备密度接近的测量样品。制备的所有随机分布碳纤维/环氧树脂复合材料的密度均在 1.1 g/cm^3 左右。环氧树脂试样与 1 mm 长(0.02 vol%)、2 mm 长(0.06 vol%)和 3 mm 长(0.06 vol%)随机碳纤维/环氧树脂复合材料试样的介电常数对比如图 4 - 11 所示。

通过对比环氧树脂试样电磁参数的测量结果和已有公开报道的文献数据，来检验波导法电磁参数测量系统的可靠性。对比相同体积分数的随机分布碳纤维波导样品介电常数来研究纤维长度对随机分布短碳纤维复合材料介电性能的影响。首先，环氧树脂试样介电常数实部和虚部的测量值分别为 2.95 和 0.1，与已有公

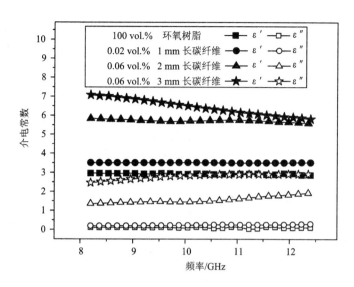

图 4 - 11　环氧树脂(实心和空心方形),1mm(实心和空心圆点),
2mm(实心和空心上三角)和 3mm 长(实心和空心星点)
随机碳纤维/环氧树脂样品介电常数频谱

开报道的文献一致[236, 237],说明测量系统准确可靠。其次,碳纤维体积分数越高,介电常数越大。对比 1 mm 长随机分布碳纤维复合材料样品,2 mm 和 3 mm 长随机分布碳纤维复合材料样品的相对介电常数更大。2 mm 长随机碳纤维样品介电常数测量值比 Balzano 等[234]报道的介电常数低,是由于采用了介电常数更低(2.95 - j0.1)的树脂作基体。最后,随机碳纤维/环氧树脂复合材料介电常数随纤维长度增大而增大的现象,与之前研究发现的规律一致[237]。此外,理论研究表明纤维团聚将使测量值偏高[238],因此出现团聚的随机碳纤维复合材料(其中纤维择优排列)的介电常数比无团聚的复合材料相应值更大。实验结果表明,制备的随机分布碳纤维复合材料的介电常数数值较低,且 Pouring 方法被认为可有效避免纤维择优排列[234]。因此,可认为碳纤维是随机均匀地分布于基体中,而未出现纤维择优排列。

4.2.3　随机分布碳纤维介电模型

根据 Reynolds - Hugh 理论[232],碳纤维复合材料的有效电场强度可表示为:

$$E_{composite} = v \cdot E_f + (1 - v) \cdot E_b \qquad (4-8)$$

其中:v 为碳纤维体积分数,E_f 和 E_b 为纤维和基体内电场。不考虑纤维间相互作用,碳纤维复合材料极化能等于纤维极化能和基体极化能的总和,可表示为:

$$P = \varepsilon_0 \varepsilon_{\text{composite}} E_{\text{composite}} = v \cdot \varepsilon_0 \varepsilon_f E_f + (1 - v) \cdot \varepsilon_0 \varepsilon_b E_b \tag{4-9}$$

其中：$\varepsilon_{\text{composite}}$ 为复合材料有效介电常数，ε_0，ε_f 和 ε_b 分别是真空、碳纤维和基体相对介电常数。将式（4-8）代入式（4-9），得到随机分布碳纤维复合材料等效介电常数表达式如下：

$$\varepsilon_{\text{composite}} = \varepsilon_b + (\varepsilon_f - \varepsilon_b) v E_f / E_{\text{composite}} \tag{4-10}$$

正如式（4-10）所示，纤维体积分数越低，碳纤维复合材料的等效介电常数越小。与已报道的数据[234]相比，3 mm 长随机碳纤维复合材料试样的介电常数相对较小。除此之外，从测量结果亦可见随机分布碳纤维复合材料的介电常数随纤维长度增大而增大。为研究纤维长度对随机分布碳纤维复合材料等效介电常数的影响，将碳纤维介电常数按各向异性分解成径向和轴向介电常数，考虑到随机分布中碳纤维沿直角坐标系三坐标轴取向的概率一致，因此式（4-10）可改写为：

$$\varepsilon_{\text{composite}} = (1 - v) \cdot \varepsilon_b + 2/3 \cdot v \cdot E_{f_\perp} / E_{\text{composite}} \cdot \varepsilon_{f_\perp} + 1/3 \cdot v \cdot E_{f_{//}} / E_{\text{composite}} \cdot \varepsilon_{f_{//}}$$
$$\tag{4-11}$$

其中：$\varepsilon_{f_\perp}$ 和 $\varepsilon_{f_{//}}$ 为碳纤维径向和轴向介电常数，$E_{f_\perp}$ 和 $E_{f_{//}}$ 为电场方向垂直和平行纤维轴向的纤维内电场，而 $E_f / E_{\text{composite}}$ 比值关系为[236]：

$$E_f / E_{\text{composite}} = \varepsilon_b / ((1 - L) \cdot \varepsilon_b + L \cdot \varepsilon_f) \tag{4-12}$$

且沿电场方向的退极化因子 L 表达式为[20]：

$$L = \frac{r_1 r_2 r_3}{2} \int_0^\infty \frac{\mathrm{d}u}{(u + r_1^2) \sqrt{(u + r_1^2)(u + r_2^2)(u + r_3^2)}} \tag{4-13}$$

其中：式（4-11）只有当纤维间相互作用可以忽略时才成立。而随机分布碳纤维复合材料中纤维间相互作用会随着体积分数上升而加剧，特别在渗透阈值附近[216, 239]。因此，为了合理应用式（4-11）计算随机分布碳纤维复合材料的等效介电常数，随机分布碳纤维复合材料中纤维体积分数应远低于渗透阈值，从而可合理忽略纤维间相互作用。

现有研究结果表明，纤维复合材料的渗透阈值随长径比增大而降低[216]。因此，纤维长度越长，纤维复合材料渗透阈值越低。为了合理应用式（4-11），需先确定随机分布短碳纤维复合材料的渗透阈值。然而，由于环氧树脂优异的电绝缘性，很难可靠测量碳纤维/环氧树脂复合材料的电导率，测量结果容易受探针位置和测量区域影响，特别是在低纤维含量情况。但已有研究表明，纤维复合材料的介电常数曲线也可用于确定渗透阈值，其计算公式[240]如下所示：

$$\varepsilon_{\text{composite}} = \varepsilon_b \left| \frac{f_C - f_{CF}}{f_C} \right| - q \tag{4-14}$$

其中：f_{CF} 为纤维体积分数，f_C 为纤维渗透阈值，q 为取值为 1 左右的指数参数。8.2 GHz 的 3 mm 长随机分布碳纤维复合材料试样介电常数随纤维体积分数变化规律如图 4 - 12 所示，将上述数据代入式(4 - 14)中，拟合得到 8.2 GHz 处 3 mm 长短碳纤维复合材料的渗透阈值，式(4 - 14)的拟合结果如图 4 - 12 中的插图所示。

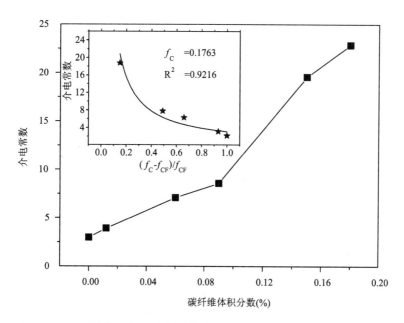

图 4 - 12　3 mm 长碳纤维/环氧树脂复合材料介电常数随体积分数在 8.2 GHz 变化规律，插图是采用(3 - 14)式拟合该数据的结果

如图 4 - 12 中插图所示，介电常数实验测量值与采用拟合结果绘制的预测曲线所得结果十分吻合，拟合结果表明 8.2 GHz 处 3 mm 长随机分布短碳纤维复合材料的渗透阈值 $f_c = 0.1763$ vol%，均方差 $R^2 = 0.9216$。正如前面所述，由于更小的长径比，1 mm 和 2 mm 长随机分布短碳纤维复合材料的渗透阈值会高于 3 mm 长随机分布短碳纤维复合材料的渗透阈值(0.1763 vol%)。而图 4 - 11 中 1 mm、2 mm 和 3 mm 长随机分布短碳纤维复合材料的体积分数均等于或小于 0.06 vol%，远低于相应长度随机分布短碳纤维复合材料的渗透阈值。因此，可合理应用式(4 - 11)从图 4 - 11 随机分布碳纤维复合材料介电常数实验测量结果中提取碳纤维的各向异性介电常数。

对于 1 mm 长的碳纤维，纤维直径约为 7 μm，根据式(4 - 13)可计算得到 1 mm 长碳纤维沿垂直和平行纤维轴向方向退极化因子 $L_\perp$ 和 $L_\parallel$ 分别为 0.49988 和 2.4313×10^{-4}。2 mm 长碳纤维的垂直和平行纤维轴向方向退极化因子 $L_\perp$ 和 $L_\parallel$ 分别为 0.49997 和 6.9274×10^{-5}，而 3 mm 长碳纤维的垂直和平行纤维轴向方向退极化因子 $L_\perp$ 和 $L_\parallel$ 分别为 0.49998 和 3.2996×10^{-5}。将式(4 - 12)代入式

（4-11），得到基于 Reynolds – Hugh 理论的随机碳纤维等效介电常数计算公式：

$$\varepsilon_{\text{composite}} = (1-v) \cdot \varepsilon_b + \frac{2}{3} \cdot v \cdot \frac{\varepsilon_b \cdot \varepsilon_{f_\perp}}{(1-L_\perp) \cdot \varepsilon_b + L_\perp \cdot \varepsilon_{f_\perp}} +$$

$$\frac{1}{3} \cdot v \cdot \frac{\varepsilon_b \cdot \varepsilon_{f_{//}}}{(1-L_{//}) \cdot \varepsilon_b + L_{//} \cdot \varepsilon_{f_{//}}} \qquad (4-15)$$

将纤维体积分数 v，随机分布碳纤维复合材料介电常数 $\varepsilon_{\text{composite}}$，基体介电常数 ε_b 和碳纤维径向介电常数 $\varepsilon_{f_\perp}$ 代入式（4-15）中，即可得到不同长度的碳纤维轴向介电常数 $\varepsilon_{f_{//}}$。

通过代入图 4-11 中 1 mm、2 mm 和 3 mm 长随机分布短碳纤维复合材料的介电常数到式（4-15），提取 1 mm、2 mm 和 3 mm 长的碳纤维轴向介电常数，如图 4-13（a）、（b）和（c）所示。8.2 ~ 12.4 GHz 范围内 1 mm 长碳纤维的轴向介电常数实部高达 17000，虚部由 860 迅速上升至 8567，2 mm 长碳纤维的轴向介电常数实部由 19559 降至 14474，虚部 12673 增大至 16937，而 3 mm 长碳纤维的轴向介电常数实部由 24077 迅速降至 13858，虚部高达 18624。

由于相互作用会随着纤维含量降低而减弱，可从较高纤维体积分数的复合材料中提取碳纤维轴向介电常数去计算较低纤维体积分数的复合材料介电常数，从而保障忽略纤维间相互作用假设的一致性。因此，采用体积分数为 0.02 vol% 的 1 mm 长碳纤维复合材料提取的碳纤维轴向介电常数预测 0.01 vol% 的 1 mm 长碳纤维复合材料介电常数，由体积分数为 0.06 vol% 的 2 mm 长碳纤维复合材料提取的碳纤维轴向介电常数预测 0.012 vol% 的 2 mm 长碳纤维复合材料介电常数，由体积分数为 0.06 vol% 的 3 mm 长碳纤维复合材料提取的碳纤维轴向介电常数预测 0.012 vol% 的 3 mm 长碳纤维复合材料介电常数。0.01 vol%（1 mm 长碳纤维），0.012 vol%（2 mm 长碳纤维）和 0.012 vol%（3 mm 长碳纤维）复合材料介电常数计算值和测量值的比较分别如图 4-13（d）、（e）和（f）所示，通过测量不同体积分数的随机分布碳纤维复合材料的介电常数来检验计算公式的准确性。

如图 4-13（d），（e）和（f）所示，采用提取的碳纤维轴向介电常数可有效预测不同体积分数的随机分布碳纤维复合材料的介电常数，同时也表明采用式（4-15）提取的碳纤维轴向介电常数是可靠的，且该公式中忽略纤维间相互作用的假设是合理的。

4.2.4　纤维长度对碳纤维轴向介电常数的影响

理论研究表明长径比不大时（≤ 25），纤维径向介电常数和轴向介电常数均与纤维长度相关，但当长径比继续增大时，纤维各向异性介电常数是否还与纤维长度相关？上节讨论了纤维长度对径向介电常数的影响，本节主要讨论纤维长度

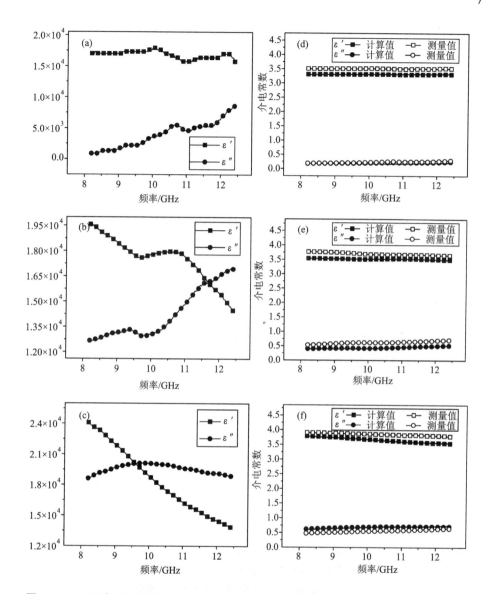

图4-13 不同纤维长度轴向介电常数:(a)1mm; (b)2mm; (c)3mm 及不同长度随机
碳纤维复合材料介电常数计算和测量对比图:(d)0.01 vol%1mm;
(e)0.012 vol% 2mm; (f)0.012 vol% 3mm

对碳纤维轴向介电常数的影响。对比8.2 GHz 处不同长度的碳纤维径向介电常数
结果如图4-14所示。

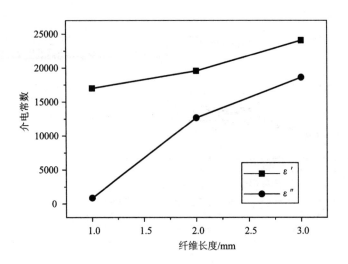

图 4 – 14   8.2 GHz 处碳纤维轴向介电常数同纤维长度的关系

由图 4 – 14 所示，碳纤维轴向介电常数的实部和虚部均随纤维长度增加而增大，和等效电路理论的预测趋势一致[233, 241]。根据式(4 – 13)中退极化因子的定义，沿电场极化方向的纤维长度越长，该方向上的退极化因子 L 越小。随着电场方向纤维长度的增大，退极化因子从 2.4313×10^{-4}（1 mm 长碳纤维）减小到 3.2996×10^{-5}（3 mm 长碳纤维），因此，碳纤维轴向介电常数实部和虚部均随纤维长度增大而增大。同时提取的轴向介电常数虚部增大更明显，这可能也是为什么长纤维容易带来低渗透阈值[242 – 244]的原因，因为长纤维具有更大的介电常数虚部，同时介电常数虚部是正比于电导率的，满足 $\sigma = \omega\varepsilon_0\varepsilon''$。因此长纤维复合材料更容易在低纤维含量下达到电导率突变点，即渗透阈值点。除此之外，长纤维复合材料形成导电网络所需的纤维含量也越少，因此长纤维复合材料中更容易发生纤维与纤维搭桥。即渗透阈值随纤维长度增大而降低。

如图 4 – 14 所示，碳纤维轴向介电常数实部和虚部均随纤维长度增大而增大，但纤维究竟长到什么程度轴向介电常数才随纤维长度增大趋于稳定？同样可采用此前用于分析纤维横截面几何形状对径向介电常数影响的公式来研究这个问题，该表达式[236]为：

$$\varepsilon = c - 1/a(b - L) \tag{4 – 16}$$

其中：a，b 和 c 为由纤维轴向介电常数、基体介电常数和纤维几何形状决定的拟合参数。根据式(4 – 13)中退极化因子的定义，沿纤维轴向方向的退极化因子 $L_{//}$ 随纤维长度增大而减小，利用公式(4 – 16)拟合图 4 – 14 中纤维轴向介电常数数据，得到 8.2 GHz 处碳纤维轴向介电常数随纤维长度变化规律，如图 4 – 15 所示。

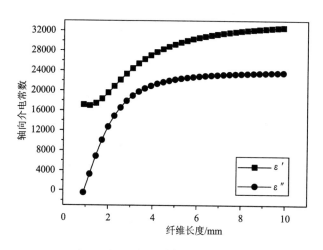

图 4 – 15　8.2 GHz 处纤维长度对碳纤维轴向介电常数的影响

　　由图 4 – 15 可见，纤维长度小于 5 mm 时碳纤维轴向介电常数随纤维长度增长迅速增加，此后介电常数逐渐趋于稳定。这是因为随着纤维长度的继续增大，沿纤维轴向方向的退极化因子减小越来越缓慢，因此 5 mm 后碳纤维轴向介电常数随纤维长度增大而增大的速度减慢。

4.2.5　碳纤维轴向介电常数提取

　　通过探讨纤维长度对碳纤维轴向介电常数的影响，可进一步提取碳纤维轴向本征介电常数。随着纤维长度的增大，沿纤维轴向方向的退极化场逐渐减弱，碳纤维轴向介电常数实部和虚部均增大。当纤维长度无限长，沿纤维轴向方向的退极化场可以忽略，则平行纤维轴向方向的退极化因子等于零，此时可得碳纤维轴向本征介电常数，将 1 mm、2 mm 和 3 mm 长碳纤维轴向介电常数代入式 (4 – 16)，求解方程获取拟合参数 a、b 和 c。将退极化因子设为零，得到碳纤维轴向介电常数如图 4 – 16 所示。

　　由图 4 – 16 可知，8.2 ~ 12.4 GHz 频率范围内，碳纤维轴向介电常数的实部由 34364 迅速降至 13164，虚部由 24173 增大至 34940 再减小到 20685。碳纤维轴向介电常数频谱呈德拜弛豫线型，在 10.15 GHz 处出现介电常数虚部峰值，而德拜弛豫理论指出，介电常数虚部将在 $\omega\tau = 1$ 处出现峰值，因此沿轴向方向极化的碳纤维弛豫时间为 98.5 ps。在 10.15 GHz 前，即外电场变化周期 98.5 ps 以上时，轴向极化的碳纤维可以跟上外交变电场的变化，因此介电常数虚部随频率升高而增大，当外交变电场变化周期小于 98.5 ps 时，即 10.15 GHz 之后，由于轴向

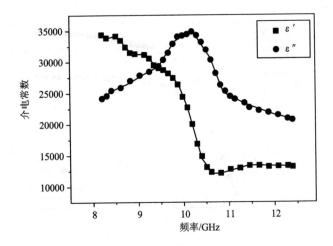

图 4 – 16 碳纤维轴向介电常数

极化碳纤维跟不上外交变电场变化，介电常数虚部随频率升高而减小。

根据传输线理论，材料特征阻抗（377 $\sqrt{\mu/\varepsilon}$）越接近自由空间阻抗（377），两者间阻抗匹配性越好，意味着更多电磁波可以进入材料内部被损耗掉。然而，碳纤维轴向介电常数实部高达 10000 以上，虚部在 20000 以上，电磁波在空气 – 介质分界面被直接反射掉。与碳纤维轴向介电常数相比，碳纤维径向介电常数要小很多，因此微波频段碳纤维具有显著的介电各向异性。

第 5 章　碳纤维表面改性及介电特性

碳纤维具有较小的电阻率,难以实现阻抗匹配,对电磁波呈强反射特性。因此,需要对碳纤维改性处理,降低其介电常数,调控其介电性能,同时提高抗氧化性能,并保持其优异的力学强度,以满足作为高温结构隐身材料优良吸波组元的使用要求。

5.1　BN 涂层改性

采用不同的耐高温陶瓷改性材料和改性工艺将直接影响碳纤维的表面形貌、成分、复合界面,进而影响改性碳纤维的力学、氧化和介电性能。

BN 具有高的电阻率（$10^4 \Omega \cdot cm$）、低的介电常数（5.16）和介电损耗（0.0002）,是陶瓷材料中最好的高温绝缘材料,一般作为透波材料使用[245, 246]。且 BN 具有类石墨结构,与碳基材料的密度、结构、化学性质近似。从而对碳纤维进行表面 BN 涂层改性,可阻碍碳纤维在电磁波作用下形成导电网络,降低碳纤维的高导电特性,并改善其阻抗匹配,提高吸波性能。此外,BN 的起始氧化温度高于 800 ℃,并且 BN 在高温下会形成液态 B_2O_3 薄膜将会阻止碳纤维进一步被氧化[247]。

目前制备 BN 涂层最常用的工艺为 CVD 法[248, 249],但采用此工艺会使用到有毒的化学先驱体,如 BCl_3 和 NH_3 等。与 CVD 工艺相比,先驱体转化法操作简单、对设备要求低,且易于在编织物内部的纤维表面获得均匀、光滑的涂层。更重要的是,该方法采用毒性小、价格低廉的硼酸和尿素为先驱体原料,目前已广泛应用于纤维和粉体表面 BN 涂层的制备[250 - 253]。

本节主要采用先驱体转化工艺对碳纤维进行表面 BN 涂层改性,首先就 BN 涂层改性碳纤维的制备技术进行研究,然后再研究 BN 涂层改性对碳纤维微观结构、化学成分、强度、氧性和介电性能的影响。

5.1.1　BN 涂层改性碳纤维的制备研究

5.1.1.1　制备工艺流程

BN 涂层改性碳纤维的制备工艺流程如图 5 - 1 所示。首先将碳纤维放入丙酮溶液中浸泡 24 h,去除其表面环氧类纺织胶,然后用去离子水多次清洗,再烘干备用。按摩尔比 1:3 称取一定质量的硼酸和尿素,然后溶解于乙醇和水的混合溶液中,不断搅拌并超声振动使其完全溶解,得到澄清透明溶液,作为制备 BN 涂层的先驱体溶液。先驱体溶液中硼酸的浓度为 0.2 mol/L,尿素的浓度为 0.6 mol/L。将去胶后的碳纤维放入所制得的 BN 先驱体溶液中浸渍一定时间,并超声振动,然后将碳纤维在烘箱中 60 ℃烘干,再将干燥后的碳纤维置于高温真空炉中,N_2 气氛保护下,于不同温度下热处理 2 h 制备 BN 涂层。将浸涂 – 热处理过程进行多次循环,以调控涂层特性。

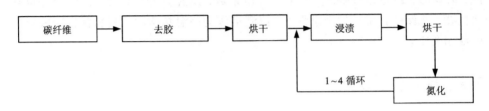

图 5 – 1　BN 涂层改性碳纤维的制备工艺流程图

5.1.1.2　BN 涂层转化工艺条件研究

在碳纤维表面制备 BN 涂层,需要确定以硼酸和尿素为先驱体转化生成 BN 涂层的热处理工艺条件。为了确定制备 BN 涂层的升温工艺制度,采用热重曲线对硼酸和尿素在 N_2 气氛下的反应过程进行研究,热重曲线如图 5 – 2 所示。

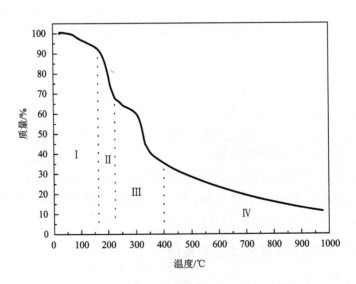

图 5 – 2　硼酸和尿素的 TG 曲线(N_2)

由图 5-2 可知,硼酸和尿素的整个反应过程可以分为 4 个阶段。第一阶段(区域Ⅰ):温度低于 160 ℃时,主要为硼酸发生脱水反应生成 $H_2B_4O_7$[254]。第二阶段(区域Ⅱ):温度为 160~200 ℃,出现快速的失重现象,主要为尿素发生缩合反应和水解反应,放出大量的 NH_3 所致[255]。第三阶段(区域Ⅲ):温度为 200~400 ℃,此阶段硼酸脱水全部完成生成 B_2O_3 和 H_2O[254],此外,第二阶段缩合反应生成的聚脲部分发生水解生成 H_2O 和 CO_2[256],从而导致失重 30%。第四阶段(区域Ⅳ):温度为 400 ℃以上,此阶段为 B_2O_3 与 NH_3 反应生成 BN。

由以上可确定制备 BN 涂层的升温工艺制度,但尚不能确定生成 BN 涂层的最终热处理温度,因此,对不同热处理温度条件下制备的 BN 涂层改性碳纤维的形貌进行表征,以确定制备 BN 涂层的最终热处理温度。

图 5-3 为不同温度热处理条件下碳纤维表面 BN 涂层的形貌。图 5-3(a)为未改性碳纤维,其表面光滑无异物。当热处理温度为 700 ℃时,碳纤维表面开始覆盖 BN 涂层,但涂层不完整[图 5-3(b)]。当热处理温度为 800 ℃时,碳纤维表面覆盖了一层较为均匀的 BN 涂层[图 5-3(c)],选区 EDS 能谱[图 5-3d)]分析碳纤维表面存在 B、N 元素,说明碳纤维表面涂层中存在 BN 物质。当热处理温度升高到 900 ℃时,碳纤维表面涂层厚度变薄,呈薄膜状[图 5-3(e)]。热处理温度为 1000 ℃时,碳纤维表面涂层呈不连续状态,未形成完整涂层[图 5-3(f)]。

为了进一步确定碳纤维表面 BN 涂层的生成,对不同温度热处理后的 BN 涂层改性碳纤维进行红外光谱分析,其结果如图 5-4 所示。由图 5-4 可见,在 N_2 气氛下,热处理温度为 700 ℃时,涂层先驱体中 1030~1070 cm^{-1} 处的 C-N 伸缩振动峰和 1500~1700 cm^{-1} 处聚酰脲、聚酰胺类等的杂质吸收峰基本消失,但 BN 的吸收峰[257, 258](780 cm^{-1} 和 1380 cm^{-1} 处)并不明显,这主要是因为热处理温度较低,BN 尚未完全生成。当热处理温度为 800 ℃时,在 780 cm^{-1} 和 1380 cm^{-1} 处 BN 的吸收峰明显增强,它们分别为六方氮化硼(h-BN)[259]和涡轮层状氮化硼(t-BN)[260]所对应的吸收峰,这说明碳纤维表面生成了 BN 涂层。随热处理温度进一步提高,BN 的吸收峰的强度减弱。这可能是由于高温升温过程中先驱体部分挥发损失,导致反应产物 BN 减少所致。

以上红外光谱的分析结果与碳纤维表面 BN 涂层的 SEM 形貌相吻合,由此可知,800 ℃是在碳纤维表面制备 BN 涂层的理想热处理温度。

5.2.1.3　浸涂-热处理次数对 BN 涂层的影响

为提高碳纤维表面 BN 涂层质量,对碳纤维进行多次浸涂-热处理,处理后碳纤维表面 BN 涂层形貌如图 5-5 所示。图 5-5(a)为碳纤维经过一次 BN 先驱体溶液浸涂-热处理后的表面形貌,碳纤维表面包覆了一层厚度较薄的 BN 涂层。随着浸涂-热处理次数的增加,BN 涂层的均匀性明显改善[如图 5-5(b)和图

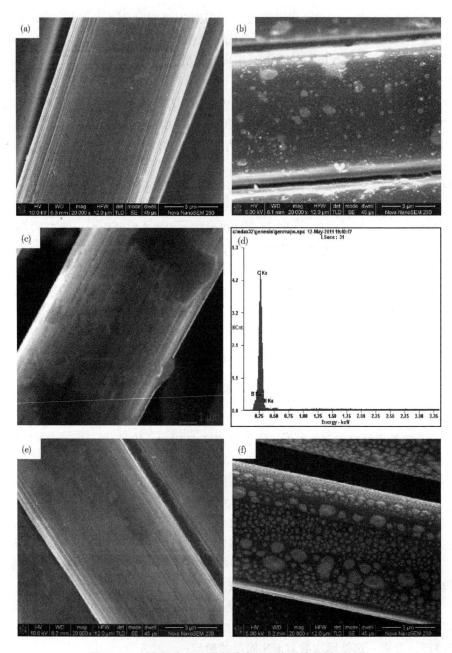

图 5 – 3   不同温度热处理条件下 BN 涂层的显微形貌图

（a）未浸渍碳纤维；（b）700 ℃；（c）800 ℃，

（d）c 图标示区域的 EDS；（e）900 ℃；（f）1000 ℃

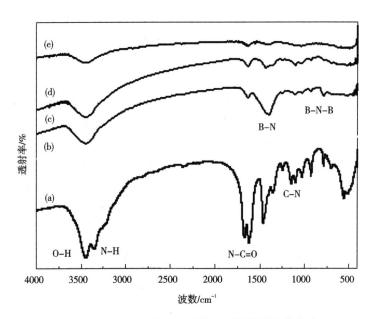

图 5 - 4　不同温度热处理条件下碳纤维的红外光谱

(a) 浸涂后碳纤维；(b) 700 ℃；(c) 800 ℃；(d) 900 ℃；(e) 1000 ℃

5 - 5(c)所示]。从碳纤维经三次浸涂 - 热处理后的截面形貌[图 5 - 5(d)]可以看出，每根碳纤维都包覆了一层 BN 涂层，涂层的均匀性较好。当碳纤维经过四次浸涂 - 热处理后，纤维表面 BN 涂层变得粗糙，并有起皮现象[图 5 - 5(e)]，纤维之间并丝较为严重，有研究指出这将会对复合材料的力学性能造成不利影响[93]。由此可知，三次浸涂 - 热处理工艺为较理想的制备 BN 涂层的工艺。

5.1.2　BN 涂层改性碳纤维的微观结构与化学成分

图 5 - 6 所示为三次浸涂 - 热处理后 BN 涂层改性碳纤维的 XRD 谱。由图 5 - 6 可知，试样在 $2\theta = 26.5°$、$43.3°$ 出现衍射峰，这分别对应于六方氮化硼（h - BN）的（002）、（100）晶面的衍射峰。但该衍射峰宽化且不明显，这主要是因为 BN 的衍射峰与碳纤维的 C 衍射峰重叠，且 BN 的含量远小于碳纤维；又由于热处理温度较低（800 ℃），最终生成的 BN 主要呈非晶态，导致其衍射峰宽化且强度较弱。

图 5 - 7 所示为三次浸涂 - 热处理后 BN 涂层改性碳纤维的 TEM 形貌。从图 5 - 7(a)可以看出，黑色区域为碳纤维，与它紧密结合的较为明亮区域为 BN 涂层，涂层厚度大约为 400 nm，其层间距不明显，呈无序状态，涂层主要为非晶结构 BN。图 5 - 7(a)中区域 a 的电子衍射花样显示了三个独立的晶面间距分别对

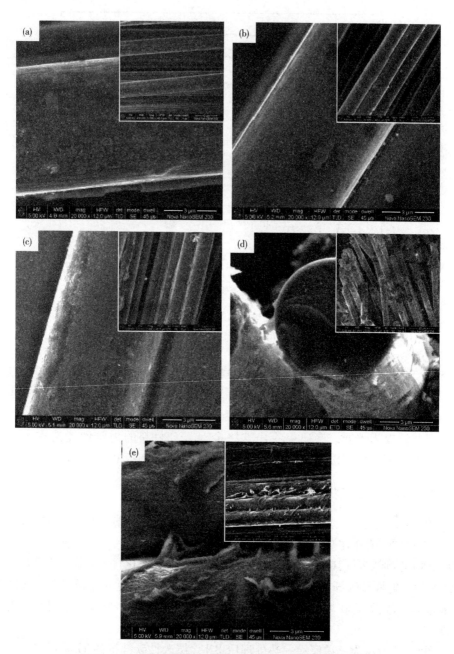

图 5 - 5 不同次数浸涂 - 热处理后 BN 涂层的显微形貌图

(a)（a）一次；（b）两次；（c）三次；（d）三次浸涂后的截面形貌；（e）四次

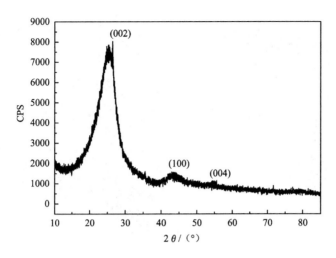

图 5 - 6 三次浸涂 - 热处理后 BN 涂层改性碳纤维的 XRD 图谱

应于 h - BN 的(002),(100)和(110)晶面,而衍射环说明了 BN 涂层为多晶结构,但并无明显的衍射斑点[图 5 - 7(b)],涂层主要为非晶结构。区域 a 的电子衍射能谱[图 5 - 7(c)]显示了 B、N 元素存在,这佐证了 BN 涂层的生成。

　　X 射线光电子能谱(X - ray Photoelectron Spectroscopy, XPS)是表面分析的重要手段之一,它可通过分析电子的结合能分析材料成分和化合物的结构信息。为了进一步对 BN 涂层的化学组成进行分析,对涂层表面进行 XPS 分析,其结果如图 5 - 8 所示。由图 5 - 8(a)可见,未改性碳纤维表面仅出现 C1s(284.6 eV)和 O1s(531 eV)特征峰,C1s 峰对应于碳纤维中的碳元素,O1s 峰对应于表面吸附氧。经过涂层改性后,纤维表面除了 C1s 和 O1s 特征峰外,还出现了 B1s(191.14eV)和 N1s(398.48 eV)特征峰,说明有 BN 物质生成。为了对 BN 涂层的化学键结构进一步分析,对 B1s 特征峰进行了分峰拟合,分为两个拟合峰分别位于 190.9 eV 和 192.1 eV[图 5 - 8(b)],前者对应于 B - N 键[261],后者表明涂层中存在氮氧化物(BO$_x$N$_y$)和 B$_2$O$_3$[262],这也导致了改性碳纤维中 O1s 特征峰强度的增强[图 5 - 8(a)]。对 N1s 特征峰进行分峰拟合,得到了分别位于 190.9 eV 和 192.1 eV 的两个拟合峰[图 5 - 8(c)],它们分别对应于 N - B 键和 N - C 键[263]。

　　由以上可知,BN 涂层主要为非晶结构,并存在部分 h - BN 和 t - BN,此外涂层中还含有极少量的氮氧化物(BO$_x$N$_y$)和 B$_2$O$_3$。

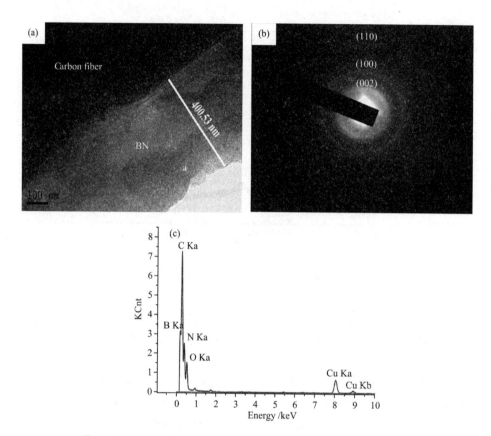

图 5 - 7   三次浸涂 - 热处理后 BN 涂层改性碳纤维的显微形貌图

（a）透射电镜图；（b）SAED 衍射图样；（c）EDS 能谱

5.1.3   BN 涂层改性碳纤维的性能研究

5.1.3.1   BN 涂层改性对碳纤维氧化性能的影响

图 5 - 9 为未改性碳纤维与经三次浸涂 - 热处理后 BN 涂层改性碳纤维的 TGA 氧化曲线。曲线比较了未改性碳纤维与 BN 涂层改性碳纤维的抗氧化性能。由图 5 - 9 可以看出，当温度超过 560 ℃时，碳纤维开始明显失重，说明碳纤维开始显著被氧化。当温度接近 780 ℃时，碳纤维已被氧化完全。而 BN 涂层改性碳纤维在 650 ℃以上时才开始明显被氧化，当温度接近 1000 ℃时，才被氧化完全。对于 BN 涂层改性碳纤维，温度在室温至 650 ℃之间时，由于 BN 涂层具有高的起始氧化温度阻碍了碳纤维的氧化，改性碳纤维在此温度区间氧化十分缓慢，从而 TGA 曲线在此温度区间并无明显变化。当温度继续升高至 650 ~ 1000 ℃时，BN 开始氧化并最终失效，导致改性碳纤维急剧氧化，TGA 曲线显著下降。但 BN 氧

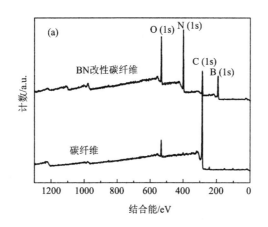

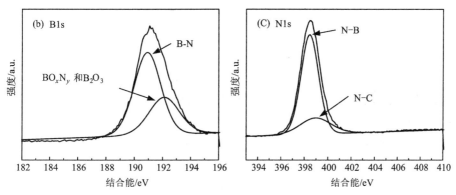

图 5 - 8   BN 涂层改性碳纤维的 XPS 图谱

(a)XPS 能谱; (b)B1s 拟合 XPS 能谱;(c) N1s 拟合 XPS 能谱

化生成 B_2O_3 薄膜覆盖在纤维表面, 它可作为阻挡层阻止氧的渗透[264], 延缓纤维的氧化速率, 且 BN 氧化生成 B_2O_3 为增重反应, 这会补偿一部分因碳纤维氧化而导致的质量损失, 使得改性纤维的失重曲线斜率小于未改性碳纤维。当温度继续升高至 1200 ℃, 由于 B_2O_3 薄膜的蒸发, 导致改性碳纤维仍在缓慢失重, 曲线继续下降。以上表明, 碳纤维表面经 BN 涂层改性后, 其起始氧化温度和最终完全氧化温度均明显提高, 抗氧化性能明显改善。

5.1.3.2   BN 涂层改性碳纤维的介电性能

对 BN 涂层改性碳纤维的电阻率进行了研究。图 5 - 10 为经不同次数浸涂 - 热处理后 BN 涂层改性碳纤维的电阻率。由图 5 - 10 可知, 碳纤维表面经 BN 涂层改性后, 纤维电阻率有所提高, 但提高幅度十分有限, 仍在 10^{-3} Ω·cm 量级。这主要是因为 BN 涂层改性碳纤维是一种复合材料体系, 其电阻率主要取决于各

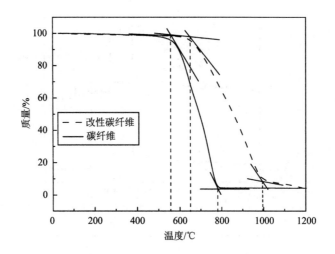

图 5 – 9   碳纤维及 BN 涂层改性碳纤维的 TGA 氧化曲线

复合组元电阻率的体积分数加权效应[265]。由于 BN 涂层厚度较小，所占体积分数低，对复合体系的总电阻率影响并不显著。此外，所采用碳纤维为束丝纤维，纤维之间接触较为紧密，从而难以保证每根碳纤维均被 BN 涂层完全包覆，导致部分纤维的导电通道相互连通，这不利于纤维电阻率的提高。因此，碳纤维表面经 BN 涂层改性后，其电阻率并没有出现数量级的提高。

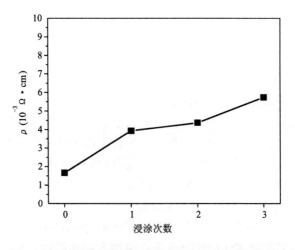

图 5 – 10   不同次数浸涂 – 热处理后 BN 涂层改性碳纤维的电阻率

采用同轴法测试 BN 涂层改性碳纤维的介电常数(将短切纤维均匀分散在熔

融石蜡中制成同轴环,纤维的含量为 20 wt%),研究 BN 涂层改性对碳纤维介电性能的影响。图 5 – 11 所示为不同次数浸涂 – 热处理后 BN 涂层改性碳纤维的介电常数。从图 5 – 11 中可以看出,碳纤维经 BN 涂层改性后,其介电常数的实部(ε')和虚部(ε'')均明显下降,并随浸涂 – 热处理次数的增加,进一步下降,特别是介电虚部下降更为显著,从 166.1 ~ 37.7 降低至 23.6 ~ 12.9。材料介电常数的变化主要由其导电性的变化引起,由公式 $\varepsilon'' = \sigma/\omega\varepsilon_0$[266] 可知,导电性的变化对介电常数虚部的影响更为显著。碳纤维经 BN 涂层改性后,具有高电阻率(10^{14} Ω·cm)的 BN 包覆在碳纤维表面,使得相互接触的纤维彼此绝缘,导致 BN 涂层改性碳纤维的导电性降低,并阻碍其在电磁波作用下导电网络的形成,进而使得改性碳纤维的介电常数降低,特别是介电常数虚部显著降低。

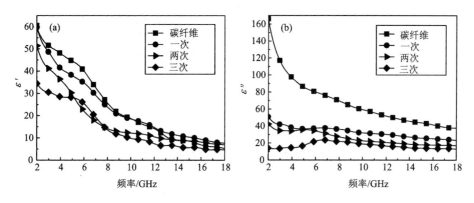

图 5 – 11   不同次数浸涂 – 热处理后 BN 涂层改性碳纤维的介电常数
(a)ε';(b) ε''

材料的吸波性能取决于材料对电磁波的衰减能力,这要求材料具有合适数值大小的介电常数。同时,吸波性能还取决于材料的波阻抗,材料的波阻抗应尽量接近自由空间的波阻抗,以实现阻抗匹配,减少材料表面对电磁波的反射,使得更多的电磁波进入材料内部而被损耗[267],这同样要求材料具有合适数值大小的介电常数。材料的波阻抗可由下式计算得到[266]:

$$\eta = Z_0 \sqrt{\frac{\mu_r}{\varepsilon' - \mathrm{j}\varepsilon''}} \tag{5–1}$$

其中:η 为材料的波阻抗,Z_0 为自由空间的波阻抗。

图 5 – 12 所示为不同次数浸涂 – 热处理后 BN 涂层改性碳纤维的波阻抗。由图 5 – 12 可知,随着浸涂 – 热处理次数的增加,纤维的波阻抗从 28.34 ~ 60.99 Ω 增大到 61.74 ~ 101.54 Ω,BN 涂层改性碳纤维的波阻抗更接近自由空间的波阻抗(377 Ω),这将有利于改善碳纤维的阻抗匹配特性。这主要是因为碳纤维经 BN

涂层改性后，其介电常数明显降低，碳纤维为电损耗型材料，其磁导率的实部
(μ')和虚部(μ'')分别为 1 和 0，从而使得磁导率与介电常数的比值增大，由公式
(5−1)可知，这将导致波阻抗增大。波阻抗的增大将改善阻抗匹配，使得更多的
电磁波能够进入试样内部被损耗，进而提高 BN 涂层改性碳纤维的吸波性能。

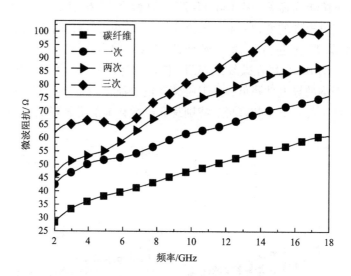

图 5 −12　不同次数浸涂 − 热处理后 BN 涂层改性碳纤维的微波阻抗

　　为了进一步评估 BN 涂层改性对碳纤维介电性能的调控效果，根据下述传输
线理论关系式[268, 269]，对 BN 涂层改性碳纤维的微波反射率进行理论计算。

$$R(dB) = 20\lg\left|\frac{Z_{in} - 1}{Z_{in} + 1}\right| \qquad (5-2)$$

$$Z_{in} = \sqrt{\frac{\mu_r}{\varepsilon_r}}\tanh\left[j\left(\frac{2\pi}{c}\right)\sqrt{\mu_r\varepsilon_r}fd\right] \qquad (5-3)$$

式中：$R(dB)$为电磁波反射能量与入射能量的比值，Z_{in}为归一化输入阻抗，$\varepsilon_r = \varepsilon' - j\varepsilon''$ 和 $\mu_r = \mu' - j\mu''$分别为吸波材料的复介电常数和复磁导率，c 为电磁波在自由空间的传播速度，f 为微波频率，d 为吸波材料的厚度。

　　图 5 −13 所示为经三次浸涂 − 热处理后 BN 涂层改性碳纤维在不同厚度下的
计算反射率。从图 5 −13 中可以看出，随着厚度的增大，BN 涂层改性碳纤维的反
射率最大衰减值逐渐增大，但当厚度为 2 mm 时，最大衰减值仅为 − 4.51 dB。当
改性碳纤维对电磁波的衰减达到 90%（即反射率 < − 10 dB）[270]时，厚度已达到
5mm，且反射率吸收峰尖锐，吸收带宽很窄，这与理想吸波材料应具有密度小、
厚度薄、质量轻、宽频吸收[271, 272]的要求有一定差距。

　　由以上可知，碳纤维表面经 BN 涂层改性后，其导电性和介电常数明显降低，

吸波性能显著提高，但尚未调节到理想状态，这可能是由于纤维表面 BN 涂层厚度仍相对较小（约 400 nm）所致。后续需提高涂层厚度并改善涂层质量，以进一步调控 BN 涂层改性碳纤维的介电性能，提高改性碳纤维的吸波性能。总之，BN 涂层具有抗氧化、低介电，特别是类石墨结构等特性，可作为理想的碳纤维吸波材料界面相材料，用来调节碳纤维吸波材料的介电性能，并提高材料的抗氧化性能；同时还可以缓解和改善碳纤维与基体材料及其他改性材料之间热膨胀系数失配和界面强结合的问题，进而改善碳纤维吸波材料的力学性能[273]。

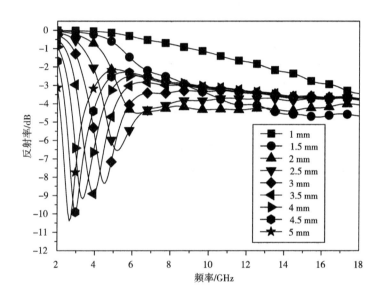

图 5 - 13　三次浸涂 - 热处理后 BN 涂层改性碳纤维的计算反射率曲线

5.1.3.3　BN 涂层改性对碳纤维介电性能的影响机制

对于介电材料，其介电常数实部（ε'）主要与极化有关，介电虚部（ε''）主要与介电损耗和传导损耗有关，而介电损耗和传导损耗又分别由极化和自由电子运动导致产生[274, 275]。根据德拜理论，介电常数实部（ε'）和虚部（ε''）与极化的关系可表示为：

$$\varepsilon_e' = \varepsilon_\infty + \frac{\varepsilon_s - \varepsilon_\infty}{1 + (\omega\tau)^2} \tag{5-4}$$

$$\varepsilon_e'' = \frac{\varepsilon_s - \varepsilon_\infty}{1 + (\omega\tau)^2}\omega\tau \tag{5-5}$$

其中，ε_s 为静态介电常数，ε_∞ 为高频限制下的相对介电常数，ω 为角频率，τ 为弛豫时间[171]。对于传导损耗，又有如下关系式：

$$\varepsilon_c'' = \frac{\sigma}{\omega \varepsilon_0} \tag{5-6}$$

其中，σ 为电导率，ε_0 为真空中的介电常数。因此，由式(5-5)和(5-6)可得到：

$$\varepsilon'' = \frac{\varepsilon_s - \varepsilon_\infty}{1 + (\omega \tau)^2} \omega \tau + \frac{\sigma}{\omega \varepsilon_0} \tag{5-7}$$

如公式(5-7)中所示，ε'' 受电子极化和电导率共同影响。虽然极化对 ε'' 有一定贡献，但自由电子对高介电损耗具有更大的贡献，原因是碳纤维具有高的导电率[276, 277]。因此，传导损耗对 ε'' 起主要影响。

在微波阶段，碳纤维等介电材料的极化机制主要为电子弛豫极化，因此其介电常数主要与其内部电子运动有关。在电磁波作用下，碳纤维中的电子运动状态如图5-14所示。由图5-14可见，碳纤维内部主要为无序石墨层结构，同时存在石墨平面方向上的迁移电子和无序石墨层之间的跳跃电子[188]。当两根碳纤维的距离很小或相互接触时，由于隧道效应，跳跃电子可从一根碳纤维的表面石墨层跳跃到另一根碳纤维的表面石墨层[图5-14(a)]。当多根碳纤维相互接触时，由于跳跃电子和传导电子的运动，纤维间极易形成导电回路而形成稳定的导电网络[图5-14(b)]。

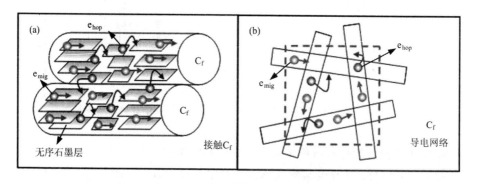

图5-14 碳纤维中电子运动示意图

(a)在接触碳纤维中的传输；(b)在碳纤维导电网络中的传输

由以上可知，碳纤维的介电实部(ε')主要与碳纤维内迁移电子和跳跃电子运动导致产生的电子弛豫极化(形成电偶极矩)有关。介电虚部(ε'')主要与电子运动形成的电导损耗有关，即与电导率有关；特别是当碳纤维之间形成稳定的导电网络后，材料的导电性能显著增强，将显著增大电导损耗，导致碳纤维具有很高的介电虚部(ε'')。且当稳定的导电网络形成后，会显著促进纤维内迁移电子和跳跃电子的运动而增强极化效应，使得碳纤维介电实部(ε')增大，从而具有较高的值，并在一定程度上又增大了介电虚部(ε'')。

当碳纤维表面进行 BN 涂层改性后,高电阻的 BN 涂层包覆在碳纤维表面,使得相互接触的改性碳纤维相互绝缘,阻断了电子运动的传导通路;并在纤维间形成较高的能量势垒,导致纤维间的跳跃电子无法越过能量势垒而消失,其示意如图 5-15 所示。因此,改性碳纤维石墨层中的电子只能在单根纤维内运动,无法形成连通导电回路而形成稳定的导电网络,这使得改性碳纤维的导电性能显著下降,导致电导损耗显著降低,介电虚部(ε'')显著下降。无法形成稳定的导电网络,又会使得纤维内的电子运动减弱,导致电子极化减弱,介电实部(ε')降低。但纤维内仍存在大量迁移电子和跳跃电子的运动,因此改性碳纤维的介电实部(ε')下降幅度明显小于介电虚部(ε'')。

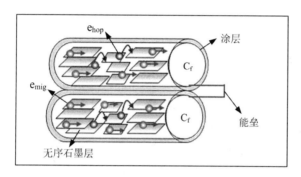

图 5-15 BN 涂层改性碳纤维中电子运动示意图

此外,具有低介电常数的 BN 涂层包覆在高介电的碳纤维表面,形成核壳结构,存在复合效应[267]:

$$\ln\varepsilon = X_1\ln\varepsilon_1 + X_2\ln\varepsilon_2 \qquad (5-8)$$

式中:ε 为改性碳纤维的介电常数,ε_1,ε_2 分别为碳纤维和表面涂层的介电常数,X_1、X_2 分别为碳纤维和表面涂层的体积分数。因此,在碳纤维表面制备具有低介电常数的 BN 涂层后,改性碳纤维的介电常数实部和虚部均会下降,并随表面涂层厚度的增加而进一步降低。

另外,碳纤维表面经 BN 涂层改性后,将存在复合界面,这会导致产生界面极化而增强改性碳纤维的极化效应。但由于纤维表面为高电阻涂层,其对电子的束缚能力很强,只有很少量的自由电子聚集在界面处产生极化,导致改性碳纤维的界面极化效应较弱,对介电常数的贡献较小。

由以上可知,碳纤维经表面高电阻 BN 涂层改性后,无法形成稳定的导电网络,使得导电性能大幅度下降,导致电导损耗显著降低,介电常数虚部显著减小。无法形成稳定的导电网络,又使得电子运动减弱,导致电子极化减弱,介电常数实部明显降低。此外,由于复合效应,又导致介电常数实部和虚部降低,并随 BN

涂层厚度的增加而进一步降低。较弱的界面极化对介电常数的作用较小。电导损耗显著降低，但纤维内仍存在大量迁移电子和跳跃电子运动产生极化，从而使得改性碳纤维的介电虚部相比于介电实部下降更为显著。

5.2 SiC 涂层改性

由上节可知，通过引入 BN 涂层对碳纤维进行改性，可较好地调控碳纤维的介电性能，并提高其抗氧化性能。但改性碳纤维的介电性能并未达到理想状态，需进一步对碳纤维的介电性能进行调控研究，以满足高温吸波的要求。

碳化硅(SiC)具有高强度、高硬度、良好的抗氧化性能和优异的热稳定性，其密度小，电阻率可调，吸波性能良好，是目前应用最广的吸波剂之一[106]，常被用来制备宽频吸波材料[131, 278]。SiC 的氧化产物 SiO_2 具有良好的流动性和自愈合性能，可有效阻止内层材料进一步被氧化[279, 280]。并且，SiC 与碳材料的化学和物理相容性良好[281]。

化学气相沉积(CVD)法是制备 SiC 涂层[282, 283]和纳米 SiC 纤维[284]的有效手段之一。SiC 涂层和纳米 SiC 纤维的表面形貌、晶体结构等可通过控制气流、压力等工艺参数进行可控调节。但在碳纤维表面直接制备 CVD – SiC 涂层会对纤维造成较大损伤[285]，需先在碳纤维表面制备一层界面保护层，再制备 CVD – SiC 涂层，以减小对纤维的损伤并改善纤维与涂层的界面相容性。目前，碳基材料中最常用的界面相主要是热解碳和 BN 界面相。

本节采用 CVD 法制备了含 C 界面相和 BN 界面相 SiC 涂层改性碳纤维改性碳纤维，并研究含界面相 SiC 涂层改性对碳纤维强度、氧化性能和介电性能的影响，以期较好地调控碳纤维的介电性能，满足吸波要求，同时提高碳纤维的抗氧化性能。

5.2.1 含 C 界面相 SiC 涂层改性

5.2.1.1 C/SiC 涂层改性碳纤维的制备

首先采用 CVD 工艺在碳纤维表面沉积一层热解碳界面保护涂层。其反应体系为 C_3H_6—N_2，C_3H_6 和 N_2 的摩尔比为 1:1，沉积温度为 1100 ℃，沉积压力为 150~250 Pa，沉积时间为 1 h。然后再采用 CVD 工艺在碳纤维表面制备 SiC 涂层对碳纤维进行改性处理，其反应体系为 CH_3SiCl_3—H_2—Ar，H_2 和 MTS 的摩尔比为 10:1。沉积温度为 1100 ℃，沉积压力为 150~250 Pa。通过控制沉积时间来控制碳纤维表面 SiC 涂层的厚度。

5.2.1.2 C/SiC 涂层改性碳纤维的成分与微观结构

图 5 – 16 所示为 C/SiC 涂层改性碳纤维的 XRD 谱。由图 5 – 16 可知，碳纤维

表面经改性处理后，碳纤维和 PyC 涂层为无定型态，但在 $2\theta = 35°$、$60°$、$72°$ 左右出现尖锐的衍射峰，这分别对应于 β – SiC 的 (111)、(220) 和 (311) 晶面。由于涂层制备温度为 1100 ℃，未发生物相转变，从而无 α – SiC 生成。

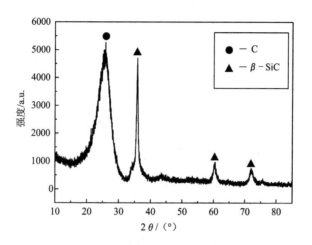

图 5 – 16　C/SiC 涂层改性碳纤维的 XRD 图谱

图 5 – 17 为 C/SiC 涂层改性碳纤维的表面显微形貌。由图 5 – 17 可见，碳纤维经 SiC 涂层改性后，其外表面包覆了一层均匀、致密的 SiC 涂层[图 5 – 17(a)]，SiC 涂层呈菜花状，由尺寸约 1μm 的 SiC 颗粒堆积而成；且颗粒之间结合紧密，呈现镶嵌结构[图 5 – 17(b) 和 5 – 17(b)]。由图 5 – 17(d) 可以看出，每根碳纤维都均匀包覆了 SiC 涂层。

图 5 – 18 为沉积 SiC 涂层 2 h，4 h，6 h 后 C/SiC 涂层改性碳纤维的截面形貌。从图 5 – 18 中可以看出，沉积 2 h 后，SiC 涂层的厚度约为 400 nm[图 5 – 18(a)]；沉积 4 h 后，SiC 涂层的厚度约为 700 nm[图 5 – 18(b)]；沉积 6 h 后，SiC 涂层的厚度约为 1 μm[图 5 – 18(c)]；从图 5 – 18(c) 还可看出，第一层 PyC 涂层的厚度约为 100 nm，有研究表明这是复合材料中热解碳界面相理想的厚度值[286, 287]。

5.2.1.3　C/SiC 涂层改性碳纤维的性能研究

（1）C/SiC 涂层改性对碳纤维氧化性能的影响

图 5 – 19 为未改性碳纤维与沉积 SiC 涂层 4 h 后 C/SiC 涂层改性碳纤维的 TGA 氧化曲线。由图 5 – 19 可以看出，当温度超过 560 ℃时，碳纤维开始显著被氧化，当温度接近 780 ℃时，碳纤维已被氧化完全。而 C/SiC 涂层改性碳纤维在 747 ℃以上时才开始明显被氧化，当温度达到 1200 ℃时，仍有 32% 的质量残留。对于 C/SiC 涂层改性碳纤维，在室温至 747 ℃，其质量基本保持恒定，这主要是因为 SiC 涂层具有良好的耐高温特性（起始氧化温度高于 900 ℃），它包覆在碳纤

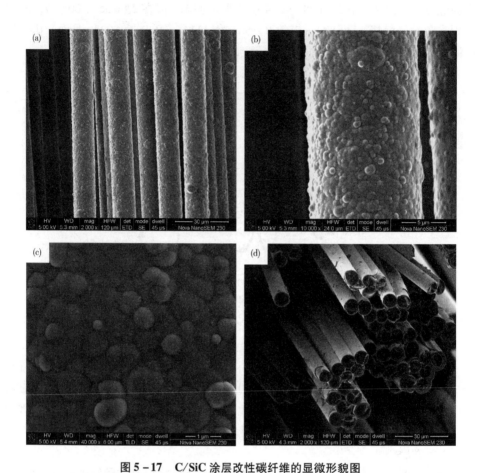

图 5 – 17　C/SiC 涂层改性碳纤维的显微形貌图

（a）一般形态；（b）包覆涂层的碳纤维；（c）b 图的放大图；（d）改性碳纤维的截面形貌

维表面有效地隔离了碳纤维与氧气的接触，从而提高了改性碳纤维的起始氧化温度。当温度超过 747 ℃时，由于 SiC 涂层的热膨胀系数与热解碳涂层具有较大差异，随着温度升高，涂层界面处出现裂纹，这大大增加了氧气与碳材料的接触，导致热解碳涂层被急剧氧化，进而碳纤维被急剧氧化，改性纤维出现明显的失重现象。但由于有 SiC 涂层的保护，且当温度高于 900 ℃时，SiC 涂层开始氧化生成 SiO_2，SiO_2 具有较好的流动性和自愈合能力，会填充裂纹和孔隙等缺陷，这将阻止氧的扩散，使得碳纤维的氧化速率明显减缓。此外，SiC 涂层的氧化为增重过程。因此，在 747 ~ 1200 ℃，改性碳纤维的失重曲线斜率明显小于未改性碳纤维。由以上可知，碳纤维表面经 C/SiC 涂层改性后，其抗氧化性能明显提高。

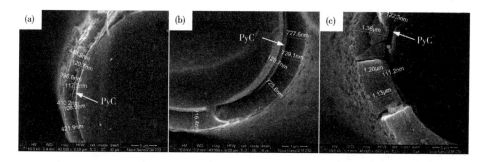

图 5 - 18　C/SiC 涂层改性碳纤维的截面显微形貌图
（a）CVD - SiC 2 h；（b）CVD - SiC 4 h；（c）CVD - SiC 6 h

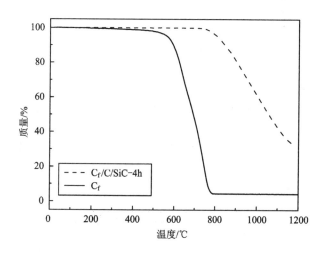

图 5 - 19　碳纤维及 C/SiC 涂层改性碳纤维的 TGA 氧化曲线

（2）C/SiC 涂层改性碳纤维的介电性能研究

采用同轴法测试 C/SiC 涂层改性碳纤维的介电常数（纤维的含量为20 wt%），测试结果如图 5 - 20 所示。由图 5 - 20 可以看出，沉积 SiC 涂层 2 h 后的改性碳纤维的介电常数实部和虚部相比未改性碳纤维均明显下降，而虚部下降更为明显。而当沉积 SiC 涂层 4 h 后，SiC 涂层厚度进一步增加，改性碳纤维的介电常数实部和虚部下降更为显著，特别是虚部的下降幅度较大。当沉积 SiC 涂层 6 h 后，改性碳纤维的介电常数进一步下降，但下降幅度明显较小，此时 ε' 和 ε'' 分别为 15.5 ~ 4.1 和 10.4 ~ 3.9，已与 β - SiC 的介电常数测试值基本接近。碳纤维经表面 C/SiC 涂层改性后，同样由于高电阻的 SiC 涂层包覆在碳纤维表面，阻碍导电网络的形成，导致电导损耗显著降低，以及电子极化效应减弱，而使得 C/SiC 涂层改性碳纤维的介电常数显著下降。同样还存在复合效应，导致改性碳纤维的介电常数下降，并随 SiC 涂层厚度增加，进一步降低。当改性纤维介电常数值与 SiC 涂层接近时，涂层厚度虽进一步增加，但介电常数下降幅度明显减缓。

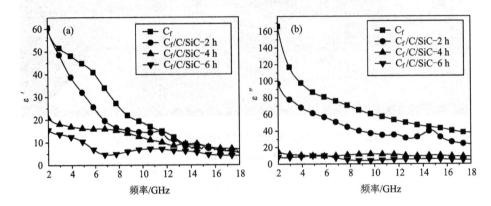

图 5 - 20 C/SiC 涂层改性碳纤维的介电常数

(a)ε′；(b) ε″

图 5 - 21 所示为经不同时间 CVD - SiC 处理后 C/SiC 涂层改性碳纤维的波阻抗。由图 5 - 21 可知，随着 CVD - SiC 时间的增加，SiC 涂层的厚度不断增大，纤维的介电常数逐渐降低，使得其与磁导率的比值逐渐减小，导致阻抗逐渐增大。特别是沉积 SiC 涂层 4 h 后，改性纤维的波阻抗明显增大，这与介电常数的显著降低是对应的。C/SiC 涂层改性后，碳纤维的波阻抗从 28.34 ～ 60.99 增大到 89.75 ～ 151.70，高于 BN 涂层改性碳纤维的波阻抗，将会明显改善碳纤维的阻抗匹配特性，进而提高碳纤维的吸波性能。

为评估 C/SiC 涂层改性对碳纤维介电性能的调控效果，计算了厚度为 2 mm 和 3 mm 时 C/SiC 涂层改性碳纤维的反射率，其结果如图 5 - 22 所示。从图 5 - 22 中可以看出，沉积 SiC 涂层 2 h 后，改性碳纤维的微波吸收性能并没有得到较大改善。而沉积 SiC 涂层 4 h 后，改性碳纤维已具有较好的吸波性能。当沉积 SiC 涂层时间进一步增加到 6 h，纤维的吸波性能也进一步提高，当厚度为 2 mm 时，反射率小于 - 8 dB 的带宽达到 7.4 GHz；当厚度为 3 mm 时，反射率小于 - 10 dB 的带宽达到 2.3 GHz。以上说明，对碳纤维进行表面 C/SiC 涂层改性，可较好地调控碳纤维的介电常数，在保持一定介电损耗的情况下，显著改善碳纤维的阻抗匹配，提高吸波性能。

5.2.2 含 BN 界面相 SiC 涂层改性

由上节可知，对碳纤维进行表面 C/SiC 涂层改性，可较好地调控碳纤维的介电性能。但热解碳涂层的电阻率较低，易对电磁波产生强反射，且抗氧化性能差

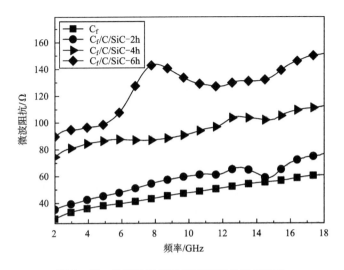

图 5 – 21　C/SiC 涂层改性碳纤维的微波阻抗

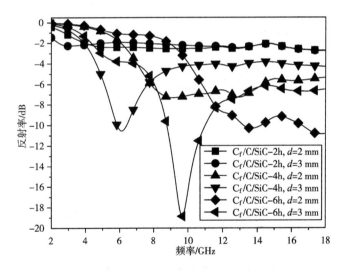

图 5 – 22　C/SiC 涂层改性碳纤维的计算反射率曲线

（在空气中 450 ℃开始氧化），这会对改性碳纤维应用于高温吸波材料时产生不利影响。相比于热解碳界面相，BN 具有低介电常数、优异的抗氧化性能，是较理想的应用于高温吸波材料的界面相材料。因此本节主要对含 BN 界面相 SiC 涂层改性碳纤维的制备工艺、微观结构以及涂层改性对碳纤维强度、氧化性能和介电性能的影响进行研究，以期在 C/SiC 涂层改性碳纤维的基础上进一步改善碳纤维的介电性能和抗氧化性能。

5.2.2.1 BN/SiC 涂层改性碳纤维的制备

首先采用先驱体转化工艺在碳纤维表面制备 BN 涂层，再采用 CVD 工艺制备 SiC 涂层对碳纤维进行改性处理。与 5.1.1 节相同，BN 涂层由去胶碳纤维浸渍 BN 先驱体溶液后，在 N_2 气氛保护下，经 800 ℃ 热处理 2 h 制得。而 SiC 涂层制备工艺与 5.2.1 节相同，由 CH_3SiCl_3—H_2—Ar 反应体系，在温度为 1100 ℃，时间为 4 h，压力为 150 ~ 250 Pa 下，化学气相沉积而制得。

5.2.2.2 BN/SiC 涂层改性碳纤维的成分与微观结构

图 5 - 23 所示为 BN/SiC 涂层改性碳纤维的 XRD 谱。由图 5 - 23 可知，碳纤维经 BN 涂层和 SiC 涂层改性处理后，依次出现了 h - BN 和 β - SiC 的特征衍射峰，说明碳纤维表面生成了 BN 涂层和 SiC 涂层。由于涂层制备温度低，BN 涂层主要为非晶结构，其衍射峰宽化且与碳衍射峰重叠。

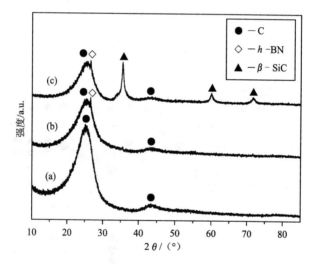

图 5 - 23　BN/SiC 涂层改性碳纤维的 XRD 图谱
（a）碳纤维；（b）BN 改性碳纤维；（c）BN/SiC 涂层改性碳纤维

图 5 - 24 所示为 BN/SiC 涂层改性碳纤维的红外光谱。从图 5 - 24 中可以看出，当碳纤维经 BN/SiC 涂层改性处理后，不仅在 1380 cm^{-1} 处出现 BN 的吸收峰，而且在 790 ~ 970 cm^{-1} 之间出现了明显的 SiC 的特征吸收峰[288]，这进一步佐证了碳纤维表面 BN/SiC 涂层的生成。

图 5 - 25 为 BN/SiC 涂层改性碳纤维的显微形貌。由图 5 - 25 可见，在碳纤维表面制备 BN 涂层后，纤维表面由光滑变得粗糙，并附着有片状 BN 物质［图 5 - 25（b）］。继续在表面沉积 SiC 涂层后，SiC 涂层将 BN 层和碳纤维紧紧包裹，其厚度约为 0.7 μm，而 BN 界面层厚度约为 0.1 μm［图 5 - 25（c）］。

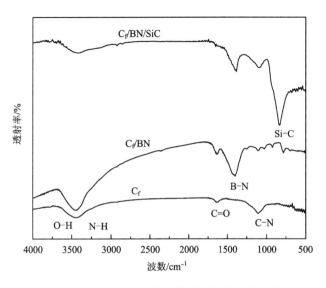

图 5 – 24　BN/SiC 涂层改性碳纤维的红外光谱

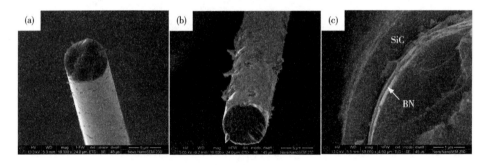

图 5 – 25　BN/SiC 涂层改性碳纤维的截面显微形貌

（a）碳纤维；（b）BN 改性碳纤维；（c）BN/SiC 改性碳纤维

5.2.2.3　BN/SiC 涂层改性碳纤维的性能研究

（1）BN/SiC 涂层改性对碳纤维氧化性能的影响

图 5 – 26 所示为未改性碳纤维、BN/SiC 涂层改性和 C/SiC 涂层改性碳纤维的 TGA 氧化曲线。从图 5 – 26 可以看出，相比于 C/SiC 涂层改性碳纤维，由于外涂层均为具有较高起始氧化温度的 SiC 涂层，且其起始氧化温度高于 BN 涂层，从而 BN/SiC 涂层改性碳纤维的起始氧化温度并无明显变化。当改性碳纤维开始被急剧氧化时，BN/SiC 涂层改性碳纤维的失重曲线斜率明显小于 C/SiC 涂层改性碳纤维，且当温度达到 1200 ℃时，其质量仍有 60% 的残留，这远高于 C/SiC 涂层改性碳纤维的质量残留率，说明 BN/SiC 涂层改性碳纤维尚未完全氧化。这主

要是因为热解碳界面层的氧化为失重反应，而 BN 界面层的氧化为增重反应。且当 BN/SiC 涂层改性碳纤维被急剧氧化时，除了 SiC 涂层氧化生成玻璃态的 SiO$_2$ 覆盖在碳纤维表面，阻止氧气向内层扩散，BN 界面层也会氧化生成 B$_2$O$_3$ 液态薄膜覆盖在碳纤维表面，阻止碳纤维进一步被氧化，从而大大延缓了 BN/SiC 涂层改性碳纤维的氧化速率，导致最终氧化温度提高到 1200 ℃ 以上。因此，与 C/SiC 涂层改性碳纤维相比，BN/SiC 涂层改性碳纤维的氧化速率明显减缓，导致氧化失重曲线下降趋势减缓，斜率减小，且最终氧化温度提高。

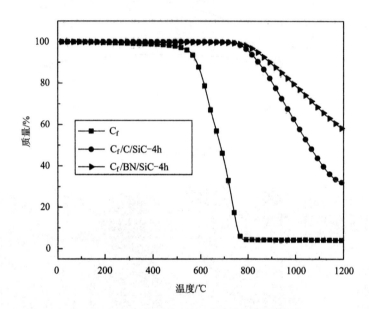

图 5 – 26　碳纤维、BN/SiC 涂层和 C/SiC 涂层改性碳纤维的 TGA 氧化曲线

由以上可知，与 C/SiC 涂层改性相比，对碳纤维进行 BN/SiC 涂层改性，可进一步改善和提高碳纤维的抗氧化性能，使碳纤维可更长时间应用于高温环境。

（2）BN/SiC 涂层改性碳纤维的介电性能研究

采用同轴法测试 BN/SiC 涂层改性碳纤维的介电常数（纤维的含量为 20 wt%），测试结果如图 5 – 27 所示。由图 5 – 27 可以看出，相比于 C/SiC 涂层改性碳纤维，碳纤维经 BN/SiC 涂层改性后，其介电常数实部和虚部分别在 4.5 ~ 12 GHz 和 8 ~ 18 GHz 频段有所降低。这说明高电阻的 BN 界面层相比于导电热解碳界面层，可在 SiC 外涂层阻碍碳纤维导电网络形成的基础上，进一步增大跳跃电子的跃迁能量势垒，增强阻碍作用，导致 BN/SiC 涂层改性碳纤维的介电常数进一步下降。但由于界面层厚度很小，对纤维介电性能的影响较小，因此 BN/SiC 涂层改性碳纤维的介电常数下降幅度较小。

图 5 - 28 所示为未改性碳纤维、BN/SiC 涂层改性和 C/SiC 涂层改性碳纤维的波阻抗。从图 5 - 28 中可以看出，BN/SiC 涂层改性碳纤维的波阻抗高于 C/SiC 涂层改性碳纤维，这主要是因为 BN/SiC 涂层改性碳纤维的介电常数相比于 C/SiC 涂层改性碳纤维进一步降低所致。由此说明碳纤维经 BN/SiC 涂层改性后具有更好的阻抗匹配特性，有利于吸波性能的提高。

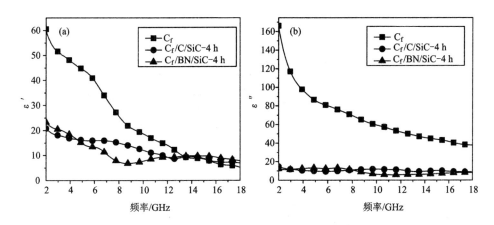

图 5 - 27　碳纤维、BN/SiC 涂层和 C/SiC 涂层改性碳纤维的介电常数

(a)ε'；(b)ε''

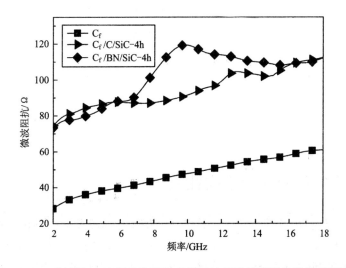

图 5 - 28　碳纤维、BN/SiC 涂层和 C/SiC 涂层改性碳纤维的微波阻抗

对 BN/SiC 涂层改性和 C/SiC 涂层改性碳纤维的计算反射率进行对比研究，其结果如图 5 - 29 所示。由图 5 - 29 可知，当厚度为 2 mm 时，C/SiC 涂层改性碳纤维的反射率最大衰减值为 – 7.3 dB，小于 – 10 dB 的带宽为 0，而 BN/SiC 涂层改性碳纤维的反射率最大衰减值为 – 13.3 dB，小于 – 10 dB 的带宽为 2.6 GHz。当厚度为 3 mm 时，BN/SiC 涂层改性碳纤维小于 – 6 dB 的带宽明显大于 C/SiC 涂层改性碳纤维。由此说明，与 C/SiC 涂层改性碳纤维相比，碳纤维经 BN/SiC 涂层改性后，其介电性能进一步被有效调控，阻抗匹配改善，吸波性能提高。

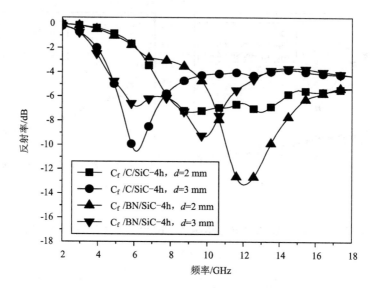

图 5 – 29　BN/SiC 涂层和 C/SiC 涂层改性碳纤维的计算反射率曲线

综上所述，对于含界面相 SiC 涂层改性碳纤维，界面相由热解碳涂层替换为 BN 涂层，改性碳纤维的强度有所降低，但抗氧化性能明显提高，介电性能进一步改善，波阻抗增大，可使得碳纤维的吸波性能进一步提高。表面 BN/SiC 涂层改性是调控碳纤维介电性能的有效手段之一。

5.3　原位生长纳米纤维改性

纳米结构材料由于其独特的结构和优异的电、热以及力学性能，被广泛应用于微波吸收材料中[171, 289, 290]。因此，对碳纤维表面进行原位生长纳米碳纤维（CNFs）或纳米 SiC 纤维（SiCNFs）改性，可望改善碳纤维的介电性能，提高其吸波性能，同时还将提高碳纤维的抗氧化性能。

5.3.1　纳米纤维改性碳纤维的制备

5.3.1.1　碳纤维表面催化剂的制备

将去胶后的碳纤维放入含有 15 wt% 的六水合硫酸镍的溶液中浸渍一定时间,并进行超声振动,使催化剂在碳纤维表面均匀分布,然后将浸泡后的碳纤维用去离子水清洗,再将清洗后的碳纤维于空气中晾干,以保持催化剂的活性。

以镍为催化剂,采用电镀法制备。电源装置为直流电源,碳纤维为阴极,电镀槽为阳极,电解液为 15 wt% 的六水合硫酸镍的溶液。电镀参数为:电流强度为 10 A,电流时间 10 s。电镀后,采用去离子水清洗,为保持催化剂的催化活性,采用低温烘干。

5.3.1.2　碳纤维表面原位生长纳米碳纤维改性

采用催化化学气相沉积法(CCVD 法)在加载有催化剂的碳纤维表面原位生长 CNFs。以丙烯为碳源,氢气为还原性气体,氮气为稀释气体,在温度为 900 ℃、压力为 500 Pa 下,通过控制沉积时间来控制 CNF 的含量。

5.3.1.3　碳纤维表面原位生长纳米 SiC 纤维改性

采用 CCVD 工艺在加载有催化剂的碳纤维表面原位生长 SiCNFs 对碳纤维进行改性处理。以三氯甲基硅烷(MTS)为 SiC 源,氢气为载气,利用鼓泡方式将 MTS 带入 CVD 沉积炉中,氩气为保护和稀释气体,同时氢气还作为稀释气体调节 H_2 和 MTS 的流量比,在温度为 1000 ℃、压力为 500 ~ 1000 Pa 下,通过控制沉积时间在碳纤维表面制得不同含量的 SiCNFs。

5.3.2　原位生长纳米纤维的微观结构

由于受到催化剂的形貌和 CCVD 工艺的影响,原位生长的纳米纤维有其特殊的形貌和结构。纳米纤维的微观结构又影响碳纤维本身的结构以及后续界面结构,因此对原位生长的纳米纤维的微观结构进行研究。

5.3.2.1　催化剂形貌

图 5-30 所示为电镀后碳纤维的表面形貌及镍催化剂颗粒的形貌。从图 5-30(a)可以看出,采用电镀法可以在碳纤维表面获得颗粒细小且均匀分布的镍催化剂颗粒。从图 5-30(b)中镍催化剂颗粒的形貌可知,催化剂镍颗粒粒径为 0.05 ~ 0.5 μm。通过 TEM 形貌[见图 5-30(b)左上角]可以看出,电镀法制备的镍催化剂颗粒由许多纳米镍纤维组成,形状为仙人球状。采用 XRD 分析表面加载了镍催化剂颗粒的碳纤维,其结果如图 5-31 所示。除了碳纤维本身的 C 外,还存在电镀法制备的镍催化剂颗粒,且催化剂颗粒为多晶镍。

5.3.2.2　纳米碳纤维的微观结构

采用 CCVD 法原位生长 CNF 后碳纤维表面形貌如图 5-32 所示。CNF 均匀

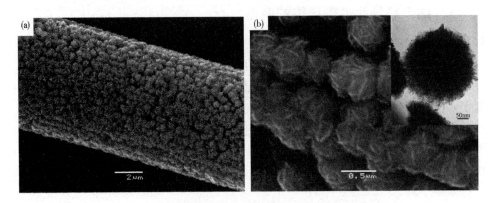

图 5 – 30 电镀后碳纤维的表面形貌及 Ni 催化剂的形貌

(a)电镀后碳纤维的表面形貌；(b)Ni 催化剂的形貌

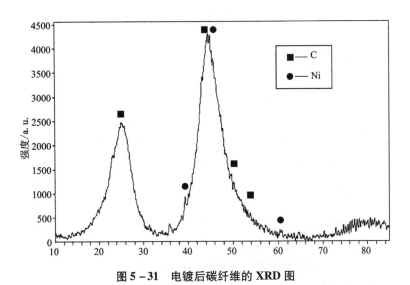

图 5 – 31 电镀后碳纤维的 XRD 图

地分布在每根碳纤维表面, 这说明采用电镀镍为催化剂, 通过 CVD 法可以制备出由均匀分布的 CNF 和碳纤维形成的复合预制体。从图 5 – 32 中还可以看出, 在 CNF 含量为 3 wt% 时, 包裹在碳纤维表面的 CNF 在相邻碳纤维之间形成了"桥梁"。随着沉积时间的延长, CNF 的含量增大, 同时, CNF 的长径比也增大。

图 5 – 33 为 CNF 的 TEM 形貌。从图 5 – 33(a)中可以看出, CNF 以镍颗粒为中心在碳纤维表面发散性生长。大部分的 CNF 直线生长, 只有少部分的 CNF 为弯曲形状。在碳纤维表面还存在许多刚开始生长的 CNF 以及一层 PyC 薄层。从图 5 – 33(d)中可以看到 CCVD 法制备 CNF 时, 形成的 CNF 为高取向度的石墨层

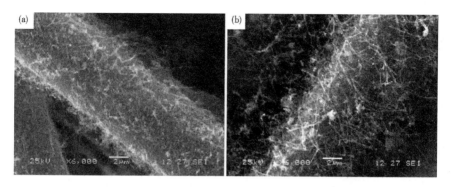

图 5 – 32　碳纤维表面原位生长纳米碳纤维的形貌

(a)3 wt% CNFs；(b) 5 wt% CNFs

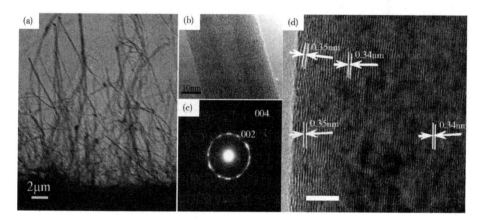

图 5 – 33　纳米碳纤维的透射电镜照片和衍射斑

(a)、(b)、(d)为 DNF 的透射图片；(c) 衍射花样

片结构，石墨层片均匀分布，单层石墨平面连续，几乎没有缺陷。通过计算石墨层片间的间距，发现其数值为 0.34 ~ 0.35 nm，这和理想的石墨单晶层片间的间距非常接近，说明采用镍催化剂原位生长的 CNF 中，碳原子沿着镍催化剂颗粒固定的晶面析出，石墨层片和生长方向平行，从而得到高取向度的 CNF。同时，还可以发现 CNF 皮层的层片间距稍大于内部，这说明随着 CNF 直径的增大，皮层中的石墨结构有序性降低。此外，从图 5 – 33(a)中还可以看出在 CNF 顶端存在许多细小的镍颗粒，其直径在几个到几十个纳米之间。这是因为通过电镀法制备的镍颗粒由许多纳米镍纤维组成，在 CCVD 过程中，粗大的仙人球状镍颗粒首先发生枝晶断裂(甚至多次断裂)，形成了形状较规则、直径细小的镍颗粒。随后，碳原子溶解在镍催化剂颗粒中形成固溶体，并逐渐达到过饱和状态。此时，在镍

催化剂的两端存在碳原子浓度差(或温度差),碳原子由浓度高(或温度高)向浓度低(或温度低)的方向(即碳纤维表面)扩散,最后在镍颗粒的特定晶面沉析出具有石墨结构的碳层。通过碳原子的移动,在镍颗粒的表面形成碳的六角网平面层,并沿垂直于碳纤维表面的方向背向生长。

图 5-34 为采用 CCVD 法制备的 CNF 的两种 TEM 形貌。笔直生长的 CNF 大多为管状 CNF,其直径一般为 30~150 nm,壁厚为 5~40 nm;而弯曲状 CNF 多为竹节状 CNF,其直径为 30~60 nm,壁厚为 3~15 nm。管状 CNF 的皮层由结构较完整的石墨层片组成[图 5-34(b)右上角];竹节状 CNF 在竹节处出现了乱层石墨结构,如图 5-34(c)右上角所示。

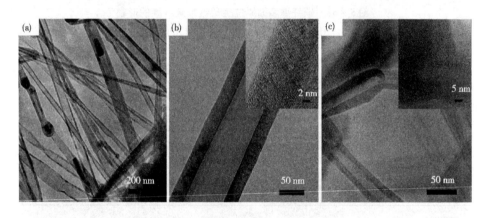

图 5-34　两种纳米碳纤维的 TEM 形貌
(a) 两种 CNF; (b) 管状 CNF; (c) 竹节状 CNF

5.3.2.3　纳米碳化硅纤维的微观结构

图 5-35 所示为采用 CCVD 法制备 SiCNF 改性碳纤维的 XRD 图谱。由图 5-35可知,碳纤维表面原位生长纳米 SiC 纤维改性后,除 C 相外,主要生成了 β-SiC 相,表明纤维表面原位生成了纳米 SiC 纤维。此外,部分 Si 原子和 Ni 原子反应生成了少量的 Ni_3Si_2 化合物。

采用 CCVD 法制备 SiCNF 后碳纤维表面形貌如图 5-36 所示。从图 5-36 (a)中可知,SiCNF 均匀地分布在每根碳纤维表面,在碳纤维表面存在微量的白亮颗粒,经过能谱分析为镍颗粒。SiCNF 以白亮色的镍颗粒为中心,围绕碳纤维表面发散性生长。从图 5-36(b)中还可以看出,当延长沉积时间后,SiCNF 的含量增多,SiCNF 如棉絮状围绕在碳纤维的表面,在碳纤维表面观察不到白亮颗粒。这是因为随着沉积时间的延长,催化剂镍颗粒进一步分裂成纳米级的细小颗粒,从而催化生长出更多的 SiCNF。此外,大量的 SiCNFs 也会遮掩碳纤维表面的白亮颗粒。

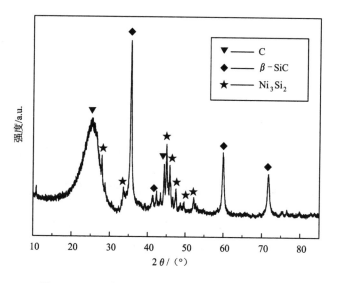

图 5-35　纳米 SiC 纤维改性碳纤维的 XRD 图谱

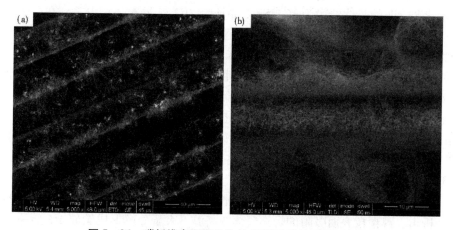

图 5-36　碳纤维表面原位生长 SiCNF 后的 SEM 形貌

(a) 5 wt% SiCNFs；(b) 12 wt% SiCNFs

图 5-37 为采用 CCVD 法制备的 SiCNF 的 TEM 形貌。从图 5-37(a)中可知，原位生长的 SiCNF 有两种形貌，一种是鳞片螺旋状，另一种为层片堆积状。鳞片螺旋状 SiCNF 的直径一般为 50~150 nm，而层片堆积状 SiCNF 的直径为 20~100 nm。

为了进一步研究两种 SiCNF 中 Si 和 C 原子层面的排列方式，将图 5-37 中方形区域分别放大，如图 5-38 所示。从图 5-38(a)中可以看出，鳞片螺旋状

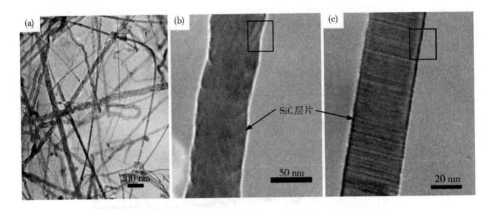

图 5 - 37   两种纳米碳化硅纤维的 TEM 形貌

(a) 两种 SiCNFs；(b) 鳞片螺旋状 SiCNFs；(c)层片堆积状 SiCNFs

SiCNF 中，鳞片上的碳原子和硅原子层面排列规则，并围绕着纤维轴向螺旋排列，在纤维边缘有明显的位错和扭转，通过电子衍射花样[如图 5 -38(c) 所示]可知鳞片状 SiCNF 的晶体结构为 3C - SiC，晶轴为[011]，同时还可以看到在电子衍射花样中存在微弱的衍射斑点，进一步证明了存在不同方向的晶格。层片堆积状 SiCNF 中，碳原子和硅原子层面垂直纳米纤维轴向堆积，其面间距为 0.25 nm，并在纤维边缘为明显的锯齿状，为准周期性孪晶结构。孪晶沿纳米纤维的轴向呈一定周期性排布，每个孪晶面由 3 ~ 10 个原子层组成，相邻孪晶面之间形成 141°的晶面角。通过电子衍射花样[如图 5 -38(d)]可知 SiCNF 的生长方向为 β - SiC 的 <111 > 方向。同时从图 5 -38d 中还可以看到其电子衍射花样中存在大量垂直于[126]堆垛层错面的衍射条纹，进一步说明了微孪晶和层错的存在。

5.3.2.4   原位生长纳米纤维的机理

前人研究发现以镍为催化剂气相生长 CNF 的机理是碳原子在镍颗粒中的扩散和析出。镍颗粒表面吸附的烃类气体在高温下大量分解形成碳原子，碳原子通过扩散到达镍颗粒的析出面，并在扩散过程中相互结合形成石墨层，从而降低碳原子在镍颗粒表面的系统能量[291]。随着生长时间的延长，碳原子数量逐渐增多，石墨层变大；同时由于受到催化剂颗粒大小和表面形状的影响，石墨层在表面张力的作用下从镍颗粒表面脱出从而生长出 CNF[292]。以镍为催化剂生长 SiCNF 的机理与 CNF 相似。MTS 在高温下分解生成碳化硅，碳化硅吸附在镍颗粒表面，并通过扩散到达镍颗粒的析出面。当碳化硅在镍颗粒中达到饱和时，则从镍颗粒表面析出，如图 5 -39 所示。

综合前面对 CNF 和 SiCNF 的结构分析，可以发现 CCVD 法制备的纳米纤维具有两种不同的结构，这是因为镍催化剂颗粒的形貌不同。在 CCVD 过程中，催

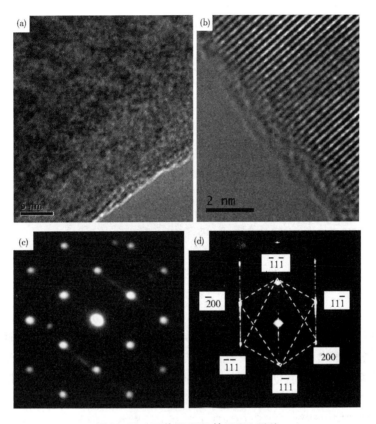

图 5 - 38 两种 SiCNF 的 TEM 形貌
（a）、（c）分别为鳞片螺旋状 SiCNFs 的放大图和衍射花样；
（b）、（d）分别为层片堆积状 SiCNFs 的放大图和衍射花样

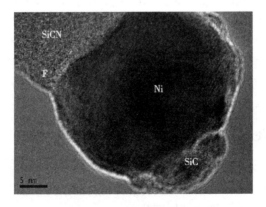

图 5 - 39 SiCNF 端部形貌

化剂镍颗粒在高温下断裂形成具有规则形状的细小的单晶颗粒和未完全断裂的具有不规则形状的多晶颗粒,如图 5 - 40 所示。单晶镍颗粒具有较大的催化活性和较固定的析出晶面;多晶镍颗粒则具有多个方向的复杂的析出晶面。

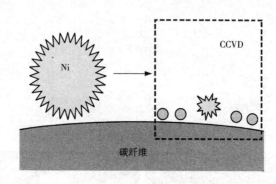

图 5 - 40 在 CCVD 过程中镍颗粒的分解示意图

当碳原子沉积在单晶镍颗粒表面时,从镍颗粒的固定析出面析出,从而生长出直的由石墨层片曲卷而成的 CNF;当碳原子沉积在多晶镍颗粒表面时,由于镍颗粒具有多个析出面,生长出具有乱层结构的竹节状 CNF。同样地,当碳化硅沉积在单晶镍颗粒表面时,从镍颗粒的固定析出面析出层片堆积状 SiCNF;而当碳化硅沉积在多晶镍颗粒表面时,从镍颗粒的多个析出面析出鳞片螺旋状 SiCNF。因此,通过控制电镀镍工艺和 CCVD 工艺调节镍颗粒的形貌,从而获得结构统一的纳米纤维。

考虑到纳米纤维结构的传承性及对后续界面的影响,通过控制电镀镍工艺和 CCVD 工艺,获得了纳米纤维为管状 CNF 和层片堆积状 SiCNF,其结构示意如图 5 - 41 所示。管状 CNF 的活性位即不饱和碳原子主要位于纳米纤维端面或平行纤维轴向的石墨层片两端;而层片堆积状 SiCNF 的活性位位于垂直于纳米纤维轴向的碳原子和硅原子层面,即纳米纤维的表层具有较多的活性位,并且碳原子层面和硅原子层面的活性不同。这两种具有不同活性的纳米纤维将会影响随后的界面结构,并进一步影响材料的结构和性能。

5.3.3 原位生长纳米纤维对碳纤维表层结构的影响

采用原位生长法在碳纤维表面引入纳米纤维时,催化剂和纳米纤维的制备都影响了碳纤维本身的结构,并最终影响复合材料的结构和性能。因此,有必要研究每一步制备工艺后碳纤维的结构变化。

5.3.3.1 镍催化剂对碳纤维表层结构的影响

为了测试电镀工艺对碳纤维结构的影响,采用硝酸氧化去除碳纤维表面的镍

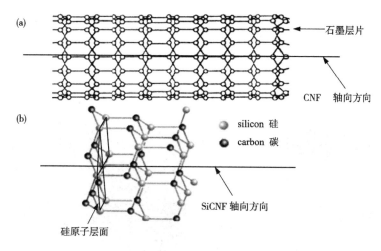

图 5 – 41　CNF 和 SiCNF 的结构示意图

颗粒，去除镍颗粒后的碳纤维形貌如图 5 – 42 所示。除去镍催化剂后的碳纤维表面存在沟槽和许多孔洞。对比未电镀前的碳纤维形貌可以看出，这些孔洞是在除去镍颗粒时留下的。这说明电镀过程中，镍催化剂不仅分布在碳纤维的表面，而且还渗透到碳纤维的皮层。

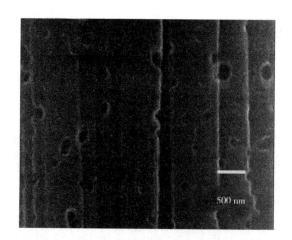

图 5 – 42　去除镍颗粒后碳纤维的表面形貌

进一步分析电镀镍后碳纤维表层的 HRTEM 形貌（如图 5 – 43 所示）可知，镍催化剂颗粒渗透到了碳纤维的皮层，导致镍催化剂周围形成了大微晶尺寸的高度有序石墨层，碳纤维皮层被催化石墨化。这是因为碳纤维皮层中存在大量微孔，在电镀过程中，当细小的镍颗粒沉积在碳纤维表面后，在电流的作用下，镍催化剂溶解了碳纤维皮层的碳原子。无序排列的碳原子在镍颗粒内趋向低能级的石墨结晶形态转变形成有序排列的石墨层,当碳原子在镍颗粒内达到饱和时,从镍颗粒表面析出,在镍颗粒周围形成了有序的石墨层;同时镍催化剂颗粒通过碳原子的外扩散进入碳纤维皮层中。

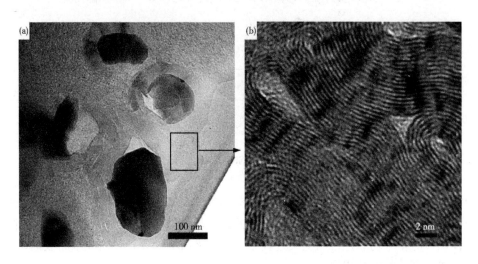

图 5 - 43　电镀后碳纤维皮层的 TEM 形貌(a)和镍颗粒周围石墨层片形貌(b)

5.3.3.2　原位生长纳米纤维对碳纤维表层结构的影响

图 5 - 44 为原位生长纳米纤维后碳纤维的轴向截面形貌。从图 5 - 44(a)中可以看出,CNF 细小如狼牙棒覆盖于碳纤维表面,同时在 CNF 根部的绒絮中,存在薄层 PyC 覆盖于碳纤维表面。而原位生长 SiCNF 后,碳纤维表面呈不规则的锯齿形状,在碳纤维表面存在团聚的 SiCNF 层,如图 5 - 44(b)所示。在扫描电镜样品制备过程中,同样采用剪刀剪切碳纤维端面,SiCNF 依旧大量存在于碳纤维表面,而 CNF 则大部分脱落,这可以说明 SiCNF 与碳纤维之间的结合力较好,同时也说明了 SiCNF 的强度高于 CNF。

为了进一步分析原位生长纳米纤维对碳纤维表面形貌的影响,引入拉曼光谱分析原位生长纳米纤维后碳纤维皮层的原子排列有序度。对于碳材料,一级拉曼光谱可以用来表征碳晶体的完整性和缺陷的存在[293]。在碳材料的拉曼光谱中存在两个特征谱线,一条位于 1580 cm^{-1}附近,简称 G 峰,对应于为石墨晶格面内 C - C 键的 E_2g 模式伸缩振动,可以用来表征 SP^2 杂化轨道结构的完整性;另一条位于 1330 cm^{-1}附近,简称 D 峰,由石墨晶格缺陷、边缘无序排列和低对称碳结构引起,也称为结构无序峰。D 峰与 G 峰的强度比为 I_D/I_G,R 与石墨化度成反比,因此,$1/R$ 值用来表征碳材料的结晶度[294]。为了精确地表征碳纤维皮层中

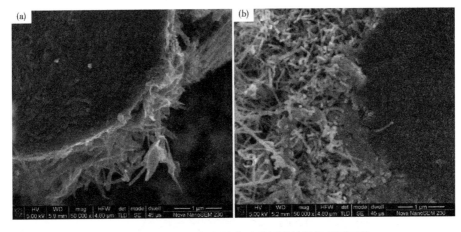

图 5 - 44 原位生长纳米纤维后碳纤维的轴向截面形貌

(a) CNF 改性碳纤维; (b) SiCNF 改性碳纤维

碳原子排列, 选取碳纤维横截面上最边缘的位置测试。

原位生长纳米纤维后碳纤维皮层的拉曼光谱如图 5 - 45 所示。从图 5 - 45 中可知, 原位生长纳米纤维后碳纤维的 $1/R$ 值增大, 这说明原位生长纳米纤维后, 碳纤维皮层的碳原子排列更有序, 碳纤维皮层结晶度提高。结合前面的 SEM 分析可知, CNF 改性后, 在碳纤维表面形成了一层很薄的 PyC, 从而导致了 CNF 改性后碳纤维皮层具有较高的结晶度。此外, CNF 改性后碳纤维的二级拉曼光谱在 2780 cm^{-1} 附近出现了一个微弱的峰, 如图 5 - 46 所示, 这也反映了 CNF 改性后碳纤维皮层石墨晶体结构有序度提高。对原位生长 SiCNF 的碳纤维, 从其拉曼光谱中还可以观察到, 在 640 cm^{-1} 和 810 cm^{-1} 附近有两个峰, 对应于碳化硅的谱线, 如图 5 - 47 所示。这说明原位生长纳米碳化硅后, 碳化硅吸附在部分嵌入碳纤维皮层的镍颗粒中, 并通过扩散进入碳纤维皮层中, 同时由于碳纤维皮层的部分碳原子与硅反应生成了碳化硅, 导致周围的碳原子重排, 从而提高了碳纤维皮层结晶度。

5.3.4 原位生长纳米纤维改性碳纤维的性能研究

5.3.4.1 纳米 C 纤维改性碳纤维的介电性能

采用同轴法测试纳米 C 纤维改性碳纤维的电磁参数, 测试样中碳纤维长度为 2 mm, 碳纤维与石蜡的质量比为 1∶4, 测试结果如图 5 - 48 所示。图 5 - 48(a) 为碳纳米纤维改性后碳纤维的电磁参数, 其介电常数的实部(ε')和虚部(ε'')相比于未改性的碳纤维均有所下降。碳纳米纤维为非晶形态, 其电阻率相对较高, 会影响碳纤维导电网络形成, 这使得改性后碳纤维的介电常数下降。

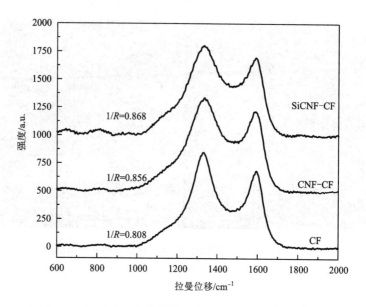

图 5 - 45   原位生长纳米纤维后碳纤维皮层的拉曼光谱分析

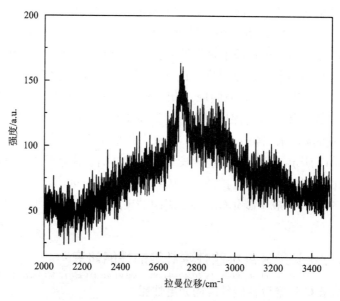

图 5 - 46   原位生长纳米纤维后碳纤维皮层在 1800 ~ 3500 cm⁻¹ 范围内的拉曼光谱

基于传输线理论计算了纳米 C 纤维改性碳纤维吸收层不同厚度下的反射率，其结果为图 5 - 49 所示。由图 5 - 49 可知，当厚度为 1 ~ 4 mm 时，纳米碳纤维改性碳纤维的反射率最大衰减值仅为 - 3.4 dB，说明其吸波性能改善不明显，纳米

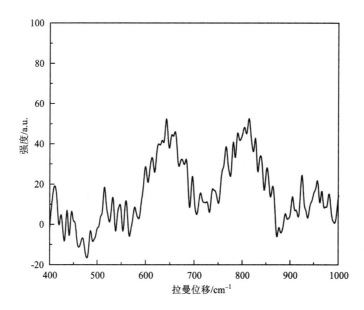

图 5 - 47 原位生长纳米纤维后碳纤维皮层在 400 ~ 1000 cm⁻¹ 范围内的拉曼光谱

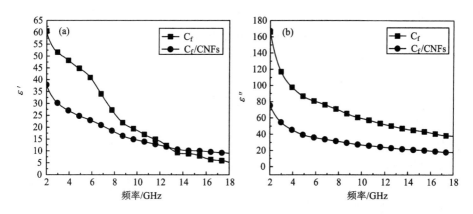

图 5 - 48 纳米 C 纤维改性碳纤维的介电常数

(a)ε';(b)ε''

碳纤维改性后的碳纤维其主要成分仍然为碳,碳纤维以相互缠绕的碳纳米纤维为连接桥梁,依然会形成导电网络,对电磁波造成强反射。

以上表明,通过碳纤维表面原位生长纳米 C 纤维改性来提高碳纤维的吸波性能并不明显。

5.3.4.2 纳米 SiC 纤维改性碳纤维的性能研究

(1)纳米 SiC 纤维改性对碳纤维氧化性能的影响

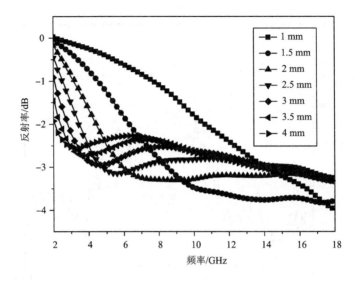

图 5 - 49　纳米 C 纤维改性碳纤维的计算反射率曲线

图 5 - 50 所示为未改性碳纤维和纳米 SiC 纤维改性碳纤维的 TGA 氧化曲线。从图 5 - 50 中可以看出,相比于未改性碳纤维,纳米 SiC 纤维改性碳纤维开始明显氧化失重的温度提高了约 140 ℃,最终氧化温度提高了约 340 ℃,且在碳纤维剧烈氧化阶段,氧化失重明显减缓。这主要是因为碳纤维经表面原位生长纳米 SiC 纤维改性后,杂乱排列且相互交织的 SiCNFs 将碳纤维均匀包裹,阻碍了氧气向内扩散与碳纤维接触反应,氧气首先主要与 SiCNFs 反应,从而延缓了碳纤维被氧化的时间,导致改性碳纤维出现明显氧化失重的温度点提高。而 SiCNFs 氧化后生成玻璃态 SiO_2 覆盖在纤维表面,将会继续阻碍碳纤维的氧化,使得碳纤维的氧化速率减缓,导致改性碳纤维的最终氧化温度提高。且 SiCNFs 的氧化为增重反应,这将补偿一部分因碳纤维氧化而造成的失重,使得改性碳纤维的氧化失重明显减缓,并在 1200 ℃时仍残留约 30% 的质量。

(2) 纳米 SiC 纤维改性碳纤维的介电性能

采用同轴法测试了纳米 SiC 纤维改性碳纤维的介电常数(纤维的含量为 20 wt%),测试结果如图 5 - 51 所示。从图 5 - 51 中可以看出,碳纤维经表面原位生长纳米 SiC 纤维改性后,其介电常数实部和虚部相比未改性碳纤维均明显下降,并随 SiCNFs 含量的增加,进一步降低,特别是虚部降低更为明显。当 SiCNFs 的含量为 18 wt% 时,改性纤维的 ε' 和 ε'' 分别为 11.9 ~ 6.2 和 6.8 ~ 1.8,这表明碳纤维经表面原位生长纳米 SiC 纤维改性,可显著降低碳纤维的介电常数实部和虚部,从而可有效调节碳纤维的介电性能。

图 5 - 52 所示为纳米 SiC 纤维改性碳纤维的微波阻抗曲线。由图 5 - 52 可

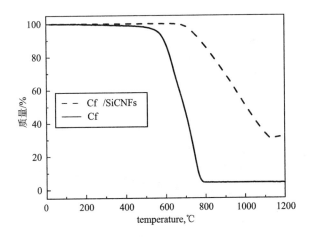

图 5-50　碳纤维及纳米 SiC 纤维改性碳纤维的 TGA 氧化曲线

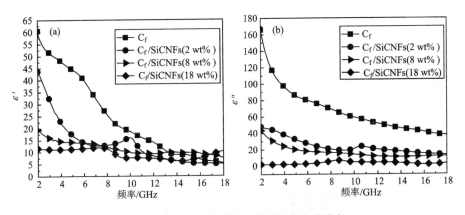

图 5-51　纳米 SiC 纤维改性碳纤维的介电常数

(a) ε'; (b) ε''

知, 随着纤维表面 SiCNFs 的增多, 改性碳纤维的波阻抗随之增大。当 SiCNFs 的含量为18 wt% 时, 改性碳纤维的波阻抗增大至 105.39～143.08。这主要因为此时改性碳纤维具有极低的介电常数, 与磁导率的比值更趋近于 1, 使得碳纤维的波阻抗显著增大, 更接近空气的波阻抗, 这将会明显改善碳纤维的吸波性能。

　　图 5-53 所示为厚度是 2 mm 和 3 mm 时纳米 SiC 纤维改性碳纤维的计算反射率曲线。从图 5-53 中可以看出, 当 SiCNFs 的含量为 2 wt% 和 8 wt% 时, 碳纤维的吸波性能得到了一定改善, 但吸波效果并不理想, 小于 -10 dB 的带宽为 0。这主要是因为此时改性碳纤维介电常数的值仍较高, 特别是介电虚部较大, 改性纤维仍具有较好的导电性, 且改性纤维的波阻抗较小, 对电磁波的反射较强, 吸波性能较差。当 SiCNFs 的含量为 18 wt% 时, 由于改性纤维的介电常数显著降

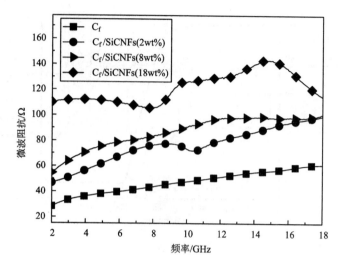

图 5 - 52 纳米 SiC 纤维改性碳纤维的微波阻抗

低,波阻抗显著增大,阻抗匹配改善,使得改性纤维对电磁波的反射显著减小,更多的电磁波进入改性纤维内部,并由于介电损耗以及纳米纤维造成的多重散射而被衰减、损耗,导致改性纤维的吸波性能显著提高。其厚度为 2 mm 时,小于 -10 dB的带宽为 3.68 dB,反射率最大,衰减值为 -19.85 dB;厚度为 3 mm 时,小于 -10 dB的带宽为 4.16 dB,反射率最大,衰减值为 -44.52 dB,并出现了多重吸收峰,这有利于材料的宽频吸收。

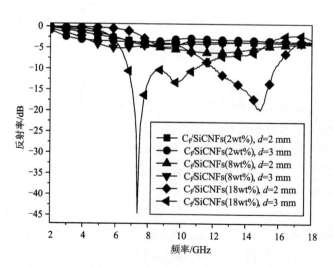

图 5 - 53 纳米 SiC 纤维改性碳纤维的计算反射率曲线

　　综上所述，对碳纤维进行表面原位生长纳米 SiC 纤维改性，可显著降低碳纤维的介电常数，较好地调控碳纤维的介电性能，从而显著改善碳纤维的阻抗匹配，提高吸波性能。表面原位生长纳米 SiC 纤维是一种有效调控碳纤维介电性能的改性方法。

第 6 章 基体相改性及介电特性

6.1 基体碳 BN 包覆改性

碳基体是耐高温结构吸波碳纤维复合材料的主要基体相之一,但碳基体具有较小的电阻率,且介电常数较高,难以实现阻抗匹配,对电磁波呈强反射特性。因此,需要对碳基体进行改性处理,调控其介电性能,同时提高抗氧化性能,以满足作为高温结构隐身材料吸波组元的使用要求。

BN 具有优良的电绝缘性及介电性能,是陶瓷中最好的高温绝缘材料。丙烯是制备碳基体常用的先驱体之一,利用 BN 对由丙烯热解而成的碳基体进行改性,将降低基体碳的高导电和高介电特性,阻碍其在电磁波作用下导电网络的形成,并改善基体碳的阻抗匹配,提高其吸波性能。此外 BN 在高温下会形成 B_2O_3 的保护层将会阻止基体碳进一步被氧化,提高基体碳的抗氧化性能。

6.1.1 BN 涂层包覆改性热解碳粉的制备

将 H_3BO_3 和 $CO(NH_2)_2$ 按摩尔比 1∶3 溶于无水乙醇中形成 BN 先驱体溶液,再将由丙烯经热解而制得的热解碳粉(过 200 目标准筛)超声分散于先驱体溶液中,调节各反应物质的含量来控制最终生成产物中 BN 的含量分别为 20 wt%、30 wt% 和 40 wt%,然后将混合物放入球磨罐中球磨混料 24 h。混合物于 60 ℃ 真空干燥后,将其置于真空炉中,N_2 气氛保护下,于 850 ℃ 热处理 6 h,升温速率为 5 ℃/min,得到 BN 包覆改性热解碳粉。其工艺流程如图 6-1 所示。

6.1.2 BN 涂层包覆改性热解碳粉的微观结构和化学成分

图 6-2 所示为 BN 包覆改性热解碳粉前后的 XRD 图谱,它表明了 BN 包覆改性热解碳粉过程中其物相的变化。由图 6-2(a)可知,纯热解碳粉只存在 C 的特征峰,而热解碳粉经 BN 先驱体包覆后其物相组成为 C、H_3BO_3 和 $CO(NH_2)_2$ [图 6-2(b)]。当 BN 先驱体包覆热解碳粉经 850 ℃ 热处理后,H_3BO_3 和 $CO(NH_2)_2$ 的衍射峰完全消失[如图 6-2(c)所示],同时在 20°~30° 2θ 处出现了一个新的、强度较弱且宽化的衍射峰,它对应于非晶结构 BN。且在 26.6° 和 41.6° 2θ 出现了两个小峰,它们对应于 $h-BN$[295]。而热解碳的衍射峰几乎无法

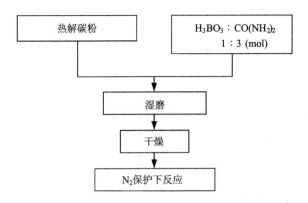

图 6 - 1　BN 涂层包覆改性热解碳粉制备工艺流程图

观察到，这主要是因为热解碳为非晶结构，其衍射峰强度较弱且 C 的衍射峰与 BN 的相重叠所致。

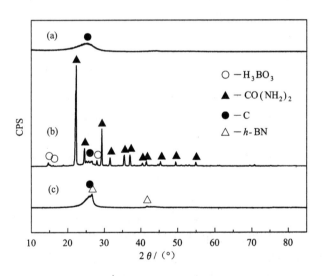

图 6 - 2　BN 涂层包覆改性热解碳粉的 XRD 图谱

图 6 - 3 为 BN 包覆改性热解碳粉前后的红外光谱图。由图 6 - 3 可知，热解碳粉经 BN 先驱体包覆后，热处理前在 2800 ~ 3600 cm^{-1} 处可观察到 N—H 和 O—H 键峰，并在 1620 cm^{-1} 处观察到 N—C = O 键峰。而当 850 ℃ 热处理后，以上键峰基本消失，并在 800 cm^{-1} 和 1380 cm^{-1} 处观察到由 B—N 键弯曲振动所致的吸收峰[250, 251]，这表明生成了 BN 物质。

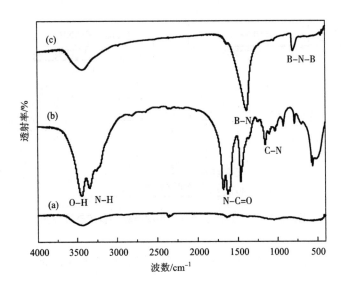

图 6 - 3 BN 涂层包覆改性热解碳粉的 FI - IR 光谱图
(a) 热解碳粉；(b) BN 前驱体包覆热解碳粉
(c) BN 涂层热解碳粉

为进一步确定 BN 包覆改性热解碳粉后的化学组成，采用 X 射线光电子能谱仪(XPS)对改性热解碳粉的化学成分进行分析，其结果如图 6 - 4 所示。由图 6 - 4 可知，改性热解碳粉中含有 C、B、N、O 元素，而 O 元素主要来自 XPS 仪器的污染，为吸附氧。B 元素和 N 元素的单峰 XPS 谱图进一步提供了有关化学键的信息。B1s 谱图如图 6 - 4(a)所示，其峰值处结合能为 190.9 eV，这对应于 B—N 键[296]。而 N1s 峰值处结合能为 398.5 eV[图 4 - 20(b)]，它对应于 N—B 键[297]，这进一步说明了热解碳粉表面包覆了 BN。

图 6 - 5 为 BN 包覆改性热解碳粉的表面形貌，纯热解碳粉呈颗粒状，其表面较为光滑。经 BN 包覆改性后，生成的 BN 在热解碳颗粒表面生长，并逐渐形成包裹层，使得热解碳颗粒表面变得粗糙[图 6 - 5(b)]，且部分热解碳粉被 BN 完全包裹[图 6 - 5(c)]。白色颗粒状 BN 的尺寸为几十至几百纳米[图 6 - 5(d)]。

6.1.3　BN 涂层包覆改性热解碳粉的形成机制

由上述 BN 涂层包覆改性热解碳粉制备过程中物相、化学成分和表面形貌的变化，可知 BN 涂层包覆改性热解碳粉的形成机制。首先 H_3BO_3 与 $CO(NH_2)_2$ 溶于乙醇中，相互均匀扩散形成均匀混合溶液，然后热解碳粉均匀分散到溶液中形成均匀的悬浮液，悬浮液经缓慢干燥挥发掉乙醇后，H_3BO_3 与 $CO(NH_2)_2$ 细小颗粒便均匀地黏附在热解碳粉表面，在 N_2 气氛下经 850 ℃ 热处理，H_3BO_3 与

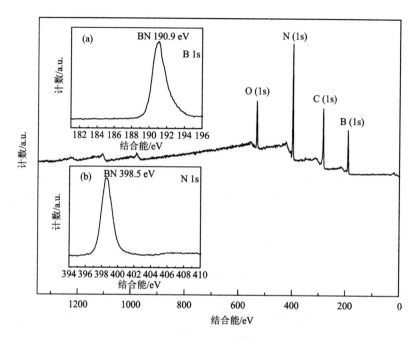

图 6 - 4　BN 涂层包覆改性热解碳粉的 XPS 图谱

（a）B1s；（b）N1s

$CO(NH_2)_2$ 便在热解碳粉表面反应生成 BN 物质，并相互连接将热解碳粉包裹。其反应过程如图 6 - 6 所示。

BN 涂层包覆改性热解碳粉形成过程中的化学反应如下：

$$2CO(NH2)_2 \xrightarrow{200\ ℃} NH_3 + H_2N-CO-NH-CO-NH_2 \quad (6-1)$$

$$2H_3BO_3 \xrightarrow{300\ ℃} B_2O_3 + 3H_2O \quad (6-2)$$

$$B_2O_3 + 2NH_3 \xrightarrow{850\ ℃} 2BN(amorphous\ BN) + 3H_2O \quad (6-3)$$

如式（6-1）和式（6-2）所示，尿素和硼酸在 200～300 ℃ 之间便会分解分别生成 NH_3 和 B_2O_3，然后这两种产物按摩尔比 1∶2 通过几个中间反应过程便生成了 BN[298]［如公式（6-3）所示］。由于反应温度 850 ℃ 低于非晶 BN 转变为晶体结构 BN 的温度[299]，导致热解碳粉表面包覆涂层主要由非晶 BN 组成。

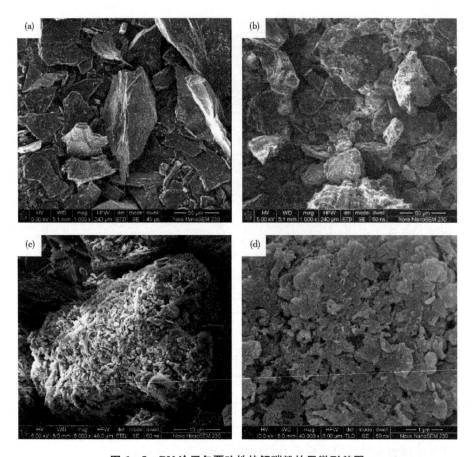

图 6 – 5　BN 涂层包覆改性热解碳粉的显微形貌图
（a）纯热解碳粉；（b）BN 涂层包覆热解碳粉；
（c）单个 BN 涂层包覆热解碳分；（d）高倍率下的 BN 涂层

6.1.4　BN 涂层包覆改性热解碳粉的性能研究

6.1.4.1　BN 涂层包覆改性对热解碳粉的氧化性能

　　图 6 – 7 所示为纯热解碳粉和 BN 涂层包覆改性热解碳粉的 TGA 氧化曲线，其中空气为氧化气氛。由图 6 – 7 可知，当温度低于 650 ℃时，纯热解碳粉和 BN 涂层包覆改性热解碳粉氧化十分缓慢，失重率均很小，但 BN 涂层包覆改性热解碳粉的氧化失重率为 4%，高于此温度区间纯热解碳粉的氧化失重率。这可能是因为非晶 BN 涂层发生了吸潮现象，当温度升高时，水分被蒸发，导致质量损失，失重率增加。当温度达到 650 ℃后，纯热解碳粉开始明显被氧化，而此时 BN 涂层包覆改性热解碳粉的氧化速率明显缓于纯热解碳粉，这使得改性碳粉的质量损

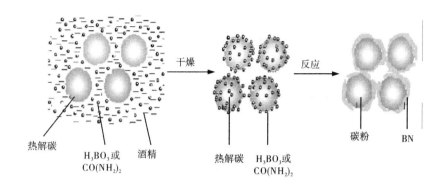

图 6 - 6　BN 涂层包覆改性热解碳粉的反应过程示意图

失远小于纯热解碳粉。当温度达到 920 ℃ 时，纯热解碳粉已被氧化完全，而 BN 涂层包覆改性热解碳粉在 1200 ℃ 时其质量仍剩余 60% 以上。这主要是因为具有良好抗氧化性能的 BN 涂层包裹在热解碳粉表面作为阻挡层阻止热解碳粉在高温下被快速氧化。且当 BN 涂层被氧化后，其氧化产物 B_2O_3 将继续在热解碳粉表面形成保护层阻止热解碳粉被进一步氧化，从而延缓了 BN 涂层包覆改性热解碳粉的氧化速率，导致最终氧化温度提高。由于 BN 氧化为增重反应，使得改性热解碳粉在 1200 ℃ 时质量残留率较高。因此，热解碳粉经 BN 涂层包覆改性后，其抗氧化性能明显提高。

6.1.4.2　BN 涂层包覆改性热解碳粉的介电性能

采用同轴法测试了 BN 涂层包覆改性热解碳粉的介电常数（试样中热解碳粉的含量为 50 wt%），其结果如图 6 - 8 所示。从图 6 - 8 中可知，纯热解碳粉的介电实部 ε' 和虚部 ε'' 的值均相对较高，分别为 31.8 ~ 10.5 和 43.7 ~ 12.5。而经 BN 涂层包覆改性后，改性热解碳粉的介电实部 ε' 和虚部 ε'' 均明显下降，特别是虚部下降更为显著，并且随着改性热解碳粉中 BN 含量的增大，介电实部和虚部进一步降低。当 BN 的质量含量为 40% 时，BN 涂层包覆改性热解碳粉的介电实部 ε' 和虚部 ε'' 分别为 10.0 ~ 5.6 和 6.8 ~ 1.4。这说明高电阻的 BN 涂层包覆改性热解碳粉后，显著降低了热解碳粉的电导率，导致介电常数（特别是介电虚部）明显降低。

表 6 - 1 为热解碳粉和 BN 涂层包覆改性热解碳粉的电阻率。由表 6 - 1 可知，纯热解碳粉具有较低的电阻率，而经 BN 涂层包覆改性后，电阻率显著增大，并随 BN 含量的增加而进一步增大。这主要是因为高电阻的 BN 涂层包覆在热解碳粉表面，使热解碳粉彼此相互绝缘，阻碍了电流导电通路的形成，导致电阻率显著增大。由此可知，纯热解碳粉具有较高的电导率，导电性良好，在电磁波作

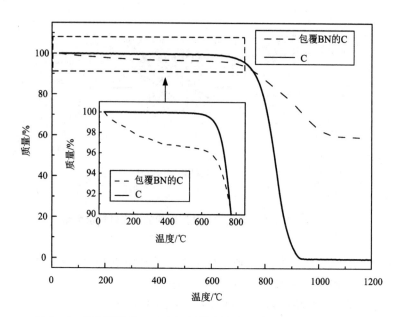

图 6 - 7　热解碳粉和 BN 涂层包覆改性热解碳粉的 TGA 氧化曲线

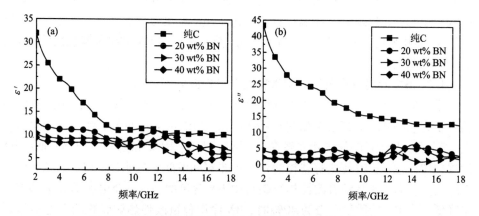

图 6 - 8　热解碳和 BN 涂层包覆改性热解碳粉的介电常数

(a)ε'；(b)ε''

用下易形成导电网络[300]，导致介电常数实部和虚部的值较高。经 BN 涂层包覆改性后，显著降低了热解碳粉的电导率，使得 BN 包覆改性热解碳粉的介电常数显著下降，特别是介电虚部下降更为显著。

表 6 – 1　热解碳和 BN 涂层包覆改性热解碳粉的电阻率

样品	BN 含量/wt%	电阻率/μΩ · m
纯 C	0	937
20 wt% BN	20	4531.9
30 wt% BN	30	4908
40 wt% BN	40	5447

　　图 6 – 9 所示为纯热解碳粉和 BN 涂层包覆改性热解碳粉的波阻抗。由图 6 – 9可知，纯热解碳粉的波阻抗为 51.34 ~ 94.42。经 BN 涂层包覆改性后，热解碳粉的介电常数明显降低，这使得波阻抗显著增大，并随 BN 含量的增加而增大，当 BN 的含量为 40 wt% 时，BN 涂层包覆改性热解碳粉的波阻抗为 113.82 ~ 158.68。从而热解碳粉经 BN 涂层包覆改性后，其波阻抗增大更接近于自由空间的波阻抗，这将有利于阻抗匹配，使得改性热解碳粉的吸波性能提高。

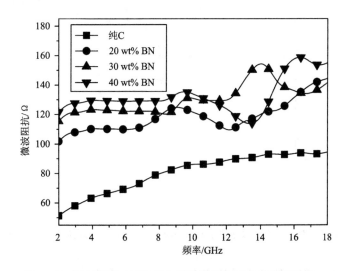

图 6 – 9　热解碳和 BN 涂层包覆改性热解碳粉的微波阻抗

　　对 BN 涂层包覆改性热解碳粉在厚度为 3 mm 时的微波反射率进行了模拟计算，其结果如图 6 – 10 所示。由图 6 – 10 可知，当厚度 $d = 3$ mm 时，纯热解碳粉的反射率曲线基本平直，且反射损耗较小(峰值不超过 – 3.5 dB)，从而其吸波性能较差，对电磁波主要呈反射特性。这主要是因为高导电率的纯热解碳粉在电磁波作用下易形成宏观涡流电流，并激发产生二次反向电磁波，且其波阻抗远小于自由空间的波阻抗，使得电磁波在热解碳粉表面被反射而无法进入材料内部被损耗，呈现反射特性。相比于纯热解碳粉，BN 涂层包覆改性热解碳粉的吸波性能明显提高。当 BN 含量为 20 wt% 时，BN 涂层包覆改性热解碳粉的反射率小于 -10 dB 的带宽为 2.5 dB，最大衰减值达到 -24.4 dB。BN 含量为 30 wt% 时，BN 涂层包覆改性热解碳粉的反射率小于 -10 dB 的带宽为 2.4 dB，最大衰减值为 -19.4 dB。BN 含量为 40 wt% 时，BN 涂层包覆改性热解碳粉的反射率小于 -10 dB 带宽为 0.8 dB，最大衰减值为 -10.5 dB。在波阻抗显著增大，阻抗匹配明显改善的条件下，吸波性能的优劣与材料的损耗能力有关。由于 BN 含量为 20 wt% 时，BN 涂层包覆改性热解碳粉的介电虚部相对最高，其衰减能力相对最大，导致其吸波性能相对最优。以上说明热解碳粉经 BN 涂层包覆改性后，其吸波性能可得到显著提高。BN 涂层包覆改性热解碳粉可作为优良的耐高温吸波碳基体使用。

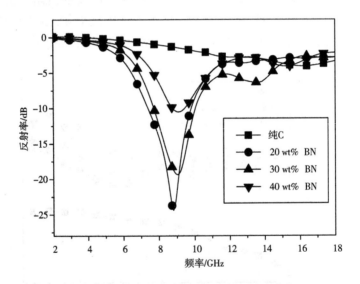

图 6 - 10   BN 涂层包覆改性热解碳粉的计算反射率曲线，$d = 3$mm

6.1.4.3   BN 涂层包覆改性对热解碳粉介电性能的影响机制

热解碳粉经 BN 涂层包覆改性后，会形成类似核 - 壳结构，而存在复合界面，这会导致产生界面极化，使得改性热解碳粉的介电常数实部和虚部增大。但 BN 包覆层为高电阻绝缘材料，其对电子的束缚能力很强，因而只有很少量的自由电子可聚集在界面处发生极化。因此，界面极化对 BN 涂层包覆改性热解碳粉介电常数的贡献很小。

热解碳粉经 BN 涂层包覆改性后，其介电常数显著下降，主要是由其电导率显著下降所导致。由图 6 - 11 所示为纯热解碳粉和 BN 涂层包覆改性热解碳粉在介电常数测试样中的分布状态(为研究方便,将热解碳粉近似于球形颗粒)可知,对于纯热解碳粉,其测试样中存在大量团聚的高导电热解碳颗粒,颗粒相互接触[如图 6 - 11(a)所示],导致形成局部传导网络。此外,试样中还存在大量相邻的热解碳颗粒,相邻颗粒面到面之间的距离(δ)可表示为[301]:

$$\delta = D\left[\left(\frac{\pi}{6\varphi}\right)1/3 - 1\right] \tag{6-4}$$

式中:D 为颗粒的直径,φ 为颗粒的体积分数。由于试样中热解碳颗粒的含量较高,使得大量颗粒间的距离(δ)小于自由电子跳跃的能隙宽度,导致传导网络形成[302]。因此,纯热解碳粉测试样具有较高的电导率,并导致其具有较高的介电常数。热解碳粉经 BN 涂层包覆改性后,颗粒表面包覆一层 BN 绝缘涂层,使得因团聚而相互接触的高导电热解碳颗粒彼此隔开并绝缘[如图 6 - 11(b)所示],导致局部导电网络无法形成。并且热解碳经 BN 涂层包覆改性后,颗粒体积增大。当改性颗粒间的距离等于原来的距离(δ)时,高导电热解碳颗粒间的实际距离已远大于自由电子跳跃的能隙宽度;当改性颗粒间的距离小于原来的距离(δ)时,由于 BN 涂层的存在,具有较高能量势垒,导致部分跳跃电子无法跃迁而消失,这均会显著阻碍传导网络的形成。导电网络无法有效形成,使得 BN 涂层包覆改性热解碳粉的电导率显著减小,导致电导损耗减弱,介电常数虚部显著下降。电导率的减小,又使得自由电子的运动减弱,导致电子极化效应减弱,介电常数实部下降。

另外,颗粒体积增大后,相同体积内颗粒的体积分数下降,使得储能物质和导电物质的减少,这会分别导致介电常数实部和虚部下降。

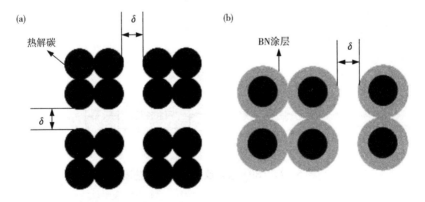

图 6 - 11　纯热解碳粉和 BN 涂层包覆改性热解碳粉在测试样中的分布状态

　　此外，由于复合效应，具有高介电常数的热解碳粉经低介电的 BN 涂层包覆改性后，其介电常数实部和虚部均会下降，并随 BN 含量的增加而进一步下降。

　　综上所述，热解碳粉经 BN 涂层包覆改性后，由于无法有效形成导电网络，单位体积内储能物质和导电物质减少，以及复合效应，导致改性热解碳粉的介电常数(特别是介电虚部)明显降低，并随 BN 含量的增加而进一步降低。

6.2　基体碳 SiO_2 掺杂改性

　　SiO_2 陶瓷作为氧化物陶瓷中的典型代表之一，具有低介电(ε：3.14)、高强度、耐高温(1650 ℃)、抗热震及优良的电气绝缘和透电磁波性能[303-306]。且 SiO_2 陶瓷的介电性能在室温至 1000 ℃ 范围内，不会发生明显变化，具有良好的高温稳定性[307]。呋喃树脂是制备碳基体较为理想的液态先驱体，其具有良好的工艺实施性，且呋喃树脂经热解后主要生成玻璃碳，其石墨化程度低，导电性能相对较差，是较为合适的可用于结构隐身材料中的碳基体。因此，采用呋喃树脂作为制备热解碳基体的先驱体，通过引入 SiO_2 陶瓷相，以期有效调节热解碳的介电性能，改善其阻抗匹配特性，提高吸波性能，并在高温使用环境下可对热解碳起到较好的保护作用[308]，获得满足吸波要求的耐高温碳基体。

6.2.1　SiO_2 掺杂改性热解碳粉的制备

　　将一定质量的呋喃树脂和硅溶胶分散于乙醇溶液中，调节呋喃树脂和硅溶胶的含量控制最终生成产物中 SiO_2 的含量分别为 20 wt%、30 wt% 和 40 wt%，再将混合液体机械搅拌 4 h 后，于 120~200 ℃ 固化，然后在真空碳化炉中 850 ℃ 碳化 2 h(升温速率为 2 ℃/min)，制得 SiO_2 掺杂改性呋喃树脂碳。其工艺流程如图 6-12 所示。将制得的树脂碳块体在玛瑙研钵中压碎、研磨成粉，然后过 200 目标准筛，取筛下的粉末备用。

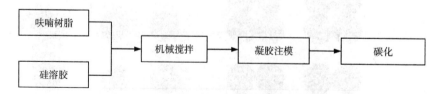

图 6-12　SiO_2 掺杂改性热解碳工艺流程图

6.2.2   SiO₂掺杂改性热解碳粉的成分与微观结构

图 6 – 13 为 SiO₂掺杂改性热解碳粉的 X 射线衍射图谱。从图 6 – 13 中可以看出,由呋喃树脂热解而制得的热解碳粉在 $2\theta = 25°$ 出现宽化的衍射峰[图 6 – 13 (a)],它对应于碳的主衍射峰。由于未经高温热处理,热解碳粉其内部碳原子呈无序排列,石墨化度程度很低,主要呈非晶状态。经 SiO₂掺杂改性后,衍射图谱中出现了明显的 SiO₂晶体特征峰[图 6 – 13(b)]。由于所制备的热解碳为非晶结构,其衍射强度较低,因此碳的衍射峰并不明显。

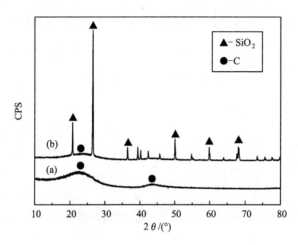

图 6 – 13   SiO₂掺杂改性热解碳粉的 XRD 图谱

(a) 纯热解碳粉;(b) SiO₂掺杂改性热解碳粉

图 6 – 14 为纯热解碳粉和 SiO₂掺杂改性热解碳粉的表面微观形貌。由图 6 – 14 可以看出,未改性热解碳粉的表面光滑,而经研磨形成的断面相对粗糙[图 6 – 14(a)]。经 SiO₂掺杂改性后,改性热解碳粉呈不规则形状,其整个表面均变得十分粗糙[图 6 – 14(b)];由放大照片可知,大量不规则 SiO₂颗粒镶嵌在热解碳粉表面[图 6 – 14(c)],对镶嵌颗粒的能谱分析佐证了其为 SiO₂[图 6 – 14 (d)和(e)]。

6.2.3   SiO₂掺杂改性热解碳粉的性能研究

6.2.3.1   SiO₂掺杂改性热解碳粉的氧化性能

图 6 – 15 所示为纯热解碳粉和 SiO₂掺杂改性热解碳粉的 TGA 氧化曲线。由图 5 – 11 可知,由呋喃树脂热解而制得的热解碳粉在较低温度时便开始氧化失

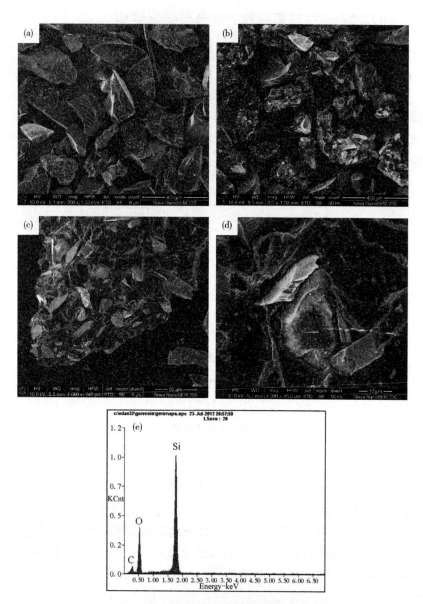

图 6 - 14 SiO₂ 掺杂改性热解碳粉的显微形貌图

（a）纯热解碳粉；（b）SiO₂ 掺杂改性热解碳粉；

（c）高倍率下的 SiO₂ 掺杂改性热解碳粉表面形貌图；

（d）高倍率下的 SiO₂ 颗粒；（e）SiO₂ 颗粒 EDS

重，当温度达到约 600 ℃时，开始出现剧烈氧化失重现象。热解碳经 SiO₂ 掺杂改性后，在温度达到 700 ℃ 以前，仅发生轻微氧化失重，其失重率明显小于纯热解碳粉；且在整个升温氧化过程中，SiO_2 掺杂改性热解碳粉的氧化速率和氧化失重率均明显小于纯热解碳粉。这主要是因为热解碳经 SiO_2 掺杂改性后，大量抗氧化性能优良的 SiO_2 颗粒镶嵌在呋喃树脂碳粉表面(如 6 - 14 所示)，大大减少了碳组分与氧气的接触面积；且 SiO_2 在高温下会形成液态薄膜，可起到封填和保护作用，这将大大减缓热解碳粉的氧化速率，减小氧化失重率。因此，热解碳经 SiO_2 掺杂改性后，其抗氧化性能明显提高。

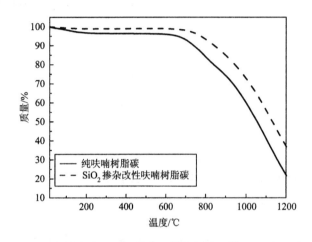

图 6 - 15　热解碳粉和 SiO_2 掺杂改性热解碳粉的 TGA 氧化曲线

6.2.3.2　SiO_2 掺杂改性热解碳粉的介电性能研究

采用同轴法测试 SiO_2 掺杂改性热解碳粉的介电常数(试样中热解碳粉的含量为 50 wt%)，其结果如图 6 - 16 所示。由图 6 - 16 可知，由呋喃树脂热解而制得的热解碳粉其介电常数实部和虚部分别为 11.39 ~ 21.25 和 6.18 ~ 18.17。经 SiO_2 掺杂改性后，相比于纯热解碳粉，改性热解碳粉的介电常数实部和虚部均出现明显下降，并随 SiO_2 含量的增加而进一步降低。当 SiO_2 的含量为 40 wt% 时，改性热解碳粉的介电常数实部和虚部分别降低至 4.4 ~ 5.4 和 0.06 ~ 1.08。热解碳粉经 SiO_2 掺杂改性后，其介电常数实部和虚部下降主要是因为高电阻的 SiO_2 加入，使得热解碳粉的电阻率增大，导电性能下降所致。

表 6 - 2 所示为热解碳粉和 SiO_2 掺杂改性热解碳粉的电阻率。由表 6 - 2 可知，由呋喃树脂热解而制得的热解碳粉的电阻率为 4 953.7 $\mu\Omega \cdot m$，由于呋喃树脂在热解过程中，部分碳原子重排产生不饱和键并形成三维空间网络结构的玻璃碳，这将对所生成热解碳的导电能力产生不利影响。且实验中制备热解碳的温度较低(850 ℃)，使得所生成热解碳的石墨化程度很低，导致其导电性能较差，具

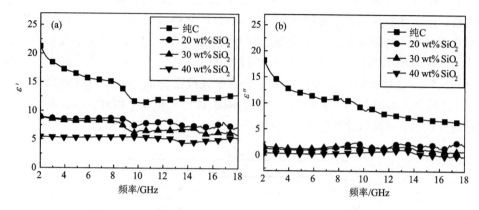

图 6 – 16   热解碳粉和 SiO₂ 掺杂改性热解碳粉的介电常数

(a) ε'; (b) ε''

有相对较高的电阻率。经 SiO₂ 掺杂改性后，绝缘相 SiO₂ 的加入，使得热解碳的电阻率进一步增大，并随绝缘相 SiO₂ 含量的增加而继续增大。当 SiO₂ 的含量为 40 wt% 时，改性热解碳粉的电阻率增大至 6201.8 μΩ · m。由此可知，热解碳经 SiO₂ 掺杂改性后，其电阻率明显增大，导电性能下降，导致介电常数明显降低。

表 6 – 2   热解碳粉和 SiO₂ 掺杂改性热解碳粉的电阻率

样品	SiO₂ 含量 /wt%	电阻率/μΩ · m
纯 C	0	4953.7
20 wt% SiO₂	20	5217.6
30 wt% SiO₂	30	5231.6
40 wt% SiO₂	40	6201.8

由 SiO₂ 掺杂改性热解碳粉的显微形貌(图 6 – 14)可知，热解碳经 SiO₂ 掺杂改性后，大量高电阻的 SiO₂ 颗粒镶嵌在热解碳中，这将会破坏热解碳内部的石墨层结构。如图 6 – 17 所示，大量 SiO₂ 颗粒嵌入热解碳的石墨片层中，阻断了热解碳中传导电子的电流通路，使得热解碳的导电性能显著下降，电阻率增大。这将阻碍热解碳粉在电磁波作用下形成稳定的导电网络，导致热解碳粉的介电常数虚部明显降低。导电性能的降低又会使得电子运动减弱，并且 SiO₂ 颗粒镶嵌在石墨片层中，使得相邻石墨片层形成较大的能量势垒，导致部分跳跃电子无法跃迁，从而使得电子极化效应减弱，介电常数实部下降。

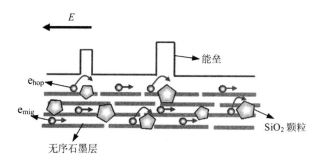

图 6 - 17　SiO₂掺杂改性热解碳中电子运动示意图

此外，低介电的 SiO₂掺杂入热解碳中，同样存在复合效应，使得改性热解碳粉的介电常数实部和虚部均下降，并随 SiO₂含量的增加而进一步降低。

图 6 - 18 所示为热解碳粉和 SiO₂掺杂改性热解碳粉的微波阻抗。由图 6 - 18 可知，由呋喃树脂热解而制得的热解碳粉其波阻抗为 71.27 ~ 100.61。经 SiO₂掺杂改性后，随 SiO₂含量的增加，改性热解碳粉的介电常数逐渐下降，导致其波阻抗逐渐增大。当 SiO₂的含量为 40 wt% 时，改性热解碳粉的波阻抗增大至 158 ~ 183 Ω，这将明显改善热解碳粉的阻抗匹配特性，从而有利于提高热解碳粉的吸波性能。

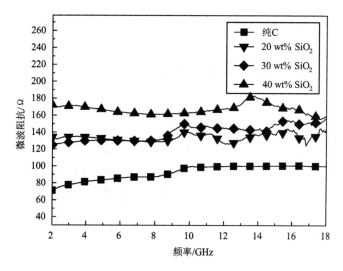

图 6 - 18　热解碳粉和 SiO₂掺杂改性热解碳粉的微波阻抗

图 6 - 19 所示为热解碳粉和 SiO₂掺杂改性热解碳粉的模拟反射率 (厚度为

3 mm)。由图 6 – 19 可知,当厚度 d = 3 mm 时,由呋喃树脂热解而制得的热解碳粉具有较为适中的介电常数,在 2 ~ 18 GHz 内其反射率最大衰减值可达 – 8.6 dB,但小于 – 10 dB 的带宽为 0。经 SiO_2 掺杂改性后,当 SiO_2 的含量为 20 wt% 时,改性热解碳粉的反射率最大衰减值达到 – 13.5 dB,小于 – 10 dB 的带宽为 1.52 GHz。当 SiO_2 的含量继续增加到 30 wt% 时,由于改性热解碳粉的介电常数继续下降,波阻抗虽进一步增大,但介电虚部下降,使得介电损耗减弱,导致改性热解碳粉的吸波性能有所下降,反射率最大衰减值减小至 – 8.9 dB,小于 – 10 dB 的带宽为 0。但改性热解碳粉反射率曲线小于 – 5 dB 的带宽明显大于纯热解碳粉,说明吸波性能仍有一定的改善。当 SiO_2 的含量继续增加到 40 wt% 时,改性热解碳粉的介电常数进一步降低,此时介电虚部的值极低为 0.06 ~ 1.08[如图 6 – 16(b)所示],导致对电磁波的损耗较小,吸波性能进一步变差,其反射率最大衰减值为 – 8.4 dB,小于 – 10 dB 的带宽为 0,并且小于 – 5 dB 的带宽小于纯热解碳粉。

以上说明,由呋喃树脂热解而制得的热解碳经 SiO_2 掺杂改性后,可进一步降低其介电常数,调节其介电性能,从而改善阻抗匹配,提高吸波性能。但继续降低热解碳的介电常数,特别是当介电虚部的值较小时,材料具有较小的介电损耗,将导致吸波性能降低。因此,需综合考虑热解碳的阻抗匹配特性和衰减损耗能力来调节热解碳的介电性能,在改善阻抗匹配的前提下,尽量保持较高的介电虚部,以获得具有良好吸波性能的耐高温吸波碳基体。

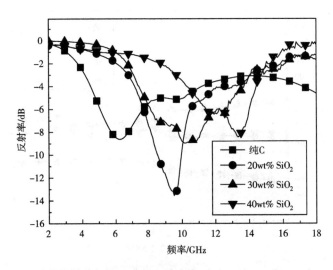

图 6 – 19 热解碳粉和 SiO_2 掺杂改性热解碳粉的计算反射率曲线,d = 3 mm

6.3　碳化硅晶须/Si_3N_4复合陶瓷基体

Si_3N_4陶瓷的高温电阻比较高($10^{13} \sim 10^{14}\ \Omega \cdot cm$)，介电常数低，介电损耗低，适用于作为高温结构吸波材料的基体材料。但因脆性导致的灾难性损毁仍然制约着Si_3N_4陶瓷的应用，因此，为了提高Si_3N_4陶瓷的强度、韧性，制备纤维、晶须或颗粒增韧的复合材料是发展的重要方向。相对于其他增强增韧手段而言，颗粒、晶须增强Si_3N_4陶瓷具有制备工艺简单、易控制、增强效果好等优点。因此，选择Si_3N_4陶瓷作为耐高温基体材料，并引入不同的耐高温介电损耗材料作为吸收剂，以满足吸波要求，同时高温吸收剂对氮化硅基体可起到一定的补强作用。

碳化硅晶须(SiC_w)具有耐高温和高强度等性能，且具有一定的长径比，主要用于增韧高温高强陶瓷材料，已经在航天材料及特种部件上得到应用。且碳化硅晶须为半导体材料。因此，本节采用凝胶注模成型工艺将SiC晶须均匀地分散在Si_3N_4陶瓷基体中，制备SiC_w/Si_3N_4耐高温复合陶瓷基体。研究SiC_w/Si_3N_4复合陶瓷基体的微观结构和力学性能，同时研究复合陶瓷基体的介电性能及吸波机理。

6.3.1　SiC_w/Si_3N_4复合陶瓷基体的制备

6.3.2.1　SiC_w/Si_3N_4复合陶瓷基体的制备工艺

按一定配比将丙烯酰胺(AM)、N，N-亚甲基双丙烯酰胺(MBAM)和分散剂溶解于水中，配制成预混液，加入SiC_w和六偏磷酸钠超声振荡 15 min，取出后在球磨机中球磨 10 min，然后加入Si_3N_4粉球磨 2 h 得到混合均匀的料浆，并抽真空10 min，加入过硫酸铵搅拌均匀。采用塑料模具(或玻璃模具)注模，注模后在60 ~ 80 ℃固化 1 h，固化后的生坯在无水乙醇中排水干燥 12 h，然后在N_2气氛保护下 600 ℃排胶并升温至 1600 ℃(或 1750 ℃)保温 1.5 h，得到烧结陶瓷基体。制备工艺如图 6 - 20。

6.3.2.2　SiC_w/Si_3N_4复合陶瓷基体浆料流变性调控

凝胶注模成型工艺制备材料性能的好坏很大程度上受显微结构均匀性的影响，显微结构的均匀性与浆料流变性有着直接的关系，一般来说，低黏度、高固相体积分数、无团聚或团聚极少的浆料制备出的材料性能较为优越[309, 310]。为获得高固相低黏度的氮化硅浆料，必须选择合适的分散剂、固含量以及球磨工艺参数。

(1)分散剂对浆料黏度和分散状态的影响

由于加入的SiC_w尺寸较小，表面能很高，容易团聚，而且晶须长径比较大，小分子的分散剂对其包覆的效果较差，选择六偏磷酸钠为分散剂。六偏磷酸钠分

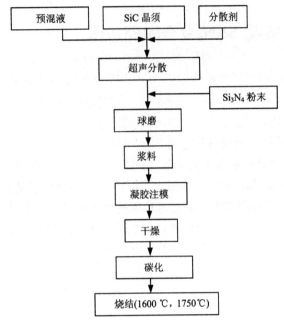

图 6 - 20   SiC_w/Si₃N₄ 的制备工艺流程图

子长链中带有大量 PO_3^- 基团, 可以吸附在颗粒的表面, 使颗粒形成带电荷的双电层, 带电荷的颗粒相互靠近时, 双电层产生重叠, Zeta 电位明显增加, 静电斥力增大, 颗粒难于发生团聚, 从而起到静电位阻作用[311]。

在制备固相含量为 35% 的浆料前提下研究体积含量为 1%、3%、6% 的六偏磷酸钠加入量对复合陶瓷浆料黏度的影响, 由图 6 - 21 可知, 随着分散剂含量的增加, SiC_w/Si₃N₄ 料浆黏度先减小后增大, 在 3 vol% 含量时达到最小。当加入的六偏磷酸钠的含量为 1% 时, 分散剂的分散效果不佳; 在分散剂含量为 3 vol% 时, 分散剂较好地吸附在 Si₃N₄ 和 SiC_w 表面, 阻碍了晶须间的团聚, 从而形成分散性较好的浆料。但是当分散剂含量继续增加至 6 vol%, 过多的分散剂在浆料中相互接触团聚, 使黏度上升。

图 6 - 22 为分散剂加入量对 SiC_w 分散状态的影响。在图 6 - 22(a)中, 当加入的六偏磷酸钠的含量为 1% 时, 可以看见少量的晶须存在, SiC_w 的分散效果不佳; 在体积含量为 3% 时, SiC_w 在基体中的排布比较均匀[图 6 - 22(b)], 没有缠绕; 当体积含量继续增加至 6% 时, 由于六偏磷酸钠是一种长链状的多聚磷酸盐, 过多的分子链长链极易形成胶团[312], 使浆料变得黏稠, 图 6 - 22(c)中可以看见明显的孔洞。

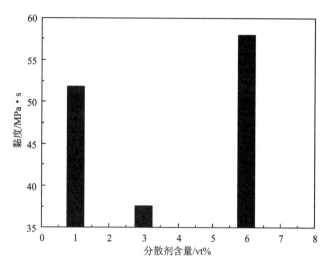

图 6-21　分散剂加入量对 SiC_w/Si_3N_4 浆料黏度的影响

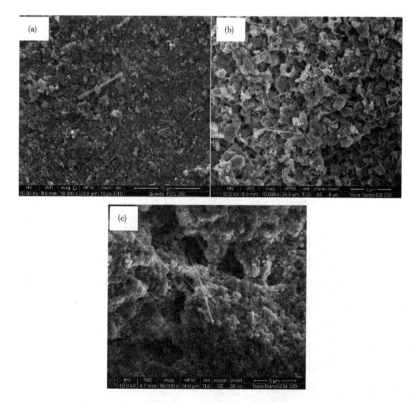

图 6-22　分散剂加入量对 SiC_w 分散状态的影响

（a）1 vol%；（b）3 vol%；（c）6 vol%

(2)混料方式对浆料黏度的影响

采用两种方式制备 SiC_w/Si_3N_4 浆料,方式一是先将 SiC_w 球磨分散,再加入 Si_3N_4 粉体一起球磨制备浆料;方式二是将 Si_3N_4 和 SiC_w 同时加入球磨制备陶瓷浆料。表 6-3 可以看到,不同的混料方式对 SiC_w/Si_3N_4 浆料黏度的影响很大,采用先分散 SiC_w 的方式时,SiC_w 浆体的黏度为 77.4 MPa·s,对磨球的黏滞阻力较小,从而使磨球对 SiC_w 施加的剪切力较大,有利于 SiC_w 的分散,并且由于是分批加料,球料比比方式二高,也有利于 SiC_w 的分散;将 SiC_w 和 Si_3N_4 粉体同时加入球磨时,由于固相含量的提高,浆料黏度达到 201.3 MPa·s,减弱了磨球对粉体施加的剪切力,SiC_w 不能充分分散,同时由于晶须的长径比过高,易于团聚,使陶瓷粉不易被分散开,制备的浆料容易黏结成块,不利于注模成型。因此采用先分散晶须的方式制备黏度较低易成型的浆料。

表 6-3　混料方式对氮化硅浆料黏度的影响

混料方式	黏度/(MPa·s)
方式一	77.4
方式二	201.3

(3)球磨时间对浆料黏度及形貌的影响

图 6-23 是不同球磨时间对固含量为 35 vol% 浆料黏度的影响。可以看出,球磨初期氮化硅浆料的黏度随球磨时间急剧下降,球磨 2 h 后黏度达到最低,为 64 MPa·s,继续增加球磨时间,浆料黏度增加。其原因是在球磨初期,研磨不足,粉料粒度偏粗,与单体、分散剂接触不充分,浆料黏度较高;当球磨时间大于 4 h,长时间的球磨导致温度升高,引起部分有机单体聚合使流动性变差,同时球磨使粉料颗粒过细,比表面积增大,粉体表面不能完全被分散剂覆盖,过细的颗粒具有团聚倾向,颗粒难以自由移动,从而使浆料黏度升高。因此球磨时间不易太长,过度的球磨不但耗费能源,还会提高浆料黏度,降低流动性。

采用湿磨工艺分散 SiC_w,研究球磨时间分别为 2 h、4 h、6 h 和 8 h 对 SiC_w 形貌的影响。其中球磨机转速为 260 r/min,球磨介质为无水乙醇,磨球采用 ZrO_2 研磨球。从图 6-24 可以看出在球磨过程中磨球与晶须相互碰撞、碾压,晶须的形态发生了显著的变化。图 6-24(a)为晶须的原始形态;图 6-24(b)中当球磨时间为 2 h 时,SiC_w 被打断并且可以观察到少量的碳化硅颗粒出现;随着球磨时间的增加,球磨 4 h 后[图 6-24(c)]碳化硅颗粒逐渐相连成为片状结构;图 6-24(d)和(e)中当球磨时间继续增加,片状碳化硅被粉碎,直至研磨成细小的颗粒。因此,结合 Si_3N_4 的球磨分散工艺,实验中选择球磨时间为 2 h 较为合适。

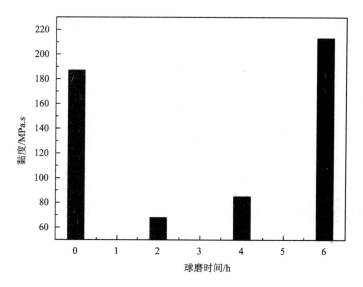

图6-23 球磨时间对 Si₃N₄ 浆料黏度的影响

（4）固含量对浆料黏度的影响

固含量是指固态原料粉末的体积占浆料体积的百分比。低黏度、均匀稳定的高固相含量的陶瓷悬浮液是凝胶注模成型技术得以应用的基础。本节研究了 SiC_w 含量为5 wt%时浆料黏度随固含量变化的关系。固含量的计算公式如下[313]：

$$\varphi = \frac{m/\rho}{m/\rho + V} \tag{6-5}$$

其中：φ 为固相体积分数；m 为氮化硅粉末的质量；ρ 为氮化硅的理论密度；V 为预混液的体积。

固含量对浆料黏度的影响如图6-25所示。当固相体积分数低于35%时，碳化硅浆料的黏度随着固相体积分数的增加缓慢增大。但当固相体积分数大于35%时，黏度随固相体积分数的增加而急剧上升，浆料流动性变差。因此，选择 Si₃N₄ 浆料固含量为35%为宜。

6.3.2.3 碳化硅晶须/Si₃N₄复合陶瓷基体烧结制度调控

为确定烧结的温度制度，对干燥后的坯体进行了热失重分析，得到如图6-26的 TG-DTG 曲线。

从图6-26中可以看出，升温过程中发生了一系列的物理化学变化，在200 ℃之前坯体失重较小，主要是坯体中残余水分的挥发；200～550 ℃失重较大，主要为聚丙烯酰胺的分解过程，坯体内部的有机聚合物网络因高温而降解，变成气体排出，导致坯体失重增加；当温度达到900 ℃，失重基本完成，排胶过

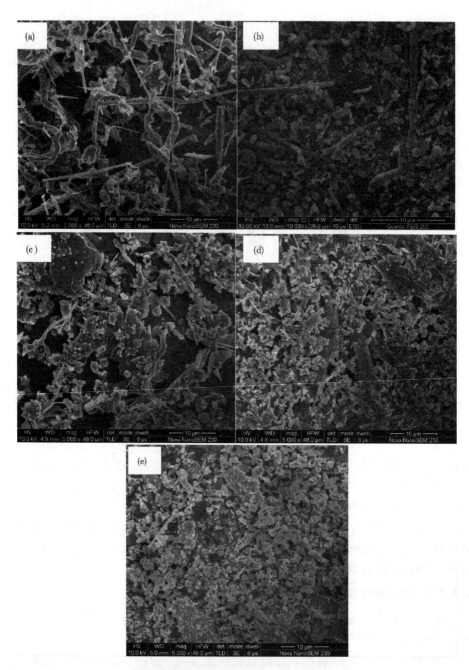

图 6 – 24　球磨时间对 SiC_w 形貌的影响

(a)0 h；(b)2 h；(c)4 h；(d)6 h；(e)8 h

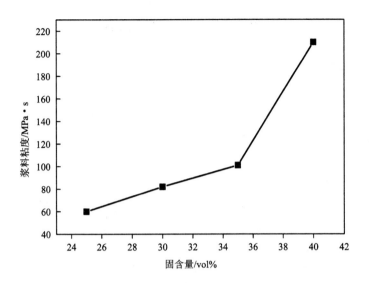

图 6 – 25　固含量对浆料黏度的影响

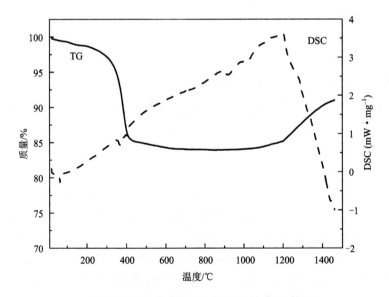

图 6 – 26　SiC$_w$/Si$_3$N$_4$坯体的热失重曲线

程结束。因此，在 550 ℃之前升温速度要慢，之后升温速度可以稍微加快。在 1200 ℃之后，坯体的重量增加，主要是因为在这温度下，坯体中的单质硅与氮气反应生成氮化硅。

通过分析制定出烧结的工艺，将在室温缓慢干燥后的坯体在箱式电阻炉内以 2 ℃/min 速率缓慢升温，升高温度到 500 ℃ 左右，保温 1 h。最后将生坯埋入 Si_3N_4：BN 体积比为 1:1 的复合粉体的石墨坩埚中，在石墨加热炉中 N_2 气氛下 1 atm 加热到一定温度保温 1.5 h，升温速率分别为：从室温到 1200 ℃ 快速升温，速率为 15 ℃/min，然后从 1200 ℃ 加热至预定烧结温度，速率为 10 ℃/min。保温结束后停止加热，随炉冷却至室温，得到烧结后的 SiC_w/Si_3N_4 陶瓷基体。

6.3.2 SiC_w/Si_3N_4 复合陶瓷基体的微观结构

6.3.2.1 热处理温度对 SiC_w 微观结构的影响

在选取不同的烧结温度制备 SiC_w/Si_3N_4 复合陶瓷基体时，将 SiC_w 粉末置于同样的温度环境下，烧结气氛同样为 N_2，保温时间 1.5 h，研究热处理温度对 SiC_w 形貌的影响。图 6-27 为不同热处理温度条件下 SiC_w 粉末的 SEM 分析结果。图 6-27(a) 中原始碳化硅晶须长径比较大，图 6-27(b) 中经过 1600 ℃ 热处理后晶须的长径比明显减小，为 5~10，有些非常细的 SiC 晶须(小于 0.1 μm)消失了，这种形貌变化可能是发生了扩散传质过程。因为较长的晶须具有较大的比表面积，其表面能高，热力学上处于不稳定状态，有自发向 SiC 颗粒转变的趋势[314, 315]。随着温度继续升高，图 6-27(c) 中热处理温度为 1750 ℃ 时，晶须继续变短变粗，接近于椭球形。

6.3.2.2 烧结温度对 SiC_w/Si_3N_4 复合陶瓷基体微观结构的影响

采用 XRD 法对 SiC_w/Si_3N_4 复合陶瓷基体的组成成分进行表征，图 6-28(a) 为纯氮化硅陶瓷在 1600 ℃ 时保温 1.5 h 后的组成成分，可以看出在此温度下氮化硅主要以 $\beta-Si_3N_4$ 的形式存在，图 6-28(b) 中可以看出 $\beta-Si_3N_4$、$\beta-SiC$ 同时存在，主要是由于 SiC_w 的加入，SiC_w 在该温度呈 β 相存在。

为了除去复合基体中的玻璃相，更利于观察氮化硅颗粒及碳化硅晶须，对材料进行了 NaOH 预处理。当烧结温度为 1600 ℃，纯 Si_3N_4 陶瓷和 SiC_w/Si_3N_4 复合陶瓷基体的抛面腐蚀形貌如图 6-29 所示。图 6-29(a) 中 Si_3N_4 陶瓷具有细小的棒状结构，颗粒间有细小的孔洞存在，主要是由于 NaOH 腐蚀掉少量的玻璃相。图 6-29(b) 中可观察到 SiC_w 在 Si_3N_4 基体内的分布较为均匀，同时 EDS 图谱[图 6-29(c)]证明条状物质为碳化硅晶须，直径为 1 μm 左右，与初始碳化硅晶须的直径吻合，由于碳化硅晶须的排布具有随机无序性，抛面处只能观察到平行于抛光面的少量晶须。断口处有大量晶须拔出后形成的凹坑[图 6-29(d)中所示]，说明反应烧结后晶须保持了较高的强度，晶须与烧结的氮化硅基体有适中的结合强度。

图 6-30 为烧结温度为 1750 ℃ 时制备的复合陶瓷表面 XRD 分析，从图

图 6 - 27　SiC_w 的形貌

(a)未处理；(b)1600 ℃热处理后；(c)1750 ℃热处理后

6 - 30(a)可以看出，在 1750 ℃时保温 1.5 h 后，复合陶瓷中 Si_3N_4 主要以 β 相的形式存在，未检测到 α - Si_3N_4 相；图 6 - 30(b)中可以看出 SiC_w 主要以 β 相的形式存在。

图 6 - 31 是在烧结温度为 1750 ℃时制备的 Si_3N_4 和 SiC_w/Si_3N_4 复合陶瓷基体的形貌图。可以看出随着烧结温度的升高，由于晶界液相增多，颗粒重排和液相传质速度增快，使整个相变进程加快，并且在含有大量液相的局部区域发生 β - Si_3N_4 晶粒异常长大，此时相转变基本完成。图 6 - 31(a)中由于烧结温度升高，Si_3N_4 晶粒长大，长柱状的 β - Si_3N_4 晶粒发育良好，颗粒间更加致密。图 6 - 31 (b)和 EDS 图谱[图 6 - 31(c)]显示随温度升高后缩短的 SiC_w 分布在 Si_3N_4 之间。图 6 - 31(d)是材料的断口照片，可以看出 SiC 晶须拔出的痕迹。

随烧结温度提高，材料开孔率比烧结温度为 1600 ℃的有所降低(表 6 - 4)，柱状 β - Si_3N_4 晶粒大量析出，并逐渐发育成熟，陶瓷材料的致密度提高，并且随

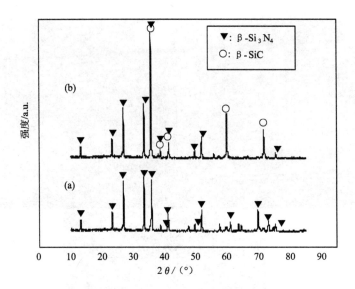

图 6 – 28   烧结温度为 1600 ℃时 SiC$_w$/Si$_3$N$_4$的图谱 XRD

(a) Si$_3$N$_4$；(b) SiC$_w$/Si$_3$N$_4$

温度升高 SiC$_w$ 的长径比减小，接近于β – Si$_3$N$_4$晶粒，二者相互交错形成致密的烧结体。

表 6 – 4   烧结温度对 SiC$_w$/Si$_3$N$_4$开孔率的影响

烧结温度/℃ 晶须含量/wt%	0	5	10	15
1600	0.52	0.52	0.6	7.6
1750	0.34	0.31	0.22	0.2

6.3.2.3   SiC$_w$/Si$_3$N$_4$复合陶瓷基体的烧结机理

当烧结温度为 1600 ℃时，纯 Si$_3$N$_4$陶瓷主要由细小的棒状晶粒组成，而当烧结温度升高到 1750 ℃时，细小的 Si$_3$N$_4$颗粒长大为柱状结构，颗粒发育完整，说明高温有助于晶粒的长大。其烧结机理可解释为：在高α相的氮化硅粉中加入一定量的烧结助剂后，烧结助剂与 Si$_3$N$_4$表面存在的 SiO$_2$氧化膜反应，在较低温度下形成低熔点的硅酸盐液相，液相润湿α – Si$_3$N$_4$颗粒，填充于颗粒之间，颗粒借助表面张力作用发生重排。随着温度升高至 1750 ℃，液相黏度下降，α – Si$_3$N$_4$颗粒

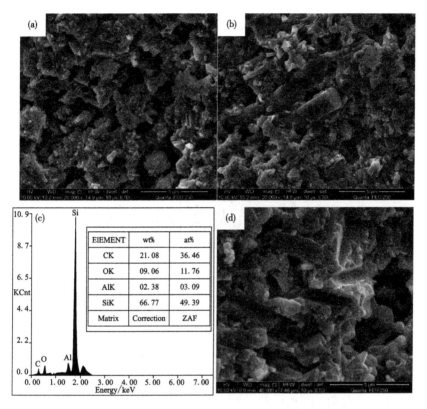

图 6 – 29　烧结温度为 1600 ℃时 SiC$_w$/Si$_3$N$_4$的显微形貌图

(a) Si$_3$N$_4$；(b) SiC$_w$/Si$_3$N$_4$；(c) X1 处的能谱图；(d) 截面图

溶解于液相中，当达到饱和浓度时析出长柱状 β – Si$_3$N$_4$晶粒，即溶解 – 沉淀过程发生 $\alpha \rightarrow \beta$ 相转变[316]。在冷却过程中，硅酸盐液相以非晶态玻璃保留，成为晶界玻璃相。这些玻璃相与 β – Si$_3$N$_4$晶粒结合，长柱状晶粒在长大过程中形成相互交织的结构，试样在断裂过程中，长柱状的 β – Si$_3$N$_4$起到类似纤维增韧的作用，从而使材料具有一定的强度和断裂韧性。因此，通过控制烧结温度和材料的组成，可以控制液相的数量和黏度，但是，液相烧结时，液相量不能太多，它们都应控制在一定的范围内，以保证在烧结时烧结体不变形、塌落。

对于含 SiC$_w$ 的坯体，粉料颗粒在液相作用下相对移动时，晶须的架桥作用使粉体颗粒的重排受到阻碍，这种现象随晶须所占的体积分数的增加而加剧。烧结中期的特点是坯体在溶解 – 沉淀等传质机制下得到进一步致密化或不仅能被液相润湿而且能溶解于液相，并通过液相向周围扩散，SiC$_w$ 以纤维状存在的架桥会对基体溶解 – 沉淀产生的收缩起阻碍作用，进而影响到制品的致密化进程。但在此

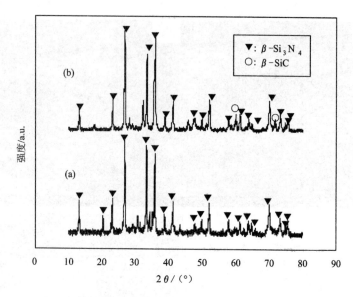

图6-30 烧结温度为1750 ℃时 SiC$_w$/Si$_3$N$_4$的图谱 XRD

(a)Si$_3$N$_4$；(b)SiC$_w$/Si$_3$N$_4$

阶段，SiC$_w$将以表面扩散方式进行传质，从晶须两端曲率半径较大处向中央曲率半径较小处进行迁移，经长时间高温加热后坯体内晶须发生变粗、缩短甚至球化的现象。在烧结后期，固相颗粒黏结，气孔变得孤立且逐渐封闭。由于晶须架桥、团聚现象的存在使致密化速度减慢然后停下来，形成具有一定孔隙率的复合陶瓷。

6.3.3 SiC$_w$/Si$_3$N$_4$复合陶瓷基体的力学性能

6.3.3.1 烧结助剂对 SiC$_w$/Si$_3$N$_4$抗弯强度的影响

Si$_3$N$_4$陶瓷常压烧结的致密化是通过液相烧结实现的[317, 318]，Si$_3$N$_4$是一种强共价键物质，原子扩散系数很小，在1600 ℃左右时，Si$_3$N$_4$分解明显，因此，用常压烧结法很难制取高密度的Si$_3$N$_4$陶瓷材料。为了制取高性能的Si$_3$N$_4$陶瓷材料，需要加入烧结助剂，烧结助剂在高温下与Si$_3$N$_4$表面的SiO$_2$层反应形成低熔点的硅酸盐液相，促进烧结致密化，冷却后，在晶界形成玻璃体[319-321]。

图6-32中主要是烧结助剂的质量含量对SiC$_w$/Si$_3$N$_4$复合陶瓷的抗弯强度和密度的影响，采用的是Al$_2$O$_3$-Y$_2$O$_3$复合烧结助剂，烧结助剂含量为10~25 wt%，可以看出随着烧结助剂含量的变化，烧结体的抗弯强度和密度变化趋势一致，都是先增大后减小。烧结助剂加入太少，烧结过程中产生的液相较少，难

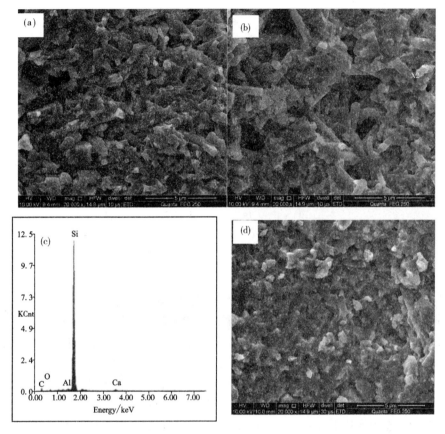

图6-31 烧结温度为1750℃时SiC$_w$/Si$_3$N$_4$的显微形貌图

(a)Si$_3$N$_4$；(b)SiC$_w$/Si$_3$N$_4$；(c)X1处的能谱图；(d)截面图

以保证Si$_3$N$_4$陶瓷的致密烧结；如果加入烧结助剂含量过高，一方面产生过多的玻璃相影响材料的性能，另一方面则可能在高温下与碳化硅晶须发生如下反应：

$$2Al_2O_3 + 3SiC \rightarrow 3SiO_2 + Al_4C_3 \tag{6-6}$$

$$Al_4C_3 + SiC \rightarrow Al_4SiC_4 \tag{6-7}$$

为避免碳化硅晶须和烧结助剂发生反应而影响其对SiC$_w$/Si$_3$N$_4$增强增韧的效果，选择的烧结助剂含量应该适量。研究结果表明烧结助剂含量在15 wt%时，SiC$_w$/Si$_3$N$_4$的抗弯强度和密度达到最大值。

6.3.3.2 烧结方式对SiC$_w$/Si$_3$N$_4$抗弯强度的影响

Si$_3$N$_4$在高温阶段容易分解，当烧结温度超过1700℃，随保温时间的延长试样的失重增加，致使密度开始下降[322]。由于本实验采用常压烧结工艺，而常压

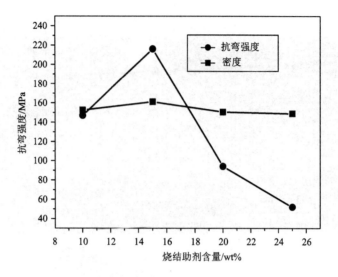

图 6 - 32　烧结助剂含量与 SiC_w/Si_3N_4 抗弯强度和密度的关系

烧结不加外力,因此必须对 Si_3N_4 素坯采用埋粉的烧结方式,提高其致密度。所谓埋粉就是使用与 Si_3N_4 素坯相同组分的粉料和 BN 粉均匀混合作为粉床,在烧结时将试样埋入这种粉床中,在高温下使试样周围产生一个局部的气相平衡环境,以减少氮化硅试样的挥发[323]。作为一种非氧化物晶须,碳化硅晶须的高温稳定性好,热膨胀系数与陶瓷基体不尽相同,烧结时对基体形成桥梁作用,形成孔洞,埋粉法制备的复合陶瓷孔洞易于被填充,从而形成致密的烧结体。

表 6 - 5 为埋粉方式对 SiC_w/Si_3N_4 抗弯强度和密度的影响。从表 6 - 5 中可知,在不同的烧结温度下,埋氮化硅粉的烧结体强度比未埋粉的抗弯强度高很多,且密度也明显增大,这是因为埋粉烧结在氮化硅烧结过程中可抑制氮化硅试样的挥发,并且可以渗透进入陶瓷内部,使其孔隙率减小,密度增大,抗弯强度明显增大。在 1750 ℃时埋粉烧结比 1600 ℃时增强的效果更明显,因为高温时的液相量增多,有利于粉料的流动,埋粉时粉料更容易流动填充孔隙,增加了复合陶瓷的致密度。

表 6 - 5　埋粉方式对 SiC_w/Si_3N_4 强度和密度的影响

烧结温度/℃	1600	1600	1750	1750
烧结方式	未埋粉	埋粉	未埋粉	埋粉
抗弯强度/MPa	142	240	168	310
密度/($g \cdot cm^{-3}$)	3.11	3.2	3.16	3.3

6.3.3.3 SiC$_w$含量对碳化硅晶须/Si$_3$N$_4$抗弯强度和断裂韧性的影响

图 6 - 33 为不同烧结温度下 SiC$_w$/Si$_3$N$_4$抗弯强度和开孔率随 SiC$_w$ 含量变化的曲线图。图 6 - 33(a)中采用埋粉法在 1600 ℃制备 SiC$_w$/Si$_3$N$_4$复合陶瓷，未加晶须时抗弯强度可达 240 MPa，随着晶须含量的增加，晶须相互搭接使坯体的孔隙率逐渐增大，抗弯强度呈下降趋势。根据 Ryskewitch 提出的材料强度与致密度的关系经验公式(6 - 8)可以很好地说明材料的致密度与抗弯强度之间的关系[324]：

$$\sigma_b = 87.1e^{-55.5P} \tag{6-8}$$

式中：P 为孔隙率；σ_b为抗弯强度。

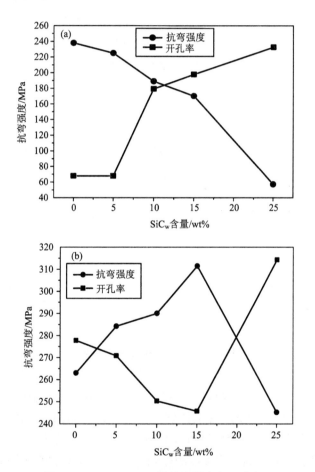

图 6 - 33　SiC$_w$/Si$_3$N$_4$的抗弯强度和开孔率

(a) 1600 ℃；(b) 1750 ℃

由此可知，随着 SiC$_w$ 质量含量的增加，SiC$_w$ 相互搭接形成更多气孔，使材料的开孔率升高，因此复合材料的致密度降低，抗弯强度随之降低。在图 6 – 33(b)中，1750 ℃时纯 Si_3N_4 陶瓷的抗弯强度为 264 MPa，随晶须含量的增加，抗弯强度增加，孔隙率降低，主要是因为高温条件下埋粉法提供的氮化硅粉料在1750 ℃更容易分解产生 Si 进入材料内部，使材料更加致密；同时晶须具有高强度和高比模量，使抗弯强度随晶须含量增加而增加，当晶须含量达到 15 wt%时，抗弯强度达到最大值 314 MPa，晶须含量继续升高至 25 wt%时，在陶瓷基体中的分散变得相对困难，易相互搭接形成三维刚性网络骨架，在烧结过程中产生"架桥"效应，使复合材料的开孔率增大，复合陶瓷的抗弯强度降低为 244 MPa。

晶须长径比越大，坯体中由于 SiC_w 架桥形成的孔洞所占坯体的体积越大。长径比小的晶须较粗、短，相互交错与搭接时产生的气孔较小，由其制备的陶瓷材料结构相对致密，强度较高。1750 ℃ 处理后的 SiC_w 长径比较 1600 ℃ 的粗、短，因此烧结后的复合陶瓷比 1600 ℃ 烧结后的陶瓷具有高的致密度和抗弯强度。

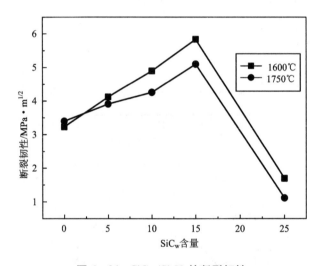

图 6 – 34　SiC_w/Si_3N_4 的断裂韧性

由图 6 – 34 可知，在烧结温度为 1600 ℃和 1750 ℃时材料的断裂韧性随晶须含量的增加而提高，当 SiC_w 含量达到 25 wt% 时断裂韧性急剧下降。晶须增韧 Si_3N_4 陶瓷包括氮化硅自身的断裂以及晶须拔出时所消耗的能量，晶须是否拔出主要受晶须本身强度和界面结合强度的影响。晶须与基体之间结合较强，虽然有利于载荷的传递，但有碍于晶须与基体之间发生脱黏与拔出，导致晶须断裂而起不到增韧的效果；而晶须与基体之间的结合较弱时，对于载荷的传递不利，晶须拔出没有阻力，消耗不了大量的能量，从而也达不到增韧的效果[325]。实验中制备的 Si_3N_4 和 SiC_w 结合强度适中，因此可以明显看到断裂时晶须拔出留下的痕迹

（图 6 - 35）。

图 6 - 35　不同烧结温度下晶须拔出时的断面图
(a) 1600 ℃；(b) 1750 ℃

SiC_w/Si_3N_4 复合陶瓷基体在断裂过程中的裂纹扩展模型如图 6 - 36 所示。裂纹扩展遇到 SiC_w 时，在裂纹尖端附近的晶须与基体界面上会形成较大的剪切力，当该剪切力大于晶须与基体的界面结合力时，会造成晶须与基体脱黏，当外界应力继续增大，晶须就会拔出，克服两相之间的摩擦力，此时会消耗较多断裂能，从而提高陶瓷的韧性。由于较高长径比的 SiC 晶须在脱黏、拔出过程中将消耗更多的能量，导致 1600 ℃烧结制备的 SiC_w/Si_3N_4 复合陶瓷断裂韧性比 1750 ℃的高。

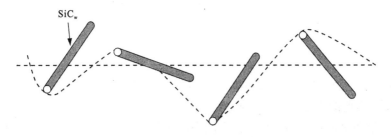

图 6 - 36　裂纹扩展模型

结合复合陶瓷基体的烧结机理加以分析，随着烧结温度的升高，纯 Si_3N_4 陶瓷的致密度、抗弯强度和断裂韧性都有所提高。这主要是因为在烧结过程中随温度的升高产生的液相增加，并且液相的黏度不断下降，相应地使颗粒重排和传质速率增加，致密化速率显著提高；同时内部气孔在低黏度的液相间更容易溢出，气孔从内部扩散至坯体表面，从而使材料气孔率下降。随致密化程度的提高，承载负荷的有效面积相应变大,同时较高温度下会生成长径比较高的棒状晶粒,其相互交错,使 Si_3N_4 陶瓷的力学性能提高。当加入 SiC_w 后,晶须的长径比随温度的升高而减小,较短的晶须和氮化硅晶粒之间不易搭接形成孔洞,使孔隙率降低,因此在烧结温度为 1750 ℃时制备的复合陶瓷比 1600 ℃更为致密,表现为抗弯强度的提高,但由于此温度条件下长径比降低,因此断裂韧性整体较 1600 ℃时的低。

6.3.4 SiC_w/Si_3N_4 复合陶瓷基体的介电性能和吸波性能

由于碳化硅晶须具有耐高温特性,且高长径比可提高雷达波的传输路径,有助于电磁波的消散。因此,采用 SiC_w 作为吸波材料,以氮化硅陶瓷作为基体,考察 SiC_w 作为吸收剂对复合陶瓷基体介电性能和高温吸波性能的影响。通过研究热处理温度对碳化硅晶须微观结构的影响可知,热处理温度对 SiC_w 形貌有比较大的影响,所以本节首先研究热处理温度(1600 ℃和 1750 ℃)对 SiC_w 介电常数的影响。

6.3.4.1 热处理温度对 SiC_w 介电性能的影响

由于 SiC_w 在高温热处理时形貌发生了较大的变化,因此我们对不同温度热处理后的 SiC_w 的介电性能进行研究。将 SiC_w 在高温 1600 ℃和 1750 ℃(N_2)下分别保温 1.5 h,然后以 $M_{SiC_w}:M_{石蜡}=1:4$ 的质量比例混合制备波导样件并测试介电常数。图 6 - 37 为热处理后的 SiC_w 介电常数随频率变化而变化的曲线图。

由于 SiC 晶须为半导体,在电磁场作用下容易聚集电荷,表面电荷密度正比于表面曲率,其表面电荷密度可以近似由公式(6 - 9)表示:

$$\sigma = \frac{kE}{r} \tag{6-9}$$

其中:σ 为表面电荷密度,k 为常数,E 为外电场强度,r 为材料表面曲率半径[326]。由上节热处理温度对碳化硅晶须形貌的影响可知,在 1600 ℃时晶须的长径比较大,表面曲率半径较小,在电磁场作用下表面电荷密度较大,较多的电荷更容易引起介电极化作用,产生较多的介电损耗[327],因此,1600 ℃热处理后的晶须比 1750 ℃热处理后的晶须有更高的介电虚部。

总体而言,SiC 晶须较大的长径比和特有的电性能是造成其介电性能较高的主要原因。Lagarkov 等[328]人的研究表明,当长径比较大的填充体在绝缘基体中高密度分布时容易形成相互搭接的空间网络,这些空间网络在高频电磁波的照射下会感生出电流,并因此表现出电磁行为。

6.3.4.2 烧结温度对 SiC_w/Si_3N_4 介电性能的影响

图 6 - 38 给出的是在烧结温度为 1600 ℃时不同含量的 SiC_w 对 SiC_w/Si_3N_4 介

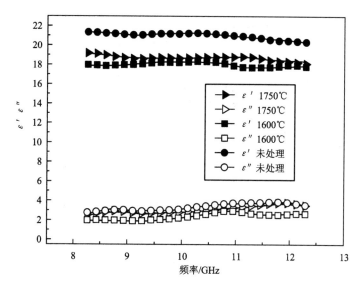

图 6 - 37　SiC$_w$ 经高温热处理后的介电常数实部和虚部

电常数实部和虚部的影响，可以看出未添加 SiC$_w$ 的氮化硅陶瓷的虚部几乎为 0，这是因为氮化硅本身作为透波材料对微波没有吸收效果，烧结过程中产生的玻璃相具有低的介电特性，对复合陶瓷的吸波效果几乎没有影响。从图中可以看出，复合陶瓷的介电常数实部和虚部随 SiC$_w$ 含量的增加而增大。当晶须含量从 5 wt% 增加到 25 wt% 时，在 8 GHz 时介电常数实部从 13.4 增加到 27.8，介电常数虚部从 0.67 增加到 8.07，而在 12 GHz 时介电常数实部从 12.7 增加到 26.8，介电常数虚部从 1.77 增加到 4.61。

　　SiC$_w$ 以针状结构分散在陶瓷基体中，表面曲率半径较小，更容易聚集电荷，使之具有较大的电荷密度，最终使 SiC$_w$ 成为带电极。在电场作用下，自由的荷电载流子受库仑力的作用，向异极性电极附近积聚形成异号电荷，而无补偿电荷则在另一侧电极形成异号电荷，如图 6 - 39(a) 和 (b) 所示，从而形成单位表面积上的一个大的偶极子 $\int x\rho(x)\mathrm{d}x$，即宏观偶极子。而在交变电场作用下，空间电荷将不断地重新组织，产生宏观的偶极子弛豫[329]。

　　图 6 - 39 中，E 为外加电场，P 为电介质极化强度，ρ 为电荷密度。由于 SiC$_w$ 以针状结构存在，在电磁波的交变电场作用下，SiC$_w$ 形成的宏观偶极子将随着电场的变化而改变电荷极性，从而产生振动，宏观偶极子的形成可以提高晶须的储能效能[118]，在介电常数方面表现为增大了介电常数的实部 ε'。由于这种宏观偶极子的振动落后于电磁场的变化，产生振动迟滞，也提高了 SiC$_w$ 对电磁波的损耗

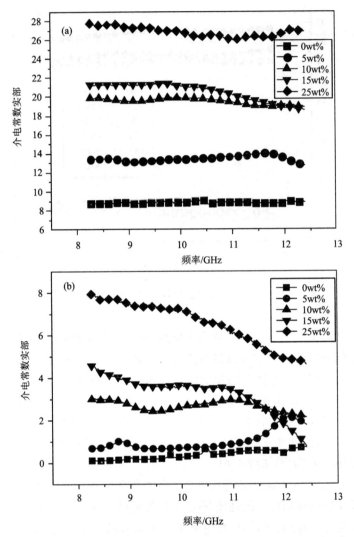

图 6 - 38 烧结温度为 1600℃时 SiC$_w$/Si$_3$N$_4$的介电实部和虚部(a) ε'; (b) ε''

性能，表现为增大了介电常数的虚部 ε''。此外由于碳化硅晶须具有一定的长径比，有利于电子传输，当电磁波进入材料内部时，遇到晶须发生反射和散射，反复的反射和散射有利于电磁波的能量损失。

具有高长径比的 SiC$_w$ 在外电场作用下，内部电子会发生定向迁移并集聚于晶须端部，建立极化状态，可等效为微观电偶极子。而相邻被分散的偶极子间会形成电容效应，同时，由于基体的漏电导和部分晶须搭接形成的网络通路使 SiC$_w$/Si$_3$N$_4$复合材料表现出一定的电导效应。因此，SiC$_w$/Si$_3$N$_4$复合材料在外电场

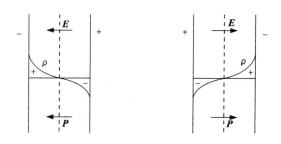

图 6 - 39　电磁场下电荷分布示意图

作用下可等效为电路图 6 - 40。当晶须含量比较低时(5 wt%)，晶须的分散性较好，等效电容较小，复合材料表现出与 Si_3N_4 基体类似的电绝缘特性，介电常数虚部比较小[图 6 - 38(b)]。由于等效电容在交变电磁场作用下具有一定的电导效应，随着晶须含量增加到 10 wt%，等效电容的导纳增加。根据电路理论知识，并联电路的等效电阻小于其中任一电阻值，即等效电导增加，表现为复合材料的介电常数虚部增加。而当晶须含量进一步增加到 25 wt% 时，电容的导纳进一步增大，即等效电导进一步增加，同时，部分晶须相互搭接形成导电连通网络，这两个方面共同作用使得复合材料电导率得以明显提升，因此，介电常数虚部相比于含量为 10 wt% 时增加了 1.5 倍。

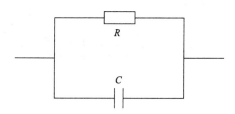

图 6 - 40　碳化硅晶须的等效串联电路图

图 6 - 41 为在烧结温度为 1750 ℃时制备的不同晶须含量对复合陶瓷基体介电常数的影响曲线图。由于高温下晶须收缩很大，晶须含量越高材料弯曲越大，给制备波导样件带来很大困难，因此只讨论晶须含量 15 wt% 以下的复合陶瓷基体介电性能。从图 6 - 41 中可以看出，介电常数实部和虚部随晶须含量的增加而逐渐增加，纯 Si_3N_4 陶瓷介电常数实部比烧结温度为 1600 ℃时的高，主要是由于温度越高，致密度越高，导致介电常数增大。但是随着晶须在高温条件下长径比进一步缩短，表面电荷密度减少，介电极化减弱，在 1750 ℃制备的复合陶瓷基体介电常数实部和虚部比 1600 ℃整体偏低。

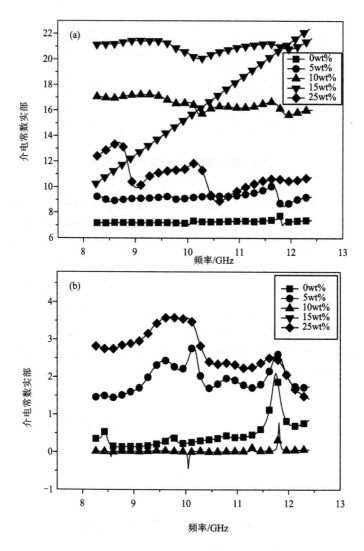

图 6 – 41 烧结温度为 1750 ℃时 SiC_w/Si_3N_4 的介电实部和虚部: (a) ε'; (b) ε''

从图 6 – 38 和图 6 – 41 中可以看出,随着碳化硅晶须含量的增加,SiC_w 引入的偶极子和界面的增加引起介电常数实部和虚部的增大。此外,对于均匀混合的陶瓷材料,其混合物的介电常数可用对数混合定律表示:

$$\lg\varepsilon = X\lg\varepsilon_1 + (1 - X)\lg\varepsilon_2 \qquad (6-10)$$

其中: X 为 SiC_w 的质量含量,ε_1、ε_2 分别为 SiC_w 和 Si_3N_4 陶瓷的介电常数。因为 ε_1 大于 ε_2,所以随着晶须质量含量的增加,复合陶瓷的介电常数也随之增大。

SiC$_w$ 具有高的比表面积，而高的比表面积能造成多重散射，这是碳化硅晶须具有吸波特性的一个重要原因；同时，SiC$_w$ 表面含较多的缺陷，带电缺陷引起的跳跃极化一定程度上可等效为电偶极矩的转向极化[330]，对微波的损耗也有一定贡献。

6.3.4.3　碳化硅晶须/Si$_3$N$_4$ 复合陶瓷基体的吸波性能

为了进一步了解 SiC$_w$/Si$_3$N$_4$ 复合陶瓷的微波吸收性能，建立如图 6 – 42 所示的复合陶瓷反射率测试示意图，其中底板以铝板作为反射层。

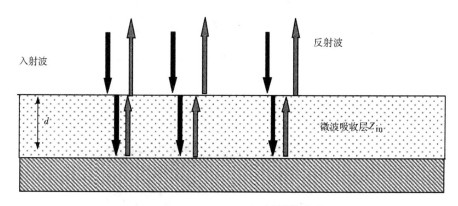

图 6 – 42　SiC$_w$/Si$_3$N$_4$ 的吸波示意图

利用复合陶瓷的相对复介电常数和相对复磁导率计算出反射损失曲线。计算过程根据传输线理论进行，公式如下：

$$R(\mathrm{dB}) = 20\lg\left|\frac{Z_{\mathrm{in}} - Z_0}{Z_{\mathrm{in}} + Z_0}\right| \qquad (6-11)$$

$$Z_{\mathrm{in}} = Z_0\sqrt{\frac{\mu_r}{\varepsilon_r}}\tanh\left[\mathrm{j}\frac{2\pi fd}{c}\sqrt{\mu_r\varepsilon_r}\right] \qquad (6-12)$$

式中：Z_0 为自由空间阻抗；Z_{in} 为标准化的输入阻抗；ε_r 为复合材料的复相对介电常数；μ_r 为复合材料的复相对导磁系数；c 为自由空间中的光速；f 为微波频率；d 为吸波材料(层)厚度。

对 1600 ℃和 1750 ℃烧结的 SiC$_w$/Si$_3$N$_4$ 在厚度为 1.5 mm 时的微波反射率进行了模拟计算，其结果如图 6 – 43 所示。

由反射率模拟曲线可以看出，当厚度为 1.5 mm 时，纯氮化硅的反射率曲线趋于 0，这是因为纯氮化硅作为透波材料无法吸收电磁波。图 6 – 43(a)为 1600 ℃烧结制备的复合陶瓷，随 SiC$_w$ 的含量增加，反射率曲线逐渐向低频移动，

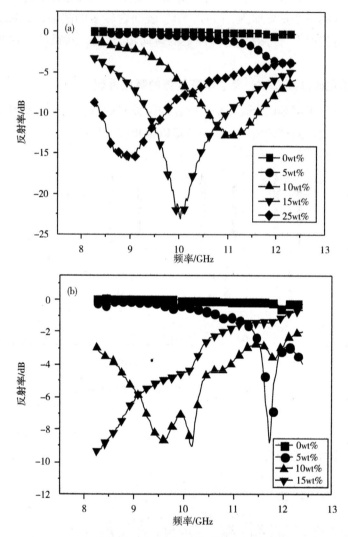

图 6 – 43 不同烧结温度下 SiC$_w$/Si$_3$N$_4$ 的计算反射率曲线

(a)1600 ℃；(b)1750 ℃

当晶须含量为 15 wt% 时，复合陶瓷的反射率小于 – 5 dB 的带宽为 3.4 GHz，最大衰减值达到 – 23.8 dB，对应的频率为 10.2 GHz。图 6 – 43(b) 为烧结温度为 1750 ℃ 时复合陶瓷的反射率曲线，可以看出随晶须含量的增加反射率曲线向低频移动，当晶须含量为 15 wt% 时，复合陶瓷的反射率小于 – 5 dB 的频率范围为 8.2 ~ 9.6 GHz，在 8.2 GHz 时反射率值达到 – 9.3 dB，反射率值总体低于 1600 ℃ 的。因此，烧结温度为 1600 ℃ 时制备的复合陶瓷具有较好的吸波效果。

6.3.4.4　高温氧化对碳化硅晶须/Si₃N₄介电性能的影响

为考察复合陶瓷基体在耐高温后的吸波性能，将其在高温 1200 ℃氧化 7.5 h 后测试介电常数，并与氧化前进行对比。图 6 - 44 为不同比例的晶须含量在高温 1200 ℃氧化 7.5 h 前后的介电性能测试图，对比氧化前后介电常数实部的变化图 [图 6 - 44(a)和(c)]，可以看出，当晶须含量低于 15 wt% 时，介电常数实部氧化前后几乎没有变化，当晶须含量高于 15 wt% 时，高温条件下表面较多的 SiC_w 氧化生成介电常数较低的 SiO_2，导致介电常数实部有所降低。图 6 - 44(b)和(d)为介电常数虚部氧化前后的变化图，可以看出当晶须含量为 15 wt% 时，氧化前后介电常数虚部均为 5 左右，当晶须含量继续升高，有更多细小的 SiC_w 被氧化，减弱了 SiC_w 对电磁波的损耗性能，介电虚部有所降低，并表现出明显的介电弛豫，此介电弛豫的发生与 SiC_w 氧化后表面形成 SiO_2 有关。结合复合陶瓷的氧化行为可知，氧化仅发生在复合陶瓷的表面，对材料介电性能的影响较小。

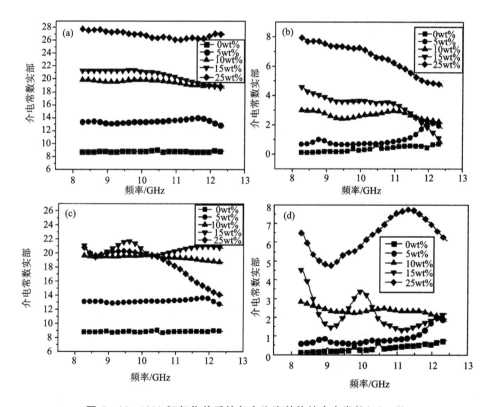

图 6 - 44　1200 ℃氧化前后的复合陶瓷基体的介电常数(ε'，ε'')

(a)(b)氧化前；(c)(d)氧化后

综上所述，SiC_w/Si_3N_4 复合陶瓷基体氧化前后介电常数变化不大，具有较好的耐高温吸波效果。因此通过调整晶须的含量制备 SiC_w/Si_3N_4 陶瓷，可以达到不同的反射率技术指标，以满足高温条件下武器装备在不同频段的吸波要求。

第 7 章　耐高温碳纤维阵列/碳化硅－氧化硅吸波材料

　　由于碳纤维具有优异的高温力学性能，因而它是研制 1000 ℃ 以上高温结构吸波材料的理想候选吸波剂，而设计出吸波性能优异的碳纤维结构吸波材料却受限于无法准确获取其各向异性介电常数，前述工作已成功解决该问题。除此之外，研究过程中发现碳纤维阵列吸波结构不仅具有优良的阻抗匹配性，还具有较强的介电损耗及磁损耗，为实现碳纤维结构吸波材料提供了可能。碳纤维复合材料的力学性能在一定程度上取决于其纤维含量，而随机分布碳纤维复合材料随纤维含量增多，其介电常数急剧增大，阻抗匹配变差，导致大部分电磁波在空气－介质分界面被直接反射，而难以进入吸波材料内部被损耗掉。平行定向排布碳纤维的吸波性能又具有较大的方向性，这对实际应用是十分不利的。研究发现，碳纤维阵列吸波材料是实现碳纤维高温结构吸波材料的可靠途径。

　　在深入分析碳纤维各向异性介电常数的基础上，利用碳纤维较低的径向低介电常数特性，提出碳纤维阵列吸波结构，该结构可有效解决因纤维轴向介电常数大导致阻抗失配的问题，并可在不显著增大复合材料介电常数的前提下大幅提升纤维含量，是实现碳纤维结构吸波材料的可靠途径。在上述工作的基础上，利用传输线理论筛选出阵列式碳纤维的最佳基体介电常数范围，结合提取的碳化硅介电常数，设计并制备阵列式碳纤维/碳化硅－氧化硅复合材料，研究常温及高温环境下该复合材料介电及吸波性能。

7.1　碳纤维阵列/碳化硅－氧化硅吸波材料设计

7.1.1　预制体中碳纤维径向介电常数

　　为兼顾结构吸波材料力学性能，应尽可能提高碳纤维阵列/碳化硅－氧化硅复合材料中的纤维含量，而受现有碳纤维预制体编织工艺限制，阵列式碳纤维结构体积分数最高仅达 23.09%。为稳定纤维结构参数，设计并订制了体积分数为 23.09 % 的阵列式碳纤维预制体，为检验订制的碳纤维阵列预制体是否能在不显著增大复合材料介电常数的前提下大幅提升纤维含量，采用传统树脂浸渍工艺，制备了 23.09 vol% 的阵列式碳纤维/环氧树脂复合材料，测量了复合材料在

8.2 ~ 12.4 GHz范围介电常数频谱, 如图 7 - 1 所示。

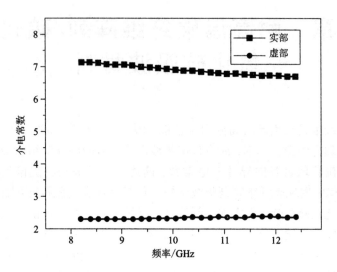

图 7 - 1   23.09 vol%阵列式碳纤维/环氧树脂复合材料介电常数频谱

应用 Wiener 修正模型提取了 23.09 vol% 的阵列式碳纤维/环氧树脂复合材料中碳纤维径向介电常数, 其 X 波段介电常数频谱如图 7 - 2 所示。

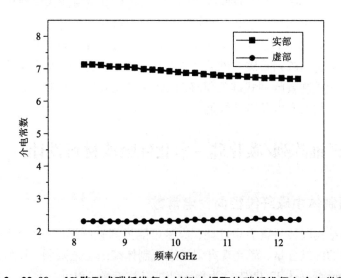

图 7 - 2   23.09 vol%阵列式碳纤维复合材料中提取的碳纤维径向介电常数频谱

由图 7 - 2 可知, 在 8.2 ~ 12.4 GHz 频率范围, 23.09 vol%复合材料中提取的

碳纤维径向介电常数实部由 21.7 缓慢递减至 19.9，其虚部恒定在 9.6 附近，说明订制的 23.09 vol% 碳纤维预制体与设计相符，纤维结构参数的稳定性为验证设计提供了可能。

7.1.2　最佳基体介电常数范围

将图 7 – 2 中碳纤维径向介电常数数据代入前文所述 Wiener 修正模型，利用传输线理论通过全值搜索获取不同样品厚度的 23.09 vol% 阵列式碳纤维预制体 – 10 dB 最佳基体介电常数范围，如图 7 – 3 所示。

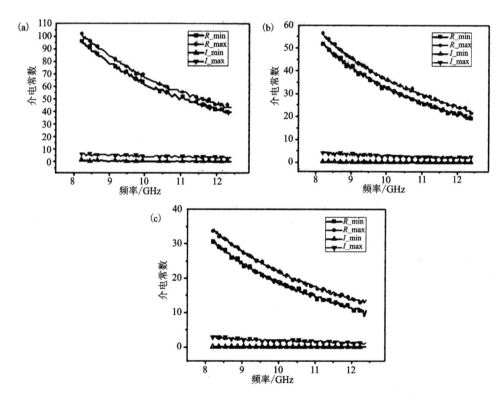

图 7 – 3　23.09 vol% 阵列式碳纤维预制体 – 10 dB 最佳基体介电常数范围

（a）样品厚度 3 mm；（b）样品厚度 4 mm；（c）样品厚度 5 mm

结果表明，随着样品厚度减薄，23.09 vol% 阵列式碳纤维预制体的最佳基体范围越来越窄，样品厚度 3 mm 的基体介电常数实部需由 100 降至 40，样品厚度为 4 mm 的基体介电常数则需由 50 降至 20，而样品厚度为 5 mm 时的基体介电常数只需由 30 降至 10 左右，厚度越薄满足 – 10 dB 反射损耗的基体介电常数范围的要求越难满足。

7.2　碳化硅基体介电特性及成分设计

　　为设计出与碳纤维结构相匹配的碳化硅基体成分，分别开展不同工艺制备的碳化硅介电常数的提取工作，并探讨其介电响应特性。

7.2.1　凝胶－注模制备碳化硅及其介电特性

7.2.1.1　多孔碳化硅制备及表征

　　采用凝胶－注模工艺制备多孔碳化硅，首先将碳化硅（85 wt%）、氧化铝（5 wt%）和氧化钇（10 wt%）粉末混合，加入有机单机预混液（丙烯酰胺、四甲基氢氧化铵、N，N－亚甲基双丙烯酰胺和蒸馏水），经球磨 4 h 后得到固含量 45 vol% 的均匀混合浆料，将混合浆料注入模具，并添加固化剂、催化剂，经干燥固化后脱模，在氮气环境中 1500 ℃烧结 2 h 得到多孔碳化硅。制备的试样经 X 射线衍射分析仪（XRD；D/max 2550）表征物相，采用场发射扫描电镜（Quanta FEG 250）表征样品的微观形貌，利用网络矢量分析仪（Agilent N5230A）测量多孔碳化硅 100 ~ 800 ℃温度范围的介电性能，该高温电磁参数测量系统经直通－反射－负载技术校准，通过测量环氧树脂标样检验该系统的测量精度，介电常数通过标准散射参数反演算法计算得到。

　　凝胶注模工艺制备的多孔碳化硅物相分析结果如图 7 - 4 所示，结果表明多孔碳化硅由 α - 碳化硅、β - 碳化硅和中间玻璃相 $Al_5Y_3O_{12}$ 组成。

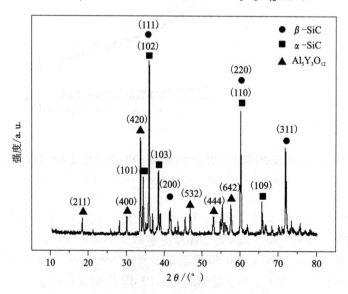

图 7 - 4　凝胶注模工艺制备的多孔碳化硅物相分析

5 μm 尺度下，多孔碳化硅样品微观形貌的扫描电镜照片如图 7－5 所示，图中清晰地显示碳化硅颗粒有效地烧结在一起，不规则形状的孔隙均匀地分布其间。

图 7－5　凝胶注模工艺制备的多孔碳化硅微观形貌

7.2.1.2　多孔碳化硅介电性能

由于多孔结构容易吸水受潮，烧结后放置空气中的多孔碳化硅介电常数不可避免地受其影响，同时研究结果表明，水的介电常数实部和虚部都很高，因此较低含量的水可以引起多孔碳化硅材料介电常数显著变化，而因受潮导致的水含量的增加又难以表征，因此本书采用在不同温度点下对电磁参数连续测量，探讨水含量的挥发对多孔碳化硅介电常数的影响，未经烘干保温处理的多孔碳化硅介电常数的温谱如图 7－6 所示。

由图 7－6 可知，未经烘干保温处理的多孔碳化硅介电常数实部先随温度上升而增大，500 ℃后随温度升高逐渐减小，多孔碳化硅介电常数虚部随温度升高而减小。同时介电常数实部和虚部均随频率升高而降低。

此后为剔除水对多孔碳化硅介电性能的影响，所有样品在测量前均在 800 ℃下干燥 12 h，不同温度点下电磁参数的测量均在保温 30 min 后开始。为研究静态空气氧化温度对多孔碳化硅介电性能的影响，测量了常温、500 ℃、800 ℃、1100 ℃及 1400 ℃氧化处理后的多孔碳化硅介电常数。在不同温度静态空气氧化后，多孔碳化硅介电性能如图 7－7 所示。

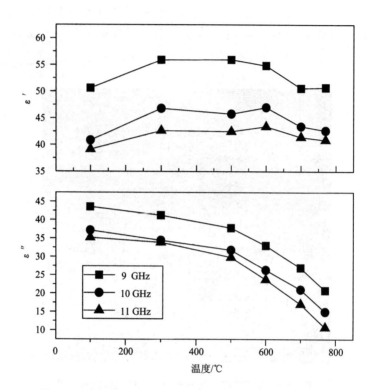

图7-6 未经烘干保温处理的多孔碳化硅介电常数的温谱

随着氧化处理温度的上升，多孔碳化硅在 8.2 ~ 12.4 GHz 频率范围的介电常数逐渐下降，这可能是由丙烯酰胺裂解后的残留碳氧化挥发所致。经 800 ℃ 以上温度处理的多孔碳化硅变化缓慢，因该温度以上不再存在残留碳，故残留碳对多孔碳化硅介电性能的影响才能被忽略，为剔除多孔碳化硅中残留碳对介电性能的影响，所有测量样品均经 800 ℃ 热处理。

不同频率下多孔碳化硅的温谱介电特性如图 7-8 所示，不同温度下，多孔碳化硅的复介电常数实部和虚部均随频率上升而减小。介电常数实部在 300 ℃ 前随温度上升而增大，此后随温度继续上升而减小。与此同时，介电常数虚部在 300 ℃ 前随温度缓慢增大，之后急剧增长。

一般来说，微波频段介电损耗主要由极化和弛豫极化主导，而厘米波段的极化主要为转向极化[387]。基于 Debye 理论，弛豫极化及其介电常数表达式为[110]：

$$P_r = \frac{N}{V}\alpha_r E = \varepsilon_0 (\varepsilon_r - 1) E \tag{7-1}$$

$$\varepsilon_r = \left(\varepsilon_\infty + \frac{\varepsilon_s - \varepsilon_\infty}{1 + w^2 \tau (T)^2}\right) - j \cdot \left(\frac{\varepsilon_s - \varepsilon_\infty}{1 + w^2 \tau (T)^2} w\tau (T) + \frac{\sigma (T)}{\varepsilon_0 w}\right) \tag{7-2}$$

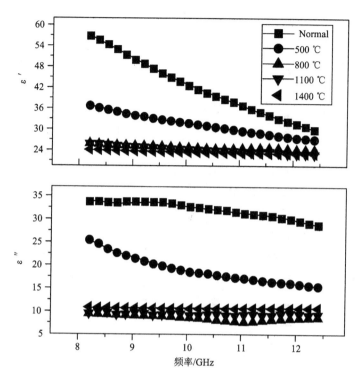

图 7 – 7 不同温度静态空气氧化对凝胶 – 注模工艺制备的多孔碳化硅介电性能的影响

其中：V 为多孔碳化硅试样的体积，N 为体积 V 中极化分子的数目，α_r 为弛豫极化率，ε_r 为弛豫介电常数，ε_0 为真空介电常数，ε_s 为静态介电常数，ε_∞ 为光频介电常数，j 为 – 1 的平方根，w 为角频率，T 为环境温度，$\tau(T)$ 为温度相关极化弛豫时间，而 $\sigma(T)$ 为电导率关于温度的函数。在碳化硅中引入孔洞后，将极大增强转向极化，从而增大转向极化对总极化率的贡献，而转向极化率 α_o 可表示为[388]：

$$\alpha_o = \frac{p_0^2}{3k_B T} \tag{7-3}$$

其中：p_0 为极化分子的本征极矩，k_B 为玻尔兹曼常数，因此，多孔碳化硅的极化能可表示为：

$$P = \frac{N}{V}(\alpha_o + \alpha_r)E = \varepsilon_0(\varepsilon_{SiC} - 1)E \tag{7-4}$$

其中：ε_{SiC} 为多孔碳化硅复介电常数，相应的实部 ε'_{SiC} 和虚部 ε''_{SiC} 分别满足：

$$\varepsilon'_{SiC} = \frac{Np_0^2}{3\varepsilon_0 k_B TV} + \varepsilon_\infty + \frac{\varepsilon_s - \varepsilon_\infty}{1 + w^2\tau(T)^2} \tag{7-5}$$

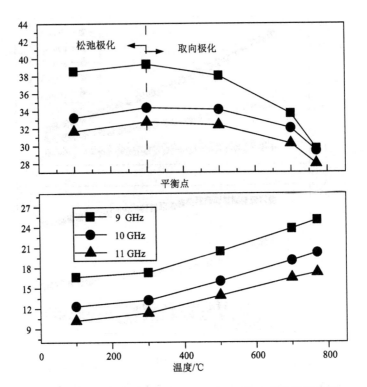

图7-8 凝胶注模工艺制备的多孔碳化硅介电常数温谱特性

$$\varepsilon''_{\mathrm{SiC}} = \frac{\varepsilon_s - \varepsilon_\infty}{1 + w^2 \tau(T)^2} w\tau(T) + \frac{\sigma(T)}{\varepsilon_0 w} \qquad (7-6)$$

弛豫时间 $\tau(T)$ 的定义为：

$$\tau(T) = \frac{1}{2\nu} e^{U/k_B T} \qquad (7-7)$$

其中：U 为势垒，ν 为震动频率。而电导率随温度变化的函数满足：

$$\sigma(T) = A e^{-E/2k_B T} \qquad (7-8)$$

其中：系数 A 和能量带隙 E 都是常数。由式(7-7)和式(7-8)可知，弛豫时间 $\tau(T)$ 随温度上升而减小，而电导率 $\sigma(T)$ 随温度上升而增大。根据式(7-2)，弛豫极化下介电常数实部和虚部均随温度上升而增大。与弛豫极化不同，根据式(7-3)，转向极化介电常数随温度上升而减小。因此，如式(7-5)所示，转向极化和弛豫极化竞争下的介电常数存在一个临界温度，在此温度前介电常数实部主要由弛豫极化决定，此后转向极化占据主导。如图7-7所示，多孔碳化硅介电常数实部在300℃左右增长到最高点，此后随温度上升而减小。可见转向极化和弛豫极化间平衡温度为 300 ℃ 左右。此外,可用修正的 Debye 模型解释多孔碳化硅介电常数虚部随温度变化规律。

7.2.2　化学气相沉积制备碳化硅及其介电特性

7.2.2.1　碳纤维阵列/碳化硅复合材料制备

为获取化学气相沉积相碳化硅介电常数,利用阵列式碳纤维预制体,不断沉积化学气相沉积相碳化硅,获得阵列式碳纤维/碳化硅复合材料波导试样,再利用 Wiener 修正模型提取化学气相沉积相碳化硅的介电常数。

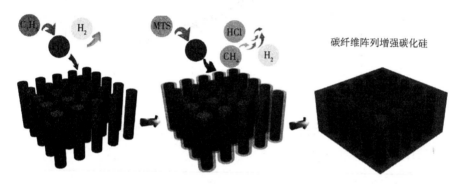

图 7-9　化学气相沉积工艺制备碳纤维阵列/碳化硅复合材料示意图

阵列式碳纤维/碳化硅复合材料是通过化学气相沉积碳化硅增密竖直阵列碳纤维预制体得到,该工艺采用氢气为载气,将 MTS 带入高温炉体中,在 1150 ℃下热解而增密预制体。经长时间化学气相沉积,制备了密度为 1.8 g/cm³ 的阵列式碳纤维/碳化硅复合材料。采用经直通—反射—负载技术校准的网络矢量分析仪(Agilent N5230A)测量阵列式碳纤维/碳化硅复合材料的介电性能,介电常数通过标准散射参数反演算法计算得到。

7.2.2.2　化学气相沉积制备的碳化硅介电常数

为稳定纤维结构参数,订制了体积分数为 19.73% 的阵列式碳纤维预制体。为获取纤维体积分数 19.73% 的预制体中纤维径向介电常数,首先需要利用传统树脂浸渍固化工艺制备 19.73 vol% 的阵列式碳纤维/环氧树脂复合材料,该复合材料波导试样在 X 波段的介电常数测量结果如图 7-10 所示。

采用修正的 Wiener 模型,首先从 19.73 vol% 的阵列式碳纤维/环氧树脂复合材料中提取碳纤维束径向介电常数,采用该模型进一步提取纤维体积分数为 19.73% 的预制体中单根碳纤维径向介电常数,如图 7-11 所示。

由图 7-11 可知,订制的体积分数为 19.73% 的阵列式碳纤维预制体中提取的碳纤维径向介电常数实部和虚部均高于之前制备的阵列式碳纤维复合材料中提

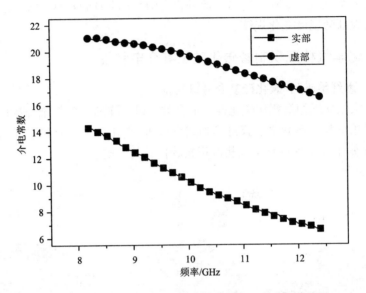

图 7 – 10 阵列式碳纤维/环氧树脂复合材料介电常数频谱

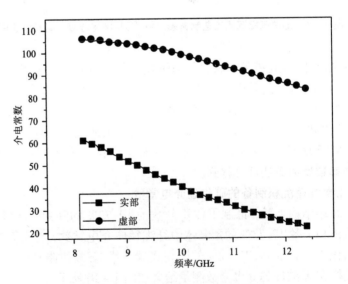

图 7 – 11 碳纤维径向介电常数频谱

取的碳纤维在相同频率下的径向介电常数。在 8.2～12.4 GHz 频段，订制的碳纤维预制体中提取的碳纤维径向介电常数实部由 61.1 减小至 22.3，而虚部由106.3 降至 83.5，介电常数虚部远大于实部。而从第 4 章中制备的阵列式碳纤维复合材

料中提取的碳纤维径向介电常数在 8.2～12.4 GHz 频段,实部由 26.48 降至
22.69,虚部由 13.29 缓慢递减至 12.15,均远低于订制的阵列式碳纤维复合材料
中提取的在相同频率下碳纤维径向介电常数。订制的体积分数为 19.73% 的阵列
式碳纤维预制体中单束碳纤维微观照片如图 7－12 所示。纤维末端呈发散状,因
此,订制的阵列式碳纤维不仅存在径向极化的碳纤维,还存在沿纤维轴向极化的
碳纤维,而前文所述预制体中,纤维竖直而平行的排列,纤维阵列中仅存在径向
极化的碳纤维,因此,订制的阵列式碳纤维中提取的单根碳纤维径向介电常数相
比之前要高。

1 mm

图 7－12　阵列式碳纤维预制体中单束碳纤维微观照片

采用化学气相沉积工艺制备碳化硅增密 19.73 vol% 的阵列式碳纤维毡体,并
加工成波导试样,采用化学气相沉积工艺制备的 19.73 vol% 的阵列式碳纤维/碳
化硅复合材料在 8.2～12.4 GHz 频率范围的介电常数测量结果如图 7－13 所示。

阵列式碳纤维/碳化硅复合材料密度为 1.8 g/cm³,表明基体并未被化学气相
沉积相碳化硅填充,经密度换算,基体中仅含有 45.4 vol% 的化学气相沉积相碳
化硅,其余为空气。利用图 7－10 中碳纤维径向介电常数数据,结合图 7－11 中
阵列式碳纤维/碳化硅复合材料介电常数频谱,采用 Wiener 修正模型可以计算得
到 45.4 vol% 化学气相沉积相碳化硅介电常数频谱,如图 7－14 所示。

令 Maxwell－Garnett 模型中基体介电常数等于 1(空气介电常数),碳化硅体
积分数为 45.4 vol%,将图 7－14 中化学气相沉积相碳化硅介电常数代入复合材
料等效介电常数 ε_{eff},得到纯相化学气相沉积碳化硅在 8.2～12.4 GHz 频率范围
内的介电常数频谱,如图 7－15 所示。

这是首次获得化学气相沉积制备的碳化硅介电常数的定量数值,以往只能从
复合材料的等效介电常数上推测化学气相沉积相碳化硅的介电常数很高[389],但
无定量数据。采用理论结合实验的方法创新地获取了化学气相沉积相碳化硅介电

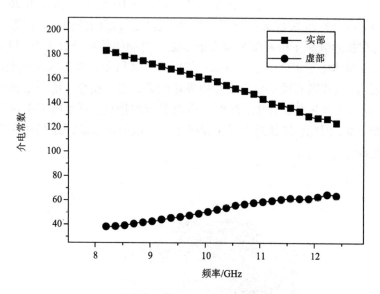

图 7-13　阵列式碳纤维/碳化硅复合材料介电常数频谱

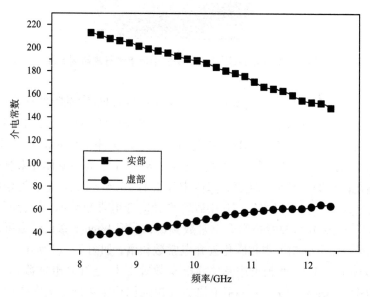

图 7-14　45.4 vol%化学气相沉积相碳化硅介电常数频谱

常数,其实部为 400 以上,而虚部也在 100 以上。这可以很好解释采用化学气相沉积碳化硅作为纤维界面层时复合材料介电常数出现明显增大的现象,同时该方法也为提取其他化学气相沉积相材料的电磁参数提供了解决思路。

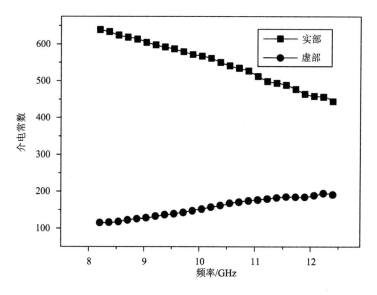

图 7 - 15 化学气相沉积相碳化硅介电常数频谱

7.2.3 碳化硅粉末及其介电特性

由于粉体材料无法固定在波导腔指定区域,首先用波导法测量碳化硅粉末 - 环氧树脂分层材料介电常数,通过建立波导腔内分层介质电磁理论模型,提取疏松碳化硅(或称碳化硅/空气复合材料)粉末等效介电常数,采用 Maxwell - Garnett 模型进一步提取了碳化硅粉末介电常数。

7.2.3.1 分层结构理论模型

波导腔中碳化硅粉末及环氧树脂分层结构示意图如图 7 - 16(a)所示,实际分布对应的物理模型如图 7 - 16(b)所示,介质两端为空气层,假定陶瓷粉末层为 Slab1,环氧树脂层为 Slab2。根据矩形波导中微波信号传输特点,假定入射端空气层中电、磁场分别为 E_{1y}、H_{1x},Slab1 层电磁场分别为 E_{2y}、H_{2x},环氧树脂层的电场和磁场分别为 E_{3y}、H_{3x},出射端空气层的电磁场分别为 E_{4y}、H_{4x}。

其中区域 I 的电磁场 E_{1y}、H_{1x} 表达式为:

$$E_{1y} = e^{-jk_0z} + \alpha \cdot e^{jk_0z} \tag{7-9}$$

$$H_{1x} = -k_0/(\omega\mu_0) \cdot (e^{-jk_0z} - \alpha \cdot e^{jk_0z}) \tag{7-10}$$

陶瓷粉末层 Slab1 中电场 E_{2y} 和磁场 H_{2x} 的表达式为:

$$E_{2y} = b \cdot e^{-jk_1z} + c \cdot e^{jk_1z} \tag{7-11}$$

$$H_{2x} = -k_1/(\omega\mu_0\mu_1) \cdot (b \cdot e^{-jk_1z} - c \cdot e^{jk_1z}) \tag{7-12}$$

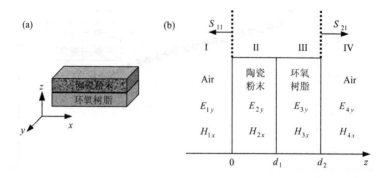

图 7-16 碳化硅粉末与环氧树脂分层结构

(a)结构示意图；(b)物理模型

环氧树脂层 Slab2 中电磁场分布满足：

$$E_{3y} = d \cdot e^{-jk_2z} + e \cdot e^{jk_2z} \tag{7-13}$$

$$H_{3x} = -k_2/(\omega\mu_0\mu_2) \cdot (d \cdot e^{-jk_2z} - e \cdot e^{jk_2z}) \tag{7-14}$$

而出射端空气层电场 E_{4y} 和磁场 H_{4x} 满足：

$$E_{4y} = f \cdot e^{-jk_0z} \tag{7-15}$$

$$H_{4x} = -k_0/(\omega\mu_0) \cdot f \cdot e^{-jk_0z} \tag{7-16}$$

其中：k_0、k_1 和 k_2 分别为自由空间、陶瓷粉末层及环氧树脂层的波数，μ_0、μ_1 和 μ_2 为自由空间、陶瓷粉末层和环氧树脂层相对磁导率。通过分界面上电场、磁场连续性边界条件，确定 $a \sim f$ 参数。

$z = 0$ 界面上沿 x 和 y 方向的电场及磁场连续，式(7-9)等于式(7-11)，式(7-10)等于式(7-12)，即

$$1 + \alpha = b + c \tag{7-17}$$

$$k_0(\alpha - 1) = k_1(c - b)/\mu_1 \tag{7-18}$$

而在 $z = d_1$ 分界面的连续性方程为：

$$b \cdot e^{-jk_1d_1} + c \cdot e^{jk_1d_1} = d \cdot e^{-jk_2d_1} + e \cdot e^{jk_2d_1} \tag{7-19}$$

$$k_1 \cdot (-b \cdot e^{-jk_1d_1} + c \cdot e^{jk_1d_1})/\mu_1 = k_2 \cdot (-d \cdot e^{-jk_2d_1} + e \cdot e^{jk_2d_1})/\mu_2 \tag{7-20}$$

$z = d_2$ 分界面连续性方程为：

$$d \cdot e^{-jk_2d_2} + e \cdot e^{jk_2d_2} = f \cdot e^{-jk_0d_2} \tag{7-21}$$

$$k_2 \cdot (-d \cdot e^{-jk_2d_2} + e \cdot e^{jk_2d_2})/\mu_2 = -k_0 \cdot f \cdot e^{-jk_0d_2} \tag{7-22}$$

结合式(7-17)~式(7-22)，获得陶瓷粉末及环氧树脂分层结构的等效散射参数 S_{11} 和 S_{21} 表达式：

$$S_{11} = a \times e^{i \cdot \pi} = \frac{(r_1 \times r_2 \times e^{i2k_1d_1} - e^{i2k_2d_2}) \times r_{12} + (r_2 - r_1 \times e^{-i \times 2(k_1d_1 + k_2d_2)})}{(r_2 \times e^{i2k_1d_1} - r_1 \times e^{i2k_2d_2}) \times r_{12} + (r_1 \times r_2 - e^{-i \times 2(k_1d_1 + k_2d_2)})} \times e^{i \cdot \pi}$$

$$(7-23)$$

$$S_{21} = \frac{(Z_1 + Z_2) \times (Z_1 + 1)}{4Z_1} \big[(e^{-i(k_2d_2 + k_1d_1)} - r_{12} \times e^{i(k_2d_2 - k_1d_1)}) \times (1 - r_1 \times a)$$

$$+ (e^{i(k_2d_2 + k_1d_1)} - r_{12} \times e^{-i(k_2d_2 - k_1d_1)}) \times (a - r_1) \big]$$

$$(7-24)$$

其中：$r_i = (Z_i - 1)/(Z_i + 1)$，$r_{ij} = (Z_j - Z_i)/(Z_j + Z_i)$，而第 i 层的特征阻抗 $Z_i = \sqrt{\mu_i / \varepsilon_i}$，$\mu_i$ 和 ε_i 是第 i 层材料的相对磁导率和相对介电常数。

由式(7-23)和式(7-24)可知，只要已知双层介电常数、磁导率参数及各层厚度，就可以计算得到双层结构等效散射参数，同样已知双层结构等效散射参数和其中一层的电磁参数及双层各自厚度，可计算得到另外一层的电磁参数。依据该原理，在分层结构上层填充氮化硅粉末，下层填充环氧树脂，采用网络矢量分析仪(Agilent N5230A)测量该分层结构散射参数，采用 S 参数反演算法得到的分层结构等效电磁参数，获得的 X 波段介电常数测量结果如图 7-17 所示。

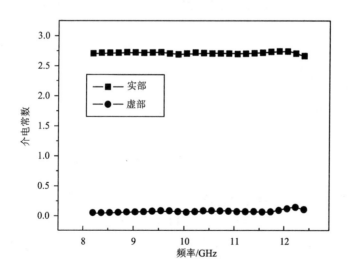

图 7 – 17　氮化硅粉末及环氧树脂分层结构介电常数测量结果

图 7-16(a)中陶瓷粉末层中氮化硅粉末的体积分数为 40%，环氧树脂层和氮化硅粉末层的厚度分别为 3 mm 和 2 mm，而环氧树脂的相对介电常数为 2.95 - j0.1，将分层结构等效介电常数测量结果、各层厚度及环氧树脂介电常数代入式(7-23)和式(7-24)，得到体积分数为 40% 的氮化硅粉末介电常数计算值，通

过 Maxwell – Garnett 公式换算成氮化硅粉末的介电常数，与凝胶 – 注模工艺制备的氮化硅介电常数的对比如图 7 – 18 所示。

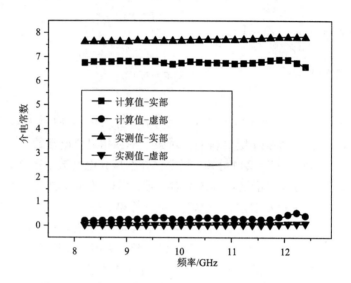

图 7 – 18　氮化硅介电常数的计算值与测量值对比图

由图 7 – 18 可知，凝胶 – 注模工艺制备的氮化硅介电常数测量值为 7.6 – j0.2，而采用上述理论提取的氮化硅粉末介电常数计算值为 6.8 – j0.2 左右。预测值与测量值之间的差异可能来自于粉体材料未经过高温烧结，不存在晶粒重排和长大，而且凝胶 – 注模工艺中还添加了烧结助剂，烧结后烧结助剂仍存在氮化硅中，虽然氮化硅是主要成分，但两者之间仍存在一定差异。结果表明，该计算方法可有效、快速获取陶瓷粉体的微波介电常数，为快速筛选耐高温陶瓷基材料提供了可能。

7.2.3.2　碳化硅粉末材料介电常数

按图 7 – 16 制备碳化硅粉末与环氧树脂分层结构，采用网络矢量分析仪测量该结构的等效介电常数，分层结构在 8.2 ~ 12.4 GHz 范围的介电常数如图 7 – 19 所示。

该分层结构中碳化硅粉末层由碳化硅粉末和空气组成，其中碳化硅粉末占体积分数的 45 %，环氧树脂层和碳化硅粉末层的厚度分别为 3 mm 和 1 mm，环氧树脂的相对介电常数为 2.95 – j0.1，将图 7 – 19 中分层结构介电常数测量结果、各层厚度及环氧树脂介电常数代入式（7 – 23）和式（7 – 24），得到碳化硅粉末层的介电常数计算值。通过 Maxwell – Garnett 公式换算成碳化硅的本征介电常数，碳化硅粉末的介电常数频谱如图 7 – 20 所示。

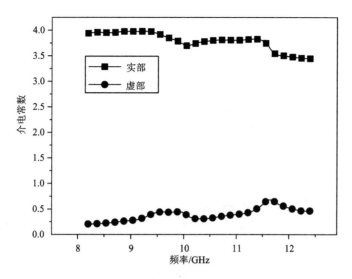

图 7 – 19　碳化硅粉末及环氧树脂分层结构介电常数测量结果

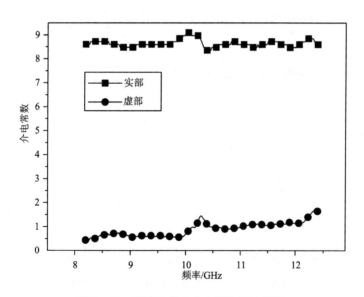

图 7 – 20　碳化硅粉末介电常数的计算值

在 X 波段范围内，碳化硅介电常数实部为 8.5 左右，虚部为 1 左右。对比分析碳化硅粉末与凝胶－注模制备的碳化硅介电常数，虽然碳化硅粉末均购自绿色碳化硅（沪试），但两者介电常数实部和虚部相差甚远，凝胶－注模工艺制备的碳化硅介电常数实部为 30 左右，虚部为 10 左右。而碳化硅粉末材料介电常数实部却为 10 以下，虚部为 1 左右。

综上所述，化学气相沉积工艺制备的碳化硅介电常数最大，凝胶－注模工艺的次之，未经烧结的碳化硅粉末的最小。

7.2.4 基体成分设计及验证

如何依靠不同制备工艺制备的碳化硅来设计并制备出满足最佳基体介电常数范围的复合基体是设计需要解决的问题。8.2～12.4 GHz 范围不同制备方法获取的碳化硅及氧化硅介电常数如图 7－21 所示。

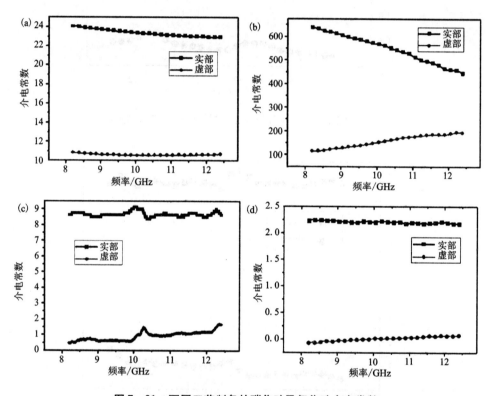

图 7－21　不同工艺制备的碳化硅及氧化硅介电常数
（a）凝胶－注模工艺碳化硅；（b）化学气相沉积工艺碳化硅；（c）碳化硅粉末；（d）氧化硅

凝胶－注模工艺主要是通过制备低黏度、高固含量的浆料，再将浆料中的有机单体聚合使浆料原位凝固，从而获得高密度、高强度、均匀性好的坯体，并且烧结助剂均匀地分布在浆料中，有助于充分烧结。而碳化硅粉末虽然介电常数更低，但未经烧结，无法成为结构吸波材料基体的主要成分，因此拟采用化学气相沉积工艺和凝胶－注模工艺制备的碳化硅及氧化硅作为基体，探讨各成分对复合基体介电性能的影响。

　　较其他理论，Bruggeman 理论在预测弥散体系圆形颗粒等效介电常数具有独特优势[232, 390 - 392]。因此将采用 Bruggeman 提出的自洽有效介质理论计算氧化硅、凝胶注模工艺制备的碳化硅及化学气相沉积工艺制备的碳化硅三相复合基体的等效介电常数。Bruggeman 公式推展成三相 Bruggeman 公式：

$$\varphi_1 \frac{\varepsilon_1 - \varepsilon_{\text{eff}}}{\varepsilon_1 + 2\varepsilon_{\text{eff}}} + \varphi_2 \frac{\varepsilon_2 - \varepsilon_{\text{eff}}}{\varepsilon_2 + 2\varepsilon_{\text{eff}}} + (1 - \varphi_1 - \varphi_2) \frac{\varepsilon_C - \varepsilon_{\text{eff}}}{\varepsilon_C + 2\varepsilon_{\text{eff}}} = 0 \qquad (7 - 25)$$

其中：基体为凝胶 - 注模工艺制备的碳化硅，化学气相沉积相碳化硅的介电常数和体积分数分别为 ε_1 和 φ_1，氧化硅的介电常数和体积分数分别为 ε_2 和 φ_2。解式 (7 - 25) 得复合材料等效介电常数 ε_{eff} 方程：

$$-4\varepsilon_{\text{eff}}^3 + A \cdot \varepsilon_{\text{eff}}^2 + B \cdot \varepsilon_{\text{eff}} + \varepsilon_1 \varepsilon_2 \varepsilon_C = 0 \qquad (7 - 26)$$

其中，参数 A 和 B 满足：

$$A = 6\varphi_1 (\varepsilon_1 - \varepsilon_C) + 6\varphi_2 (\varepsilon_2 - \varepsilon_C) + 2(2\varepsilon_C - \varepsilon_1 - \varepsilon_2) \qquad (7 - 27)$$

$$B = 3\varphi_1 (\varepsilon_1 \varepsilon_2 - \varepsilon_2 \varepsilon_C) + 3\varphi_2 (\varepsilon_1 \varepsilon_2 - \varepsilon_1 \varepsilon_C) + 2(\varepsilon_1 + \varepsilon_2) \varepsilon_C - \varepsilon_1 \varepsilon_2 \qquad (7 - 28)$$

　　拟定氧化硅体积分数为 10%，研究 8.2 GHz 处碳化硅 - 氧化硅复合基体介电常数随化学气相沉积相碳化硅含量变化的规律，如图 7 - 22 所示。

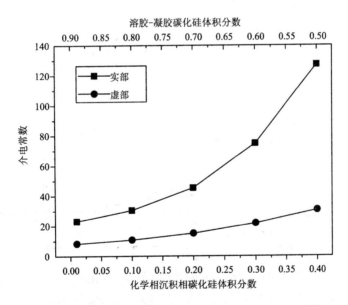

图 7 - 22　8.2 GHz 处含 10 vol% 氧化硅的碳化硅 - 氧化硅复合基体介电常数
随化学气相沉积相碳化硅含量的变化规律

　　由于氧化硅占复合基体体积的 10%，因此凝胶 - 注模工艺 (Sol - Gel) 和化学气相沉积工艺 (CVD) 制备的碳化硅共占复合基体体积的 90%。由图 7 - 22 可知，碳化硅-氧化硅复合材料介电常数随化学气相沉积相碳化硅含量增大而增大，这是因为化学气相沉积相碳化硅介电常数远高于碳化硅粉末和氧化硅介电常数。复合基体的介电常数在化学气相沉积相碳化硅体积分数10%以下时增长缓慢，此后复合材料介电常数随该相急剧增长，其实部由30.45（10 vol%）增长至127.18（40 vol%），虚部由10.71（10 vol%）增长至30.65（40 vol%）。

对比图7-3中最佳基体介电常数范围可知，化学气相沉积相碳化硅含量越低越好。当化学气相沉积相碳化硅体积分数达到1%时，复合基体介电常数虚部已达8.29，高于图7-3中23.09 vol%阵列式碳纤维预制体的最佳基体介电常数虚部要求，接下来将探讨氧化硅含量对复合基体介电常数的影响。

当氧化硅体积分数达20%时，碳化硅-氧化硅复合材料介电常数随化学气相沉积相碳化硅含量变化的规律如图7-23所示。

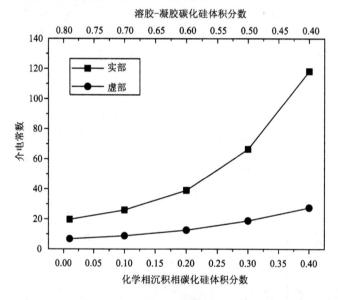

图7-23 8.2 GHz处含20 vol%氧化硅的碳化硅-氧化硅复合基体介电常数随
化学气相沉积相碳化硅含量的变化规律

8.2 GHz处含20 vol%氧化硅的阵列式碳纤维/碳化硅-氧化硅复合材料介电常数同样随化学气相沉积相碳化硅含量增大而增大。化学气相沉积相碳化硅体积分数在10%以下时增长缓慢，此后介电常数随该相急剧增长，其实部由25.99（10 vol%）增长至118.33（40 vol%），虚部由8.87（10 vol%）增长至27.61（40 vol%）。

对比图7-22与图7-23发现，氧化硅体积分数对于碳化硅-氧化硅复合基体介电常数的影响不大，复合材料介电常数主要由化学气相沉积相碳化硅决定，

10 vol% 和 20 vol% 氧化硅的阵列式碳纤维/碳化硅 – 氧化硅复合材料中，化学气相沉积相体积分数达到 35% 时，复合基体介电常数实部约为 100，满足样品厚度 3 mm 的最佳基体介电常数实部要求，而虚部约为 20，远高于该厚度的最佳基体介电常数虚部要求。当化学气相沉积相碳化硅体积分数为 22.5% 时，复合基体介电常数实部约为 55，满足样品厚度 4 mm 的最佳基体介电常数实部要求，此时复合基体介电常数虚部在 10 以上，高于样品厚度 4 mm 的最佳基体介电常数虚部要求。当化学气相沉积相碳化硅体积分数仅占 8% 时，复合基体介电常数实部约为 32，满足样品厚度 5 mm 的最佳基体介电常数实部要求，该含量下复合基体介电常数虚部在 7 左右，略高于样品厚度 5 mm 的最佳基体介电常数虚部要求。进一步降低化学气相沉积相碳化硅含量或提高氧化硅含量可使复合基体介电常数达到要求。因此，8.2 GHz 处化学气相沉积相碳化硅含量低于 8 vol% 的碳化硅 – 氧化硅复合基体可满足 5 mm 的 23.09 vol% 竖直阵列式碳纤维预制体基体最佳介电常数范围。

接下来将开展 12.4 GHz 处的复合基体成分设计，氧化硅体积分数为 20% 时，碳化硅 – 氧化硅复合基体介电常数随化学气相沉积相碳化硅含量变化的规律如图 7 – 24 所示。

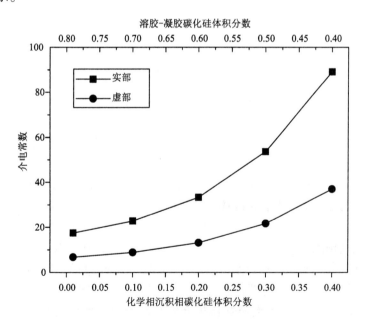

图 7 – 24　12.4 GHz 处含 20 vol% 氧化硅的碳化硅 – 氧化硅复合基体介电常数随化学气相沉积相碳化硅含量的变化规律

结果表明，碳化硅 – 氧化硅复合基体介电常数随化学气相沉积相碳化硅含量增大而增大,结合图 7 – 3 中基体最佳介电常数范围,从复合基体介电常数虚部看,化学气相沉积相碳化硅含量越低越好。接下来探讨复合基体中氧化硅和凝胶 – 注模碳化硅含量对复合基体介电常数的影响。碳化硅 – 氧化硅复合材料介电常数随氧化硅含量的变化规律如图 7 – 25 所示。

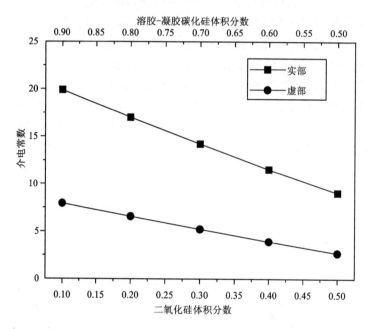

图 7 – 25   12.4 GHz 处碳化硅 – 氧化硅复合基体介电常数随氧化硅含量的变化规律

碳化硅 – 氧化硅复合基体介电常数实部和虚部均随氧化硅含量的增大而减小,对比图 7 – 3 中不同厚度最佳基体介电常数范围可知,当氧化硅体积分数为 10% 时,复合基体介电常数实部达到样品厚度 4 mm 的最佳基体介电常数实部要求,但虚部无法满足。当氧化硅体积分数达 40% 时,复合基体的介电常数实部为 11.54,虚部为 3.93,均满足样品厚度 5 mm 的基体最佳介电常数要求。

根据上述预测结果,凝胶 – 注模相碳化硅体积分数 60 vol%,氧化硅体积分数为 40% 的碳化硅 – 氧化硅复合基体满足样品厚度为 5 mm 的 23.09 vol% 竖直阵列式碳纤维预制体基体最佳介电常数范围。接下来制备阵列式碳纤维/碳化硅 – 氧化硅复合材料,其中碳纤维占复合材料体积分数为 23.09%,因此凝胶 – 注模相碳化硅和氧化硅体积分数分别占 46% 和 30%。

7.3　耐高温碳纤维阵列/碳化硅－氧化硅吸波材料制备及性能表征

7.3.1　碳纤维阵列/碳化硅－氧化硅复合材料制备及表征

先采用凝胶－注模工艺制备碳纤维阵列/碳化硅复合材料，将碳化硅（85 wt%）、氧化铝（5 wt%）和氧化钇（10 wt%）混合粉末，加入有机单体预混液（丙烯酰胺、四甲基氢氧化铵、N，N－亚甲基双丙烯酰胺和蒸馏水），经球磨4 h后得到固含量45 vol%的均匀混合浆料，添加引发剂（过硫酸铵）、催化剂（四甲基乙二胺）后，真空辅助下将混合浆料注入碳纤维阵列预制体中，经干燥固化后，在1900 ℃氮气环境下无压烧结2 h得到碳化硅体积分数38%的碳纤维阵列/碳化硅复合材料。再经硅溶胶反复浸渍裂解获得密度为2.2 g/cm³的碳纤维阵列/碳化硅－氧化硅复合材料。采用波导法表征了复合材料的介电性能，利用弓形法测量了复合材料的常温及高温反射率。

7.3.2　碳纤维阵列/碳化硅－氧化硅复合材料介电性能

20 ℃和800 ℃碳纤维阵列/碳化硅－氧化硅复合材料的宏观照片如图7－26所示。

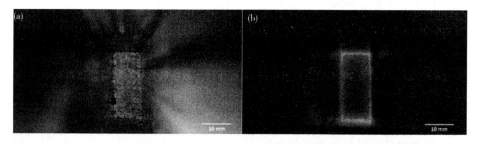

图7－26　不同温度下碳纤维阵列/碳化硅－氧化硅复合材料的宏观照片
(a) 20 ℃；(b) 800 ℃

如图7－26(a)所示，纤维阵列整齐地排列于波导腔中，纤维周围和上下端口均被基体紧密包覆；如图7－26(b)所示800 ℃下，试样表面纹路清晰，复合材料中纤维结构未被破坏。利用矢量网络分析仪（Agilent N5230A）测量了碳纤维阵列/碳化硅－氧化硅复合材料在100~800 ℃温度范围的介电性能，该高温电磁参数测量系统经直通－反射－负载技术校准，介电常数通过标准散射参数反演算法计算得到。20 ℃环境下，碳纤维阵列/碳化硅－氧化硅复合材料的介电常数频谱如图 7 - 27 所示。

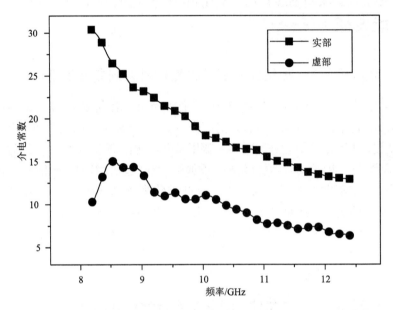

图 7 - 27 20 ℃环境下，碳纤维阵列/碳化硅 - 氧化硅复合材料介电常数频谱

采用修正的 Wiener 模型，从 23.09 vol% 的碳纤维阵列/碳化硅 - 氧化硅复合材料中提取碳化硅 - 氧化硅复合基体的介电常数，如图 7 - 28 所示。

由图 7 - 28 可知，在 8.2 ~ 12.4 GHz 频率范围，碳化硅 - 氧化硅复合基体介电常数实部由 33.16 迅速减小到 11.01，虚部由 10.50 增大至 16.65 再递减至 5.28。对照图 7 - 3 中样品厚度 5 mm 的基体最佳介电常数范围，制备的碳纤维阵列/碳化硅 - 氧化硅复合材料的介电常数符合预期设计的要求，仅介电常数虚部在部分频段数值高于复合基体最佳介电常数范围。由于纤维表面未作抗氧化涂层，复合材料中未被基体包裹的纤维在高温环境下可能出现部分氧化的现象，为探讨该现象对复合材料介电性能的影响，测量了 12.4 GHz 处不同温度点的碳纤维阵列/碳化硅 - 氧化硅复合材料介电常数，采用碳纤维阵列等效介电理论提取了复合材料中复合基体的介电常数，如图 7 - 29 所示。

前面已讨论凝胶 - 注模工艺制备的多孔碳化硅介电常数温谱作用机理，微波频段的介电常数实部由转向极化和弛豫极化共同主导，而介电常数虚部仅由弛豫极化决定。弛豫极化机制导致介电常数虚部随温度升高而增大，因此 600 ℃以前纤维未被明显氧化，碳纤维阵列/碳化硅 - 氧化硅复合材料介电常数虚部的增大是由碳化硅基体介电常数温谱特性决定的。600 ℃以上，未被复合基体完全包裹的碳纤维出现部分氧化，导致介电常数虚部急剧下降。为验证纤维未被完全氧

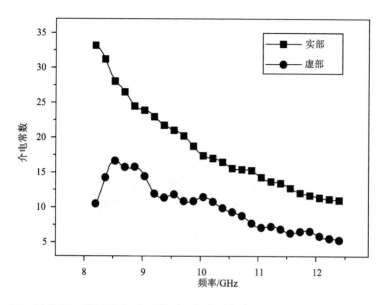

图 7 - 28　20 ℃下，碳纤维阵列/碳化硅 - 氧化硅复合材料中复合基体介电常数频谱

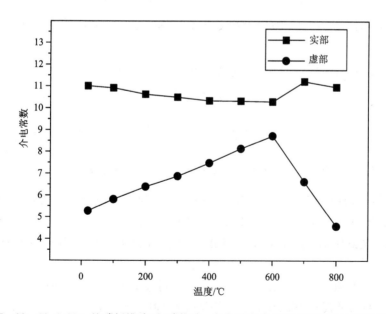

图 7 - 29　12.4 GHz 处碳纤维阵列/碳化硅 - 氧化硅复合材料中基体介电常数温谱

化，测量了 800 ℃环境下，碳纤维阵列/碳化硅 - 氧化硅复合材料的介电常数频谱，采用等效理论计算了复合材料中复合基体介电常数频谱，如图 7 - 30 所示。

如若纤维仅被部分氧化，则复合材料介电常数将略微下降，由复合材料提取的复合基体的介电常数数值在整个频段也将略微减小。

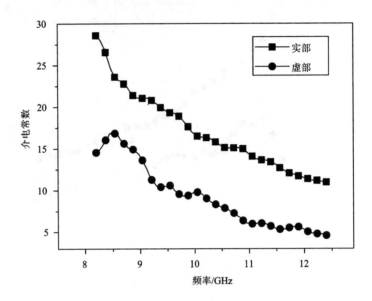

图7-30　800 ℃环境下，碳纤维阵列/碳化硅-氧化硅复合材料中复合基体介电常数频谱

在800 ℃高温环境下，碳纤维阵列/碳化硅-氧化硅复合材料中复合基体的介电常数实部由26.86减小至12.9，虚部由13.39增加至15.24再迅速降至5.8。对比图7-28可知，复合基体的介电常数数值在整个频段均有减小，说明碳纤维仅被部分氧化。由介电常数下降带来的阻抗匹配性改善可提升吸波性能。

7.3.3　碳纤维阵列/碳化硅-氧化硅复合材料吸波性能

本节继续探讨制备的碳纤维阵列/碳化硅-氧化硅复合材料的常温及高温吸波性能，20 ℃及1000 ℃下用于8~18 GHz频率微波反射率测量的180 mm×180 mm的碳纤维阵列/碳化硅-氧化硅复合材料平板件宏观照片如图7-31所示。

为验证前期工作，采用弓形法测量了不同温度的碳纤维阵列/碳化硅-氧化硅复合材料微波反射率，20 ℃下碳纤维阵列/碳化硅-氧化硅复合材料反射率频谱如图7-32所示。

20 ℃环境下，8~18 GHz频率范围内碳纤维阵列/碳化硅-氧化硅复合材料的微波反射率均低于-3 dB，最大损耗为-6.1 dB(17.4 GHz处)。由图7-29可知，制备的碳纤维阵列/碳化硅-氧化硅复合材料，升温至600 ℃以前其介电常数

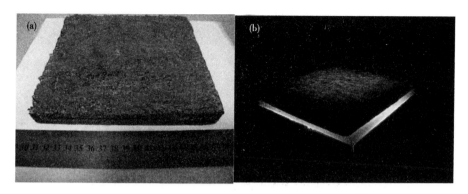

图 7 – 31　不同温度下碳纤维阵列/碳化硅 – 氧化硅复合材料的宏观照片

(a) 20 ℃; (b) 1000 ℃

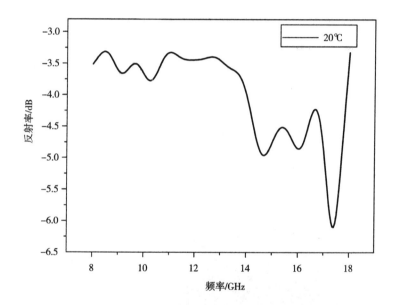

图 7 – 32　20 ℃下碳纤维阵列/碳化硅 – 氧化硅复合材料微波反射率频谱

实部保持稳定而虚部会略微增大,因此复合材料的微波反射率不会出现突变,400 ℃环境下,该频段复合材料微波反射率如图 7 – 33 所示。

400 ℃环境下,该频率范围内碳纤维阵列/碳化硅 – 氧化硅复合材料微波反射率未出现明显变化,600 ℃以后随着复合材料介电常数虚部的下降,其吸波性能会随阻抗匹配性改善而提升,800 ℃复合材料微波反射率频谱如图 7 – 34 所示。

800 ℃环境下,8 ~18 GHz 频率范围内碳纤维阵列/碳化硅 – 氧化硅复合材料的微波反射率均低于 – 5 dB,最大损耗为 – 7.7 dB(17.35 GHz 处)。1000 ℃环境

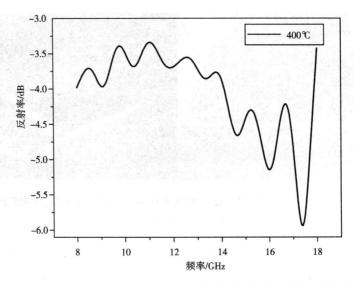

图 7 - 33　400 ℃下碳纤维阵列/碳化硅 - 氧化硅复合材料微波反射率频谱

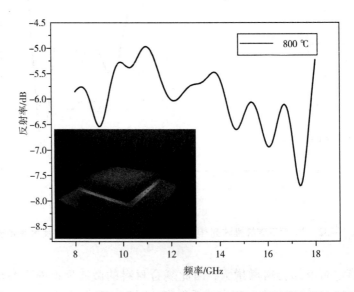

图 7 - 34　800 ℃下碳纤维阵列/碳化硅 - 氧化硅复合材料微波反射率频谱

下碳纤维阵列/碳化硅 - 氧化硅复合材料微波反射率频谱如图 7 - 35 所示。

1000 ℃环境下，碳纤维阵列/碳化硅 - 氧化硅复合材料的微波反射率均低于 - 4 dB，最大损耗为 - 6. 69 dB。由于纤维部分氧化造成复合材料介电性能发生

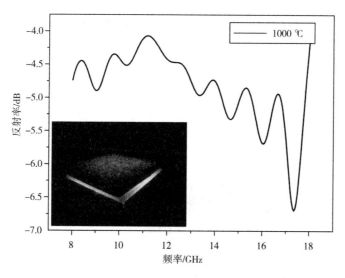

图 7 - 35 1000 ℃下碳纤维阵列/碳化硅 - 氧化硅复合材料微波反射率频谱

不可逆变化, 连续升温至 1000 ℃后复合材料再降温至 20 ℃, 由介电常数下降带来的吸波性能改善将保留。降温至 400 ℃以下复合材料微波反射率频谱如图 7 - 36 所示。

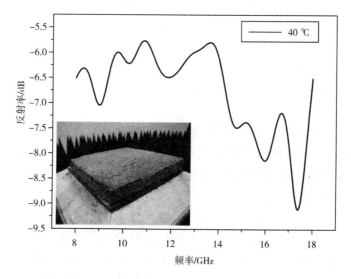

图 7 - 36 降温至 400 ℃以下碳纤维阵列/碳化硅 - 氧化硅复合材料微波反射率频谱

降温至400 ℃碳纤维阵列/碳化硅 – 氧化硅复合材料的微波反射率均低于 – 5.7 dB，最大损耗为 – 9.1 dB(17.4 GHz 处)。降温至20 ℃材料微波反射率频谱如图7 – 37 所示。

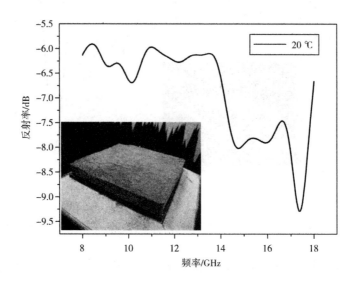

图7 – 37　降温至20 ℃以下碳纤维阵列/碳化硅 – 氧化硅复合材料微波反射率频谱

20 ℃环境下，8 ~ 18 GHz 频率范围内碳纤维阵列/碳化硅 – 氧化硅复合材料的微波反射率均低于 – 6 dB，最大损耗 – 9.28 dB(17.35 GHz 处)。对比升温前 20 ℃和升温过程中 400 ℃材料微波反射率测量结果可知，经 1000 ℃处理后碳纤维阵列/碳化硅 – 氧化硅复合材料微波反射率得到提升，这是由于随着纤维被部分氧化，复合材料的等效介电常数下降，由阻抗匹配性能改善带来了吸波性能的提升。

为研究入射角度对碳纤维阵列/碳化硅 – 氧化硅复合材料吸波性能的影响，测量了20 ℃下9 GHz 处入射角度5° ~ 60°范围的碳纤维阵列/碳化硅 – 氧化硅复合材料、铝板和碳纤维/氧化硅复合材料的微波反射率，如图7 – 38 所示。

由图7 – 38 可见，在9 GHz 处，随着入射角度的增大，铝板的微波反射率稳定在0 dB，说明弓形法微波反射率研究入射角度对吸波性能的影响是可靠的。在该频率范围内，碳纤维阵列/碳化硅 – 氧化硅复合材料的微波反射率逐渐恶化。入射角度增大至35°，复合材料的吸波性能未出现显著恶化，随着入射角度的继续增大，复合材料的吸波性能迅速恶化。这是因为随着入射角的增大，沿纤维轴向极化的碳纤维增多，而碳纤维轴向介电常数远大于径向介电常数，因此复合材料的介电常数将显著增大，材料 – 空气间的阻抗失配加剧，导致复合材料的吸波

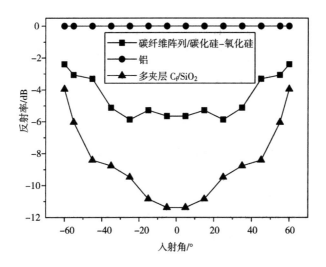

图 7 – 38   20 ℃下入射角 5° ~ 60°的碳纤维阵列/碳化硅 – 氧化硅复合材料微波反射率频谱

性能恶化。一般吸波材料(如夹层结构碳纤维/氧化硅复合材料,如图 7 – 38 中上三角线所示)在入射角度增大至 15°以上,吸波性能将显著恶化,不利于吸波材料的实际应用。

第8章 耐高温碳纤维/氮化硅吸波材料

8.1 耐高温 $C_f - Si_3N_4$ 吸波材料结构设计

对吸波/承载一体化耐高温吸波材料进行研究,首先需要对材料进行结构设计。本节首先对比分析几种常用的吸波材料结构特征,结合碳纤维吸波剂和氮化硅陶瓷基体的介电特性,设计出合适的耐高温碳纤维复合材料的结构形式。通过优化各组成的性能参数,为碳纤维结构吸波材料的研究提供理论指导。

8.1.1 耐高温 $C_f - Si_3N_4$ 吸波材料结构形式

就吸波材料而言,它的基本构成要素可分为两类:透波基体材料和吸波剂。除此之外,还有一些辅助材料,如为了满足成型需要而加入的有机或无机黏合剂等,但其特征仍为上述两种基本材料。由这两大要素构成的吸波材料的结构和形状是千形万态的,与之相适应的制备方法也有很大的差异性。按其结构和形状习惯于将吸波材料划分为薄膜吸波体、平板吸波体、角锥或尖劈形吸波体、蜂窝状吸波体等结构;或者是按照制备加工方法将其划分为喷涂法(吸波涂料)、熔混法(包括机械混合)、浸渍法(纤维预制体)。

从设计的角度看,吸波材料的设计需要按分类进行,不能期望一种设计方法能满足多种结构和形状各异的吸波材料。本章从电磁波在复合材料内部的传输途径或通道出发,即从电磁波在吸波材料所构成的传输路径和通道出发,按照两大构成要素的组成与分布特征进行有针对性的设计。这里更加强调的是由透波基体材料所构成的电磁波在材料内部的传输路径或通道,这样处理的原因一方面是考虑到电磁波传输不到的位置即使有再多的吸波剂也不能发挥吸收电磁波能量的功能,即通常所说的阻抗匹配设计。实际上,阻抗匹配的内涵强调的是电磁波在材料内部的传输能否畅通的问题。当电磁波入射到具有一定厚度的吸波材料上时,只有在满足电磁波能全部透入材料内部的前提下,才能最大限度地发挥吸收剂的吸收功能。在实践中进行吸波材料的设计时,更加强调电磁波通道和路径的设计。另一方面是考虑到基体材料是复合材料作为结构材料发挥力学承载、热防护等功能的主要贡献者。

近年来,新的介电吸波涂层材料体系也不断开发,吸波性能也不断提高,但吸波涂层仍然存在不少问题,如飞行器速度大于 2 Ma 时会有明显的气动加热现象,使涂层局部烧蚀,需要整体重新上装,维护周期短,成本很大。同时,吸收频段窄、黏结性差、高温冲刷环境下易脱落、密度大等,以致影响部件的吸波性能和气动性能等,因此逐渐发展了结构型吸波材料。结构型吸波材料是一种多功能复合材料,它继承了复合材料力学承载功能和吸波材料损耗电磁波的双重功能,从二战时期就开始受到关注并得到了成功应用,已成为当代雷达吸波材料重要的发展方向,在耐高温吸波材料领域具有广阔潜力,受到国内外研究者的高度重视。

目前,已经发展了多种成熟的结构型吸波材料,最为典型的有 Salisbury 吸收体[393-399] 和 Dallenbach 吸收体[400, 401]。它们本质上均属于单层结构型吸波材料。这种单层结构型吸波材料的反射率可用式(8 − 1) 表示:

$$R(\mathrm{dB}) = 20\lg\left|\frac{Z_{\mathrm{in}} - 1}{Z_{\mathrm{in}} + 1}\right| = 20\lg\left|\frac{\sqrt{\dfrac{\mu_r}{\varepsilon_r}}\tanh\left(\mathrm{j}\cdot\dfrac{2\pi fd}{c}\sqrt{\mu_r\varepsilon_r}\right) - 1}{\sqrt{\dfrac{\mu_r}{\varepsilon_r}}\tanh\left(\mathrm{j}\cdot\dfrac{2\pi fd}{c}\sqrt{\mu_r\varepsilon_r}\right) + 1}\right| \quad (8 - 1)$$

其中:μ_r, ε_r, d 分别为材料的相对磁导率、相对介电常数和厚度,f, c 分别为入射电磁波的频率和真空中的光速。由式(8 − 1) 可知,单层结构吸波材料的反射率 R 是由(ε', ε'', μ', μ'', f, d)共六个参数共同决定的。直接寻求这些参数对反射率的影响是非常复杂的,然而对于本文针对的介电损耗型吸波材料而言,其磁导率为 $\mu' = 1$,$\mu'' = 0$。同时,注意到公式(8 − 1) 中 f, d 以乘积的形式出现,可令 $f\cdot d = \mathrm{const}$,计算可得到反射率与介电常数的 $R(\varepsilon', \varepsilon'')$ 三维空间如图 8 − 1 所示。

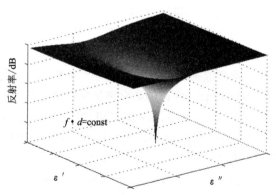

图 8 − 1　$f\cdot d$ = const 时的 $R(\varepsilon', \varepsilon'')$空间

由图 8 − 1 可以直观地看到在某一特定的(ε'_{fd}, ε''_{fd})坐标,R 存在一个极小值。

若依次取不同的 $f \cdot d = \text{const}$，即可得到一系列的（ε'_{fd}，ε''_{fd}）极小值坐标。吸波材料对厚度的要求比较严格，一般而言其值控制在 5 mm 以内且固定不变，因此，就得到了吸波材料反射率在所考察的频段内均取极小值时的介电常数随频率变化的曲线，即单层吸波材料介电常数的最优频散曲线，如图 8 – 2 所示。

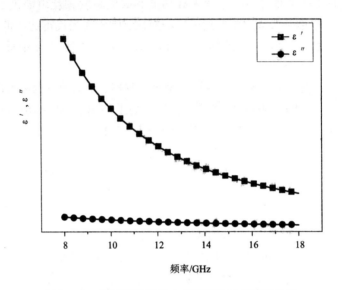

频率/GHz

图 8 – 2　单层吸波材料介电常数的最优频散曲线

由图 8 – 2 可知，通过非线性拟合得到的介电常数实部是随着频率的二次方增加而减小的，而介电常数虚部随着频率的一次方增加而减小，这就是单层结构吸波材料介电常数优化的目标。实际上，通过式（8 – 1）也可看出，为了展宽吸波材料的频宽，Z_{in} 应在较宽的频率范围内变化较小，显然，ε_r 和 μ_r 随着频率的升高而降低是有利于实现这一条件的。

如上所述，吸波体由透波材料和吸波剂两种要素构成，而透波材料和吸波剂的有效组合决定了吸波体介电特性，它是影响复合材料与空间电磁波阻抗匹配的关键。同时，吸波材料的结构设计不仅应满足阻抗匹配条件，还必须遵守能量守恒定律。阻抗匹配为电磁波的透入材料内部、提高损耗效率创造了前提，而能量守恒是计算电磁损耗的基础。但是，同时满足阻抗匹配与提高吸波性能这两大原则在选材上其实是矛盾的，在理想阻抗匹配的条件下，电磁波在复合材料表面零反射，根据电磁波在不同介质界面处的反射系数为：

$$R = \left| \frac{Z - Z_0}{Z + Z_0} \right| = \left| \frac{\sqrt{\frac{\mu_r}{\varepsilon_r}} - 1}{\sqrt{\frac{\mu_r}{\varepsilon_r}} + 1} \right| \qquad (8 - 2)$$

对于高温环境下服役的材料而言，受居里点的限制，材料没有磁损耗，因此式(8 - 2) 可简化为：

$$R = \left| \frac{\sqrt{\frac{1}{\varepsilon_r' - j\varepsilon_r''}} - 1}{\sqrt{\frac{1}{\varepsilon_r' - j\varepsilon_r''}} + 1} \right| \qquad (8 - 3)$$

因此，从阻抗匹配角度看，要求材料介电常数尽可能地减小到 1，此时反射系数接近于 0，同时材料是完全透波的，对电磁波完全没有损耗能力。从吸波效率角度看，要求损耗角正切尽可能的大(如图 8 - 3 所示)，此时材料表面的阻抗失配就越严重，反射系数就会越来越大，进入材料内部的电磁波能量就会越少。

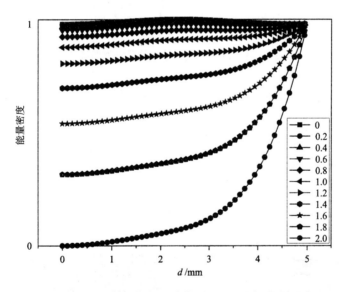

图 8 - 3 材料内部电磁波能量密度厚度方向的分布随损耗角正切的变化曲线

综合上述分析可知材料与电磁波的阻抗匹配与吸收损耗是一对矛盾体，而吸波材料往往具有适中的介电常数和损耗角正切，为了平衡这对矛盾，尽量减少对入射电磁波的反射，行之有效的方法是在吸波材料与自由空间之间增加一层阻抗介于二者之间的阻抗变换层，使尽可能多的电磁波进入吸波材料内部。如果将复合材料在微观上设计成阻抗沿电磁波传播方向成连续梯度分布的结构，这样就可以最大限度地减少对电磁波的反射，又可以通过调节材料的电磁参数实现对电磁波的良好吸收，进而便发展形成了所谓的多层结构介电梯度吸波结构。Jaumann吸收体[402-405]正是在这种背景下应运而生的，它是一种多层叠加结构的复合型吸波材料。Jaumann吸收体本质上是多层Salisbury吸收体结构在厚度方向上的叠加，它可以充分利用各层电介质层的介电常数沿厚度方向缓慢变化尽可能地实现阻抗匹配，减小反射系数，目的是增加吸收带宽。这种多层渐变介质吸收体的反射率如图8-4所示，从图中可看出，所用的电阻片愈多，吸收体的吸收性能愈好。

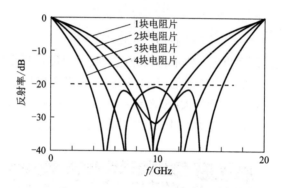

图8-4 Jaumann 吸收体的反射率曲线[105]

经上述分析可知，多层渐变介质吸收体结构是拓宽吸收频带的有效手段，并且从理论[406,407]和实验[408-413]的角度都得到了证实。该类复合材料最大的特点是吸收剂分布于某一平面内，且其含量呈梯度分布。实际中的多层结构介电梯度吸波吸收体也都是由特性逐层离散变化的介质层所组成，针对介电型结构吸波材料设计而言相对简便，具有很强的可操作性。因此，选取具有Jaumann结构特征的多层渐变介质型结构作为 C_f - Si_3N_4 耐高温吸波材料的结构形式，其示意如图8-5所示。

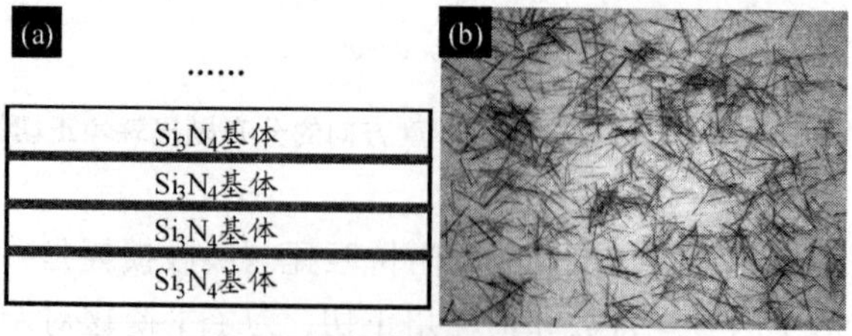

图8-5 C_f - Si_3N_4 耐高温吸波材料的结构形式

(a) 截面结构示意图；(b) 碳纤维分散图

图 8 - 5(a) 中红色直线代表短切碳纤维层, 其分散形貌如图 8 - 5(b) 所示。影响具有上述结构特征的 C_f - Si_3N_4 复合材料吸波性能的关键参数有: 复合材料层数、短切碳纤维长度及含量、Si_3N_4 基体介电常数及厚度等。鉴于目前吸波材料向"薄、轻、宽、强"的趋势发展, 针对复合材料的总体厚度有严格的限制, 一般不超过 5 mm。同时, 根据前期已经积累的大量关于短切碳纤维电磁性能的研究工作[124], 设计短切碳纤维长度分布于 1 ~ 3 mm 之间。下面对该多层结构 C_f - Si_3N_4 复合材料的反射率进行理论设计, 从而确定各层组分的特征参数, 为后续研究奠定基础。

8.1.2　C_f - Si_3N_4 复合材料反射率综合设计模型

在基体材料满足耐高温及力学性能要求的情况下, 获得高性能吸波材料的关键在于吸收剂, 而对于本节所涉及的 C_f - Si_3N_4 复合材料体系, 吸收剂的含量是影响吸波性能的关键参数。一般获取的各材料电磁参数均是吸收剂与石蜡混合而成的复合材料电磁参数, 而在优化设计时需要输入吸收剂的本征电磁参数, 因此, 本节首先从理论上研究复合材料的等效电磁参数。

8.1.2.1　含纤维复合材料等效电磁参数理论模型

考虑一般情况, 对于相对介电常数为 ε_1、相对磁导率为 μ_1 的吸收剂颗粒而言, 若以体积浓度为 f 均匀分散于电磁参数为 (ε_b, μ_b) 的基体介质, 在宏观上表现为均匀的各向同性复合材料。当吸收剂含量不是很大(小于 10%) 时, 考虑近邻吸收剂颗粒之间的相互作用和吸收剂颗粒本身形状所引起的退极化效应, 吸收剂极化的电激发场强 E^e 应为平均场强 E 与退极化场强之和, 即:

$$(E^e)^k = E + \frac{N_k P_k}{\varepsilon_b} \qquad (8 - 4)$$

其中: ε_b 为基体材料的相对介电常数, N_k 表示吸收剂在 $k(k = 1, 2, 3$ 分别表示 x, y, z) 方向的退极化因子。对于球形颗粒[414-416]:

$$N_1 = N_2 = N_3 = \frac{1}{3} \qquad (8 - 5)$$

而对于长径比非常大的纤维类材料[416]:

$$N_x = N_y = \frac{1}{2}, \ N_z = 0 \qquad (8 - 6)$$

极化强度矢量 P:

$$P_k = n\alpha_k (E^e)^k \qquad (8 - 7)$$

其中: n 为单位体积中吸收剂的数量, α_k 为吸收剂 k 方向的电极化率。由式(8 - 4) 和式(8 - 7) 可得:

$$P_k = \frac{n\alpha_k}{1 - \dfrac{N_k n\alpha_k}{\varepsilon_b}} E \qquad (8-8)$$

故复合材料的电位移矢量为：

$$D_k = \varepsilon_b E + P_k = \left(\varepsilon_b + \frac{n\alpha_k}{1 - \dfrac{N_k n\alpha_k}{\varepsilon_b}} \right) E \qquad (8-9)$$

因此，k 方向的有效介电常数为：

$$\varepsilon_{\text{eff}} = \varepsilon_b + \frac{n\alpha_k}{1 - \dfrac{N_k n\alpha_k}{\varepsilon_b}} \qquad (8-10)$$

对于吸收剂随机均匀地分布于基体中的复合吸波材料，其电磁参数呈现宏观各向同性，故有：

$$\varepsilon_{\text{eff}} = \varepsilon_b + \frac{\dfrac{1}{3}\sum_k n\alpha_k}{1 - \dfrac{1}{3}\sum_k 1 - \dfrac{N_k n\alpha_k}{\varepsilon_b}} \qquad (8-11)$$

根据偶极矩定义：

$$P = n\alpha E = n\int_V \left\{ [\varepsilon_C(r) - \varepsilon_b] E(r) \right\} \mathrm{d}v \qquad (8-12)$$

其中：v 为每根吸收剂的体积，ε_C 为吸收剂本征介电常数，由式(8-12)可得极化率：

$$\alpha_k = V \frac{\varepsilon_b(\varepsilon_C - \varepsilon_b)}{\varepsilon_b + N_k(\varepsilon_C - \varepsilon_b)} \qquad (8-13)$$

把式(8-13)代入到式(8-11)，得到复合吸波材料的等效电磁参数方程为：

$$\varepsilon_{\text{eff}} = \varepsilon_b + \frac{\dfrac{V_f \varepsilon_b(\varepsilon_C - \varepsilon_b)}{3}\sum_{k=1}^{3}\dfrac{1}{\varepsilon_b + N_k(\varepsilon_C - \varepsilon_b)}}{1 - \dfrac{V_f(\varepsilon_C - \varepsilon_b)}{3}\sum_{k=1}^{3}\dfrac{N_k}{\varepsilon_b + N_k(\varepsilon_C - \varepsilon_b)}} \qquad (8-14)$$

其中：V_f 为吸收剂的体积分数。因此，对于吸收剂为球形颗粒时的复合材料等效电磁参数为：

$$e_{\text{eff}} = \varepsilon_b + 3f\varepsilon_b \frac{\varepsilon_C - \varepsilon_b}{\varepsilon_C + 2\varepsilon_b - f(\varepsilon_C - \varepsilon_b)} \qquad (8-15)$$

而对于本文所涉及的吸收剂为具有一定长径比的纤维时，复合材料等效电磁参数为：

$$e_{\text{eff}} = \varepsilon_b + f(\varepsilon_C - \varepsilon_b) \frac{\varepsilon_C + 5\varepsilon_b}{(3 - 2f)\varepsilon_C + (3 + 2f)\varepsilon_b} \qquad (8-16)$$

上述结论只是在假定吸收剂的体积分数 V_f 较小（小于 10%）时所得的结论，但是实际的吸波材料并不一定满足这个条件。若吸收剂的体积分数比较大，此时短切吸收剂"感受"到的基体的介电常数不同于基体本身的介电常数 ε_b，若以表观介电常数 ε_a 表示，可假设为：

$$\varepsilon_a = V_f \varepsilon_C + (1 - V_f) \varepsilon_b \qquad (8-17)$$

把式（8-17）代入式（8-4），经过上述同样的步骤，可得到吸收剂体积分数较大时复合材料的等效介电常数方程为：

$$\varepsilon_{\text{eff}} = \varepsilon_a + \frac{\dfrac{V_f \varepsilon_a (\varepsilon_C - \varepsilon_a)}{3} \sum_{k=1}^{3} \dfrac{1}{\varepsilon_a + N_k(\varepsilon_C - \varepsilon_a)}}{1 - \dfrac{V_f(\varepsilon_C - \varepsilon_a)}{3} \sum_{k=1}^{3} \dfrac{N_k}{\varepsilon_a + N_k(\varepsilon_C - \varepsilon_a)}} \qquad (8-18)$$

8.1.2.2　多层结构复合材料反射率理论模型

目前，常用的关于多层结构吸波材料反射率的计算方法有"等效传输线法[417, 418]""跟踪计算法[419-421]""传输矩阵法[422]"等方法，其中，"等效传输线法"简单实用，利于计算机程序化，目前被广泛采用。

对于厚度为 d、电磁参数为 (ε, μ) 的电介质，频率为 w 的入射电磁波在空间中电磁场分布如图 8-6 所示。

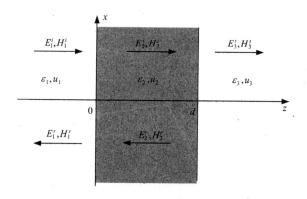

图 8-6　电磁场在含有厚度为 d 的单层电介质的空间中的分布

根据电磁场理论，在电介质左端面［媒质（1）］、内部［媒质（2）］以及右端面［媒质（3）］三个空间中的电磁波可分别表示如下。

对于媒质（1）有：

$$E_{1x} = E_{10}^i e^{j(wt - k_1 z)} + E_{10}^r e^{j(wt + k_1 z)} \qquad (8-19)$$

$$H_{1y} = \frac{1}{\eta_1}[E_{10}^i e^{j(wt - k_1 z)} - E_{10}^r e^{j(wt + k_1 z)}] \qquad (8-20)$$

对于媒质(2) 有：

$$E_{2x} = E_{20}^i e^{j(wt-k_2 z)} + E_{20}^r e^{j(wt+k_2 z)} \tag{8-21}$$

$$H_{2y} = \frac{1}{\eta_2} \left[E_{20}^i e^{j(wt-k_2 z)} - E_{20}^r e^{j(wt+k_2 z)} \right] \tag{8-22}$$

对于媒质(3) 有：

$$E_{3x} = E_{30}^i e^{j(wt-k_3 z)} \tag{8-23}$$

$$H_{3y} = \frac{1}{\eta_3} E_{30}^i e^{j(wt-k_3 z)} \tag{8-24}$$

其中：k_1，k_2 和 k_3 分别表示电磁波在三部分空间中的传输系数。若定义电介质左表面的反射系数 R_0 和右表面的反射系数 R_d 分别为：

$$R_0 = \frac{E_{10}^r e^{j(wt+k_1 z)}}{E_{10}^i e^{j(wt-k_1 z)}} \Big|_{z=0} = \frac{E_{10}^r}{E_{10}^i} \tag{8-25}$$

$$R_d = \frac{E_{20}^r e^{j(wt+k_2 z)}}{E_{20}^i e^{j(wt-k_2 z)}} \Big|_{z=d} = \frac{E_{20}^r e^{jk_2 d}}{E_{10}^i e^{-jk_2 d}} = \frac{E_{20}^r}{E_{10}^i} e^{j2k_2 d} \tag{8-26}$$

$$T_d = \frac{E_{30}^i e^{j(wt-k_3 z)} \big|_{z=d}}{E_{10}^i e^{j(wt-k_1 z)} \big|_{z=0}} = \frac{E_{30}^i}{E_{10}^i} e^{jk_3 d} \tag{8-27}$$

则有：

$$E_{1x} = E_{10}^i \left[e^{j(wt-k_1 z)} + R_0 e^{j(wt+k_1 z)} \right] \tag{8-28}$$

$$H_{1y} = \frac{1}{\eta_1} E_{10}^i \left[e^{j(wt-k_1 z)} - R_0 e^{j(wt+k_1 z)} \right] \tag{8-29}$$

$$E_{2x} = E_{20}^i \left[e^{j(wt-k_2 z)} + R_d e^{j(wt+k_2 z-2k_2 d)} \right] \tag{8-30}$$

$$H_{2y} = \frac{1}{\eta_2} E_{20}^i \left[e^{j(wt-k_2 z)} - R_d e^{j(wt+k_2 z-2k_2 d)} \right] \tag{8-31}$$

$$E_{3x} = T_d E_{10}^i e^{j(wt-k_3 z+k_3 d)} \tag{8-32}$$

$$H_{3y} = \frac{1}{\eta_3} T_d E_{10}^i e^{j(wt-k_3 z+k_3 d)} \tag{8-33}$$

根据电磁场边界条件：两相邻媒质分界面上，总电场和总磁场切向分量相等，即：

$$\left. \begin{aligned} E_{1x} \big|_{z=0} &= E_{2x} \big|_{z=0} \\ H_{1y} \big|_{z=0} &= H_{2y} \big|_{z=0} \\ E_{2x} \big|_{z=d} &= E_{3x} \big|_{z=d} \\ H_{2y} \big|_{z=d} &= H_{3y} \big|_{z=d} \end{aligned} \right\} \tag{8-34}$$

可得：

$$E_{10}^i (1 + R_0) = E_{20}^i (1 + R_d e^{-j2k_2 d}) \tag{8-35}$$

$$\frac{1}{\eta_1} E_{10}^i (1 - R_0) = \frac{1}{\eta_2} E_{20}^i (1 - R_d e^{-j2k_2 d}) \tag{8-36}$$

$$E_{20}^i(1 + R_d) = T_d E_{10}^i \qquad (8-37)$$

$$\frac{1}{\eta_2} E_{20}^i(1 - R_d) = \frac{1}{\eta_3} T_d E_{10}^i \qquad (8-38)$$

由式(8-35)至式(8-38)得：

$$\frac{1 + R_0}{1 - R_0} = \frac{\eta_2}{\eta_1} \frac{1 + R_d e^{-j2k_2 d}}{1 - R_d e^{-j2k_2 d}} \qquad (8-39)$$

$$\frac{1 + R_d}{1 - R_d} = \frac{\eta_3}{\eta_2} \qquad (8-40)$$

由式(8-40)可知：

$$R_d = \frac{\eta_3 - \eta_2}{\eta_3 + \eta_2} \qquad (8-41)$$

式(8-41)代入式(8-40)可得电介质左表面的总反射系数为：

$$R_0 = \frac{\eta_2 \dfrac{\eta_3 + \eta_2 \tanh(jk_2 d)}{\eta_2 + \eta_3 \tanh(jk_2 d)} - \eta_1}{\eta_2 \dfrac{\eta_3 + \eta_2 \tanh(jk_2 d)}{\eta_2 + \eta_3 \tanh(jk_2 d)} + \eta_1} \qquad (8-42)$$

即：

$$R_0 = \frac{\eta_{\text{eff0}} - \eta_1}{\eta_{\text{eff0}} + \eta_1} \qquad (8-43)$$

$$\eta_{\text{eff0}} = \eta_2 \frac{\eta_3 + j\eta_2 \tan(kd)}{\eta_3 - j\eta_2 \tan(kd)} \qquad (8-44)$$

若该电介质层是由 n 层吸收介质层组成的吸波材料，结构示意如图 8-7 所示。

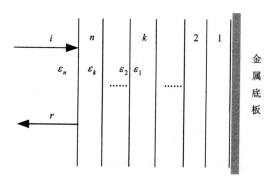

图 8-7　多层结构吸波材料结构示意图

同理可得该 n 层吸波材料的反射率 R 可表示为：

$$R = 20\lg\left|\frac{Z_{in}(n) - 1}{Z_{in}(n) + 1}\right|$$

$$Z_{in}(k) = Z(k)\frac{Z_{in}(k - 1) + Z(k)\tanh[\gamma(k)d(k)]}{Z(k) + Z_{in}(k - 1)\tanh[\gamma(k)d(k)]}$$

$$Z(k) = \sqrt{\frac{\mu_r(k)}{\varepsilon_r(k)}} \tag{8-45}$$

$$\gamma(k) = j\frac{2\pi f}{c}\sqrt{\mu_r(k)\varepsilon_r(k)}$$

其中，$Z_{in}(k)$、$Z(k)$、$\gamma(k)$ 和 $d(k)$ 分别表示第 k 层的输入阻抗、特征阻抗、传播常数和厚度，f 为入射电磁波的频率，c 为真空中的光速。

至此，建立了一套完整的多层结构 $C_f - Si_3N_4$ 复合材料的吸波性能的理论设计方法，其计算流程如图 8 – 8 所示。

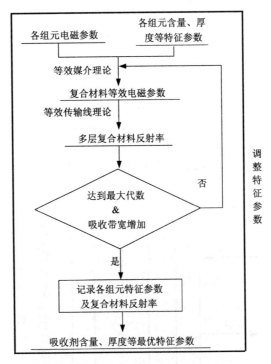

图 8 – 8　多层结构 $C_f - Si_3N_4$ 复合材料的吸波性能设计流程图

通过该方法可从理论上预估结构参数，如每层电介质层的厚度、吸收剂含量等对复合材料反射率的影响，从而提高 $C_f - Si_3N_4$ 复合材料的研制效率。

8.1.3 实验验证

SiO_2 陶瓷纤维及 SiO_2/SiO_2 复合材料具有较低的介电常数($\varepsilon \approx 3$)[423, 424]、耐高温以及优良的电绝缘和透波性能等特点,且由先驱体转化法所得到的 SiO_2 陶瓷基复合材料制备工艺简单,因此,采用石英纤维毡体(江苏宜兴天鸟高兴技术有限公司生产)为电介质层、将碳纤维短切成长度为 1~3 mm 作为吸波剂、化学转换法制备的 SiO_2 陶瓷为复合材料基体,结合手糊工艺和浸渍裂解法制备多层结构($C_f - SiO_2$)/SiO_2 复合材料。

采用正硅酸乙酯水解法[425] 制备的硅溶胶作为 SiO_2 陶瓷基体的先驱体,将短切碳纤维按预先设计的含量手糊铺排于石英纤维毡体夹层内,得到碳纤维 - 石英纤维预制体。然后浸渍于预先配制好的硅溶胶中,超声振动 30 min 后取出,于真空干燥箱内 100 ℃ 烘干 3 h。最后将烘干后的复合材料于真空烧结炉内以 5 ℃/min 的升温速率升到 850 ℃ 热处理 2 h,得到多层结构($C_f - SiO_2$)/SiO_2 复合材料吸波性能验证平板件,其结构示意如图 8 - 9 所示。

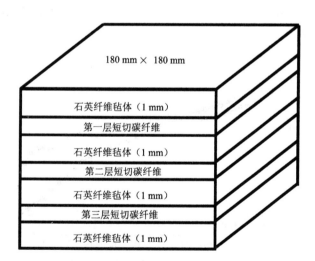

图 8 - 9 多层结构($C_f - SiO_2$)/SiO_2 复合材料结构示意图

对该多层结构($C_f - SiO_2$)/SiO_2 复合材料的吸波性能进行验证,首先需要获取碳纤维的电磁参数,采用同轴法测试的短切碳纤维电磁参数实验结果如图 8 - 10 所示。采用等效电磁参数理论提取出碳纤维的本征电磁参数,然后基于传输线理论方法得到多层结构($C_f - SiO_2$)/SiO_2 复合材料反射率。

以复合材料反射率低于 - 6 dB 的带宽最大化为优化目标,最终得到三层碳纤维含量为 1∶2∶4 时,复合材料的反射率最优。基于该设计结果,相应地制备了该结

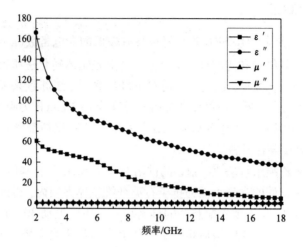

图 8 - 10　短切碳纤维电磁参数[124]

构吸波材料，并采用弓形法测试了该复合材料的反射率，实验结果与理论设计结
果如图 8 - 11 所示。

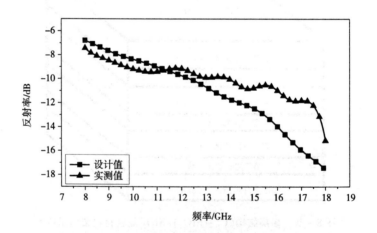

图 8 - 11　双层碳纤维结构吸波材料的反射率曲线

　　由图 8 - 11 可知，理论计算值和实验测量值较为符合，反射率随着频率的增
加而逐渐降低呈持续下降的趋势，且在 8 ～ 18 GHz 范围内反射率均优于 - 6 dB。
通过上述研究结果可以看到，采用的设计方法适应于多层结构碳纤维吸波材料，
为后续研究奠定了理论基础，大大提高了吸波材料的研制效率。

8.2 耐高温多层结构 $C_f - Si_3N_4$ 吸波材料制备及结构

上节确立了耐高温 $C_f - Si_3N_4$ 吸波材料的结构形式,即短切碳纤维分布于基体材料内部、与厚度方向垂直的某一平面内,且其含量沿厚度方向呈梯度分布的多层结构。本节主要基于凝胶注模成型技术制备具有该结构特征的 $C_f - Si_3N_4$ 复合材料,形成耐高温 $C_f - Si_3N_4$ 吸波材料的制备技术原型。

8.2.1 Si_3N_4 陶瓷基体的凝胶注模预成型

高性能 Si_3N_4 陶瓷材料基体是制备高性能 $C_f - Si_3N_4$ 复合材料的基础,而凝胶注模成型制备高性能的氮化硅陶瓷要求陶瓷浆料具备高固含量、低黏度、流变性好以及稳定性好的特点。高的固相含量可以提高烧结体的致密度和强度、低黏度有利于浆料的注模及气体的排出。陶瓷浆料的流变性与粉体的形状、粒径、表面性质、浆料 PH、分散剂的含量、球磨时间及固含量等因素密切相关。为获得高固相含量、低黏度的 Si_3N_4 陶瓷浆料,本节主要研究 Si_3N_4 陶瓷材料凝胶注模工艺中分散剂含量、固相含量、球磨工艺、单体含量等因素对 Si_3N_4 陶瓷材料物理性能的影响,筛选出关键影响因素,为高性能 $C_f - Si_3N_4$ 复合材料的制备技术奠定基础。

8.2.1.1 氮化硅原料的预处理

氮化硅原始粉末因不同的制备方法其表面特性不一样,不可避免地会存在游离硅及其他杂质,而凝胶注模过程中杂质的存在会影响聚合固化过程,这不但使陶瓷坯体的均匀性下降,而且会影响烧结过程的致密化。同时,前期探索实验发现未经处理氮化硅原粉在去离子水中的分散性较差、球磨后的浆料黏度高,注模非常困难,因此要得到高固相含量、分散均匀、流变性能好的氮化硅陶瓷悬浮液,对氮化硅原粉进行预处理是十分必要的。

将氮化硅原粉置于马弗炉内在 850 ℃ 的空气中煅烧 2 h,氮化硅原始粉末在预氧化处理过程中发生的主要反应有:

$$Si_3N_4 + 3O_2 = 3SiO_2 + 2N_2 \qquad (8-46)$$
$$Si_3N_4 + SiO_2 = 2Si_2N_2O \qquad (8-47)$$
$$2Si_2N_2O + 3O_2 = 4SiO_2 + 2N_2 \qquad (8-48)$$

在原始粉末的煅烧过程中,氮化硅粉末被氧化形成的一层 SiO_2 与 Si_2N_2O 的氧化薄膜所包覆,同时也清除了粉末中残余的杂质和水汽,改善了粉体的表面特性。

8.2.1.2 分散剂加入量对浆料黏度的影响

分散剂是一种同时具有亲油和亲水两种官能团的活性剂,能有效防止无机或有机固体颗粒在液体中发生沉降和团聚,形成均匀稳定的胶体,是凝胶注模制备

高固含量和低黏度 Si_3N_4 浆料的重要组成部分之一。

使用四甲基氢氧化铵作为 Si_3N_4 陶瓷粉末的分散剂,在固相含量为 40 vol% 的前提下研究了含量分别为 2 vol%、4 vol%、6 vol%、8 vol% 的四甲基氢氧化铵对氮化硅浆料黏度的影响,结果如图 8 - 12 所示。由图 8 - 12 可知,随着分散剂含量增加,氮化硅浆料黏度先减小后增大,且在 4% 含量时达到最小。当加入的四甲基氢氧化铵的含量较小时,浆料黏度较大,分散效果不佳;在 4 ~ 6 vol% 时,分散剂吸附在氮化硅颗粒表面形成空间位阻效应,阻碍了氮化硅颗粒间的团聚,从而形成分散性较好的浆料。但是当分散剂含量继续增加,未被吸附的分散剂游离在浆料中使黏度上升。

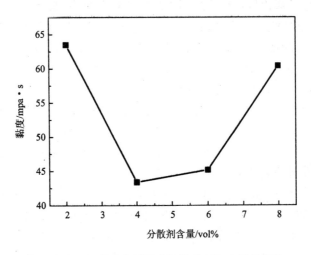

图 8 - 12   氮化硅浆料黏度随分散剂加入量的变化

8.2.1.3   单体含量对浆料黏度的影响

图 8 - 13 为固含量为 45 vol% 时,有机单体(丙烯酰胺)含量对球磨后氮化硅浆料黏度的影响。从图 8 - 13 中可以得出,单体含量从 10 wt% 增加到 15 wt% 时,能大幅度降低浆料的黏度,且当其含量为 15 ~ 20 wt% 时,浆料黏度最小,继续增加单体含量,浆料黏度反而升高。这可能是因为加入的有机单体能包覆在浆料中的颗粒周围,增加颗粒之间的排斥力,形成空间位阻稳定效应,有利于形成稳定的浆料。但是,过多的单体易使成型的坯体产生较大的内应力,导致坯体开裂。因此,有机单体含量应控制在 15 ~ 20 wt% 范围内为宜。

8.2.1.4   球磨时间对浆料黏度的影响

球磨是凝胶注模工艺中重要的一个环节,不仅可以粉碎粉体颗粒,而且可以通过水化作用打破团聚使陶瓷浆料充分分散,促进 Si_3N_4 粉末和烧结剂粉末与预混液的均匀混合,充分发挥分散剂的作用。图 8 - 14 是固含量为 40 vol%、分散剂

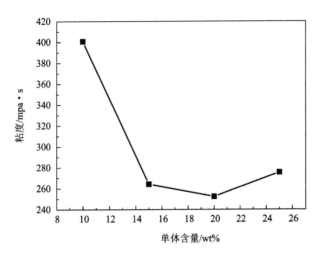

图 8 - 13　氮化硅浆料黏度随单体含量的变化

含量为 6 vol% 时球磨时间对浆料黏度的影响。从图 8 - 14 中可以看出, 球磨初期氮化硅浆料的黏度随球磨时间急剧下降, 在球磨 2 h 时黏度达到最低, 继续增加球磨时间, 浆料黏度增加。这是因为在球磨初期, 研磨不足, 粉料团聚现象较为明显, 与单体、分散剂接触不充分, 浆料黏度较高; 而当球磨时间大于 4 h 时, 长时间的球磨导致温度升高, 引起部分有机单体聚合使流动性变差, 同时使粉料颗粒过细比表面积增大, 分散剂不能充分覆盖粉体表面, 过细的颗粒具有团聚倾向, 颗粒难以自由相对移动, 从而使浆料黏度升高。因此球磨时间确定为 4 h, 过度的球磨不但耗费能源, 还会提高浆料黏度, 降低流动性, 给后续制备工艺带来不利影响。

8.2.1.5　固含量对浆料黏度的影响

固含量是指固态原料粉末(包括 Si_3N_4 粉末和烧结助剂粉末)的体积占球磨后所得浆料体积的百分比。提高浆料的固相含量有利于提高生坯密度, 缩短烧结时扩散传质距离, 使烧结致密化易于进行。固含量的计算公式如下:

$$\varphi = \frac{\dfrac{m}{\rho}}{\dfrac{m}{\rho} + V} \qquad (8 - 49)$$

其中: φ 为固相体积分数(固含量), m 为氮化硅粉末的质量, ρ 为氮化硅的密度, V 为预混液的体积。图 8 - 15 为固含量对球磨后浆料黏度的影响规律, 发现随着固含量的增加, 浆料黏度逐渐增大, 且当固含量从 52 vol% 增加到 55 vol% 时, 浆料黏度从 406.8 MPa·s 急剧增加到 918.5 MPa·s, 约提高了 1.25 倍, 流动性明显变

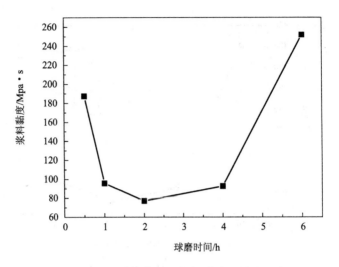

图 8 − 14　氮化硅浆料黏度随球磨时间的变化

差，已难以实现均匀成型。因此，从坯体成型角度看，固含量确定为 45% ~ 55%（体积）范围内为宜。

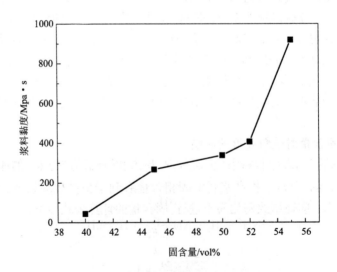

图 8 − 15　氮化硅浆料黏度随固含量的变化

8.2.1.6　引发剂含量对固化时间的影响

固化时间是凝胶注模成型工艺的重要特征参数，固化时间太长，陶瓷浆料容易沉降，得不到均匀致密的素坯，容易产生缺陷；固化时间太短，会影响后续注模过程的可操作时间，尤其是对制备多层结构复合材料而言，每层浆料的固化时间太短，一方面不利于纤维的铺层，另一方面会导致相邻层间的开裂。因此，控制固化时间是制备高质量复合材料的关键环节。凝胶注模的凝胶固化机制主要有以下几个阶段[426]：

单体受引发转变为高活性单体自由基，参与聚合反应，形成活性链：

$$SO_4—CH_2—\overset{\bullet}{CH}—\underset{\underset{O}{\|}}{C}—NH_2 + CH_2{=}CH—\underset{\underset{O}{\|}}{C}—NH_2 \longrightarrow$$

$$SO_4—CH_2—\underset{\underset{\underset{NH_2}{|}}{\underset{C=O}{|}}}{CH}—CH_2—\overset{\bullet}{\underset{\underset{\underset{NH_2}{|}}{\underset{C=O}{|}}}{CH}}$$

$$SO_4—CH_2—\overset{\bullet}{CH}—\underset{\underset{O}{\|}}{C}—NH_2 + CH_2{=}CH—\underset{\underset{O}{\|}}{C}—NH_2 \longrightarrow$$

$$SO_4—CH_2—\underset{\underset{\underset{NH_2}{|}}{\underset{C=O}{|}}}{CH}—CH_2—\overset{\bullet}{\underset{\underset{\underset{NH_2}{|}}{\underset{C=O}{|}}}{CH}}$$

$$\longrightarrow SO_4—CH_2—\underset{\underset{\underset{NH_2}{|}}{\underset{C=O}{|}}}{CH}{+}CH_2—\underset{\underset{\underset{NH_2}{|}}{\underset{C=O}{|}}}{CH}{+}CH_2—\overset{\bullet}{\underset{\underset{\underset{NH_2}{|}}{\underset{C=O}{|}}}{CH}}$$

该活性链在交联剂作用下，交联成为空间网络结构：

$$—CH_2—\underset{\underset{\underset{NH_2}{|}}{\underset{C=O}{|}}}{CH}{+}CH_2—\underset{\underset{\underset{NH_2}{|}}{\underset{C=O}{|}}}{CH}{+}_\pi CH_2—\underset{\underset{\underset{NH_2}{|}}{\underset{C=O}{|}}}{CH}—$$

$$+ CH_2{=}CH—\underset{\underset{O}{\|}}{C}—NH—CH_2—NH—\underset{\underset{O}{\|}}{C}—CH{=}CH_2 \longrightarrow$$

理论和实验均证明引发剂和催化剂是影响陶瓷浆料固化成型的主要因素，并且含量越多，浆料固化时间越短[427]。

所使用的引发剂为自配的浓度为 10 wt% 过硫酸铵水溶液，在催化剂含量固定为 0.6 vol% 的情况下引发剂含量对浆料固化时间的影响，结果如表 8 - 1 和图 8 - 16 所示。从表 8 - 1 中可以看出，引发剂含量从 0.4 vol% 到 0.8 vol% 变化时，凝胶时间缩短，且在0.4 vol% 含量时浆料固化后残余液较多，此时引发剂的量太少，不足以使浆料固化完全，而随着含量的进一步的增加，残余液消失，说明固化完全。从图8－16可以看出，引发剂含量从0.4 vol% 到0.6 vol%，凝胶时间急剧减小，而后凝胶时间基本趋于稳定。

表8－1　引发剂及催化剂含量对凝胶时间的影响

项目	含量及凝胶时间时间			
引发剂／vol%	0.4	0.5	0.6	0.8
催化剂／vol%	0.6	0.6	0.6	0.6
凝胶时间	10′50″	7′30″	4′50″	4′39″
残余液	较多	无	无	无

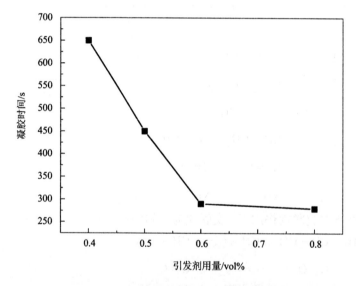

图8－16　凝胶时间随引发剂含量的变化

8.2.1.7　催化剂含量对固化时间的影响

所使用的催化剂为四甲基乙二胺溶液，在引发剂含量为0.5 vol% 的前提下，探讨了催化剂含量对浆料凝胶时间的影响，结果如图8－17和表8－2所示。

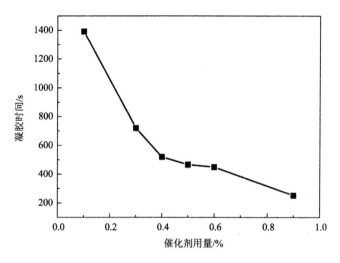

图 8 - 17   凝胶时间随催化剂含量的变化

表 8 - 2   催化剂含量对凝胶时间的影响

引发剂 /vol%	0.5	0.5	0.5	0.5	0.5
催化剂 /vol%	0.1	0.3	0.4	0.5	0.6
凝胶时间	23′12″	12′00″	8′40″	7′47″	7′30″
残余液	无	无	无	无	无

综上可以发现凝胶固化时间随着引发剂和催化剂量的增加而减小,随着引发剂含量的增大,反应速度加快。且当引发剂的体积含量在预混液的(0.4 ~ 0.6)vol% 时,凝胶时间可控制在 4 ~ 11 min;当催化剂的体积含量在预混液的(0.1 ~ 0.6)vol% 时,凝胶时间可控制在 7 ~ 25 min。

8.2.1.8 Si_3N_4 陶瓷坯体的干燥

在凝胶注模工艺中,有机单体聚合后所得水凝胶对温度、湿度非常敏感。干燥过快,坯体在干燥过程中很容易出现开裂,需要尽量放慢干燥速率,因此,干燥是很重要的一个环节。为尽量放缓干燥速率,采用液相干燥、自然干燥和加热干燥三步法干燥方式。液相干燥采用40 wt% 聚乙二醇水溶液作为干燥剂,加热干燥是在 60 ~ 80 ℃ 的真空干燥箱中进行。三个干燥过程中坯体的质量随时间的变化曲线如图 8 - 18 所示。

从三个阶段的干燥时间与坯体失重的关系图中可以看出,在干燥初期坯体失重较快,主要是自由水从坯体扩散至干燥剂中。随着干燥时间的增加,坯体失重

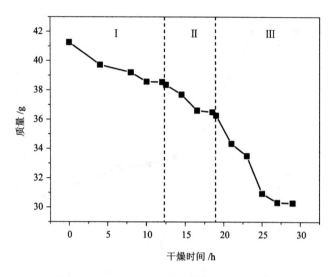

图 8 - 18 坯体质量随干燥时间的变化曲线

速率减慢, 液相干燥阶段在 12 h 后坯体重量趋于稳定, 失重 6.59%。第二阶段是自然干燥, 在自然干燥 6 h 后质量趋于平稳, 本阶段的质量损失是自由水的进一步挥发, 质量相对变化率为 4.85%。而在第三阶段的加热干燥过程中, 主要是剩余自由水和部分结晶水的损失, 在干燥 10 h 后的质量损失率达 16.54%。因此制定的干燥制度为: 液相干燥 10 h, 自然干燥 4 ~ 5 h, 真空干燥箱中干燥 8 ~ 10 h。

在素坯的固化后期和干燥过程中, 有机单体聚合时会优先与氧气发生化学反应, 严重影响了浆料的固化, 往往存在表层剥落、开裂等现象。因此, 只有当氧全部被消耗完后或者在没有氧气的情况下, 有机单体才开始正常的聚合反应[428, 429], 其氧阻聚原理如图 8 - 19 所示。

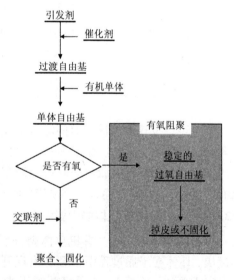

图 8 - 19 氧阻聚原理图

根据上述分析, 聚合反应应尽量避免氧对聚合过程的影响, 本实验在充满氮气的真空手套箱中进行凝胶化反应，图 8 – 20 对比了在空气中和真空手套箱中制得的坯体成型效果。从图 8 – 20 中可以明显地看到相比于空气中制备的脱皮、开裂坯体，在 N_2 中制备的坯体整体光滑平整，保护气体能有效地抑制氧阻聚所造成的脱皮、开裂等现象的发生，大大提高了氮化硅素坯的成型质量，为后续工艺奠定了基础。

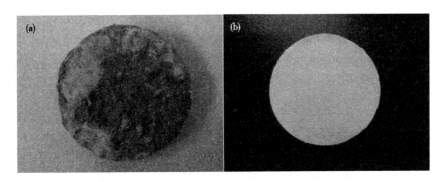

图 8 – 20　不同气氛中制备的坯体表面对比照
(a) 空气；(b) N_2

在坯体干燥过程中不可避免地存在一定程度的收缩现象，而降低坯体的线性收缩率能有效减少坯体内部裂纹产生的概率，有利于提高复合材料的综合性能。图 8 – 21 为固含量对坯体的干燥收缩和密度的影响，由图可见，随着固含量的增加，坯体的线收缩率逐渐减小，而密度逐渐增大。

8.2.2　Si_3N_4 陶瓷的脱脂和烧结

为确定脱脂和烧结的温度制度，对干燥后的坯体在 N_2 气氛下进行了 TG – DTG 分析，结果如图 8 – 22 所示。

采用凝胶注模法制备的 Si_3N_4 陶瓷坯体在排胶时发生了一系列复杂的物理化学反应过程，从图 8 – 22 中可以看出，在 200 ℃ 之前坯体失重较小，主要是坯体中残余水分的挥发；200 ~ 550 ℃ 失重较为剧烈，主要为坯体内部的有机聚合物网络(聚丙烯酰胺)因高温而降解以及结晶水的进一步脱出，以气体的形式排出，坯体失重现象明显；当温度达到 900 ℃ 时，质量趋于稳定，排胶过程结束。因此在 550 ℃ 之前升温速率要尽可能地慢，最大限度避免因裂解气体的逸出给坯体造成损伤。在 1200 ℃ 之后，坯体的重量有所增加，可能是因为坯体中的游离硅与氮气在高温下反应生成氮化硅。

图 8 – 23 是固含量为 45 vol% 不同烧结温度下氮化硅陶瓷相对于烧结前坯体的线收缩率曲线图，从图中可以明显地看到烧结温度从 1400 ℃ 增加到 1500 ℃ 时

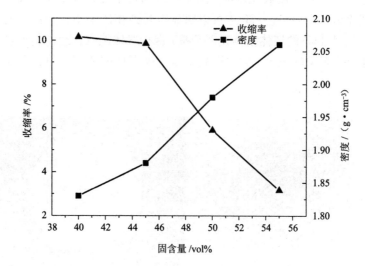

图 8 – 21　坯体干燥收缩率及密度随固含量的变化

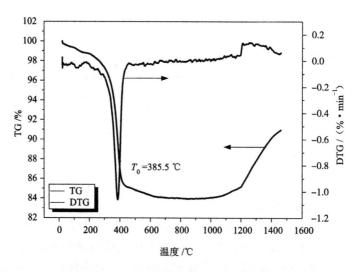

图 8 – 22　Si₃N₄ 坯体 TG – DTG 曲线

线收缩率突然增加，表明在 1500 ℃ 时烧结助剂在高温下形成的玻璃相黏度已经开始明显下降，氮化硅陶瓷颗粒在毛细力的驱动下重排并相互靠拢—接触，并形成接触颈，宏观表现为复合材料的致密化收缩。随着烧结温度的进一步提高（1500 ～1800 ℃），颗粒重排过程进一步加速，同时晶粒的溶解—扩散—再结晶速率进一步加快，收缩率略微增加。

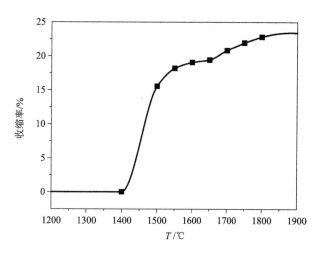

图 8 - 23　不同烧结温度的线收缩率

图 8 - 24 为 Si_3N_4 陶瓷经不同温度烧结后的微观形貌图, 由图 8 - 24(a) 可知, 烧结温度为 1400 ℃ 时, Si_3N_4 陶瓷仅由细小颗粒堆积而成, 为典型的低温 α 相。当烧结温度为 1500 ℃ 时, 开始有小量细长针状晶粒(β 相)萌生发育。而当烧结温度升高到 1600 ℃ 时, 针状晶粒继续发育生长成为短棒状晶粒, 表现为长度和直径的增加, 但晶粒两端为不规则尖劈形状, 仍发育不完全。当烧结温度进一步升高到 1700 ℃ 时, 最显著的特征是晶粒棱角分明, 近似六棱柱。这是因为 Si_3N_4 陶瓷的高温稳定相(β 相)属于六角晶系, 这同时也说明了晶粒已经发育完全。

综合上述分析, 确定如下升温制度: 将干燥后的坯体在 0.05 MPa 氮气气氛下, 以 1 ℃/min 的升温速率升至 800 ℃ 进行脱脂, 然后以 3 ℃/min 的速率升温至 1600 ~ 1800 ℃ 并保温 1.5 ~ 2 h 烧结得到氮化硅陶瓷。

8.2.2.1　固含量对弯曲强度和密度的影响

图 8 - 25 是烧结温度为 1600 ℃ 时固含量对氮化硅烧结体强度和密度的影响, 从图中可以明显地看到氮化硅陶瓷的弯曲强度和密度均随着密度增加而持续增加, 当固含量为 52 vol% 时分别达 487 MPa 和 3.23 g·cm^{-3}。固含量增加时, 坯体的密度逐渐增加, 经高温烧结后收缩率较小, 有效地降低了陶瓷内部微裂纹等缺陷产生的概率, 致密度和弯曲强度均得到了提高。

8.2.2.2　单体含量对弯曲强度和密度的影响

图 8 - 26 为单体质量含量分别为 10%、15%、20% 和 25% 的氮化硅坯体成型情况的宏观照片, 从图中可以明显地看出, 单体含量为 15% 时坯体成型效果最佳, 坯体表面光滑平整, 几乎无宏观缺陷; 而单体低于或高于 15% 时的坯体表面

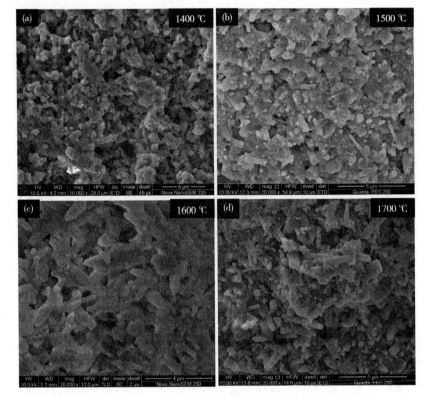

图 8 - 24   不同烧结温度时 Si₃N₄ 的微观形貌
(a)1400 ℃;(b)1500 ℃;(c)1600 ℃;(d)1700 ℃

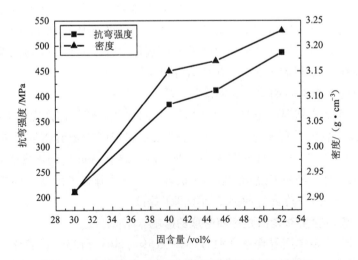

图 8 - 25   固含量对氮化硅烧结体强度和密度的影响

均存在不同程度的鼓泡现象,尤其是当含量增加到25% 时,坯体存在严重的开裂现象。主要是因为有机单体含量过多时,聚合速率加快,坯体固化时间大大缩短,容易导致成型不均匀,同时,聚合时内应力较大,极易造成局部收缩不均匀而开裂。

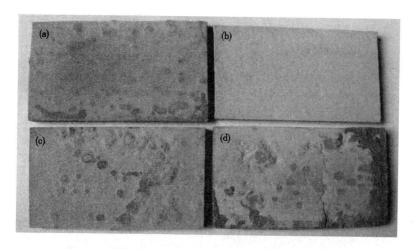

图 8 − 26　不同单体含量的氮化硅坯体
(a)10%;(b)15%;(c)20%;(d)25%

图 8 − 27 为固含量为45 vol%、烧结温度为1600 ℃ 时氮化硅陶瓷弯曲强度和密度随单体含量的变化曲线。由图可知,随着单体含量从 10 wt% 增加到 20 wt%,烧结体的强度和密度均先增大后减小,且在单体含量为15% 时,氮化硅烧结体的强度达到最大值250 MPa,密度为3.18 g/cm^3。浆料中丙烯酰胺单体含量增加时,坯体成型更均匀,后续烧结过程中收缩均匀,产生的微观缺陷也相对较少,弯曲强度和致密度均得到提高;而当单体含量进一步提高时,坯体产生的缺陷在后续排胶工艺中坯体排胶中进一步恶化,反而使力学性能降低。

8.2.2.3　烧结助剂含量对弯曲强度和密度的影响

图 8 − 28 对比了不同烧结助剂含量时的氮化硅陶瓷微观形貌,其中烧结助剂是由 Al_2O_3 − Y_2O_3 组成的复合粉末,烧结温度为1600 ℃。由图可知烧结助剂的含量对烧结体的微观形貌产生较大影响,随着烧结助剂含量从 10 wt% 增加到 25 wt%,烧结后氮化硅晶粒从不规则的棒状发育成规则的棱柱状,同时陶瓷内部孔洞明显减少,晶粒逐渐被烧结助剂经高温热处理后形成的玻璃相所包覆。

图 8 − 29 对比了烧结助剂含量对氮化硅陶瓷的弯曲强度及密度的影响。从图中可以看出,随着烧结助剂含量的变化,烧结体的强度和密度变化趋势一致,都是先增大后减小。且烧结体的密度变化反映了强度的变化,密度越大,强度也越

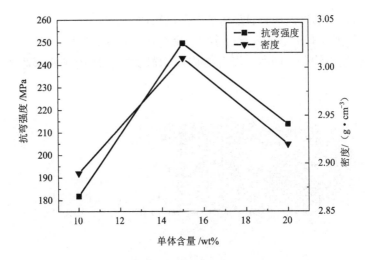

图 8 - 27　单体含量与烧结体强度和密度的关系

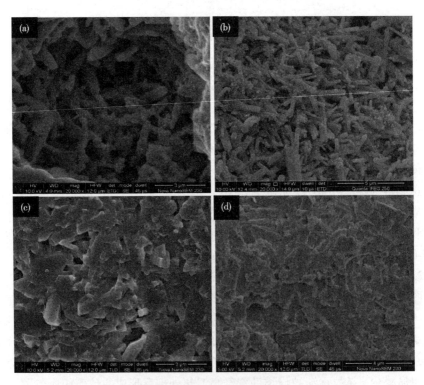

图 8 - 28　不同烧结助剂含量的氮化硅烧结体微观形貌:

（a）10 wt%；（b）15 wt%；（c）20 wt%，（d）25 wt%

大。烧结助剂含量在 15% 时烧结体的强度和密度达到最大值。主要原因是当烧结助剂含量较少时，高温烧结时产生的液相较少，Si_3N_4 晶粒发育不充分，不足以使烧结体致密化，样品中气孔较多，强度低；提高烧结助剂的含量，高温烧结过程中形成充足的液相，有利于液相传质，促进了样品的烧结致密化；但是当烧结助剂过多时，Si_3N_4 晶粒的玻璃相在高温烧结过程中会发生再结晶，同时伴随着较大的体积变化，在氮化硅陶瓷内部产生内应力，增加了在氮化硅陶瓷内部产生微裂纹的概率，严重影响了陶瓷的强度。因此，烧结助剂含量是影响 Si_3N_4 陶瓷力学性能的关键因素之一，应控制在 15 wt% 左右为宜。

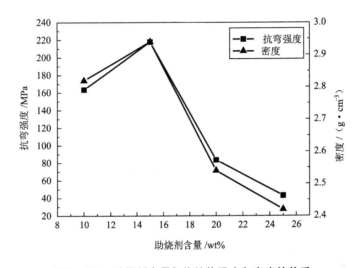

图 8 – 29　助烧剂含量与烧结体强度和密度的关系

8.2.2.4　烧结温度对弯曲强度和密度的影响

烧结温度对氮化硅常压烧结有重要的影响，当烧结温度低时，烧结不致密；温度太高，氮化硅容易分解与挥发。图 8 – 30 对比了固含量为 45 vol% 的氮化硅坯体在 1650 ℃、1700 ℃、1750 ℃、1800 ℃ 烧结后的弯曲强度和密度。

由图 8 – 30 可知，随着温度的升高，烧结体的强度和密度增大，当烧结温度为 1800 ℃ 时，烧结体抗弯强度达到 613 MPa，密度达到 3.27 g·cm^{-3}。烧结温度的升高有利于促进 α – Si_3N_4 到高温稳定相 β – Si_3N_4 的晶型转变，同时烧结温度的升高也使烧结过程中烧结助剂形成的玻璃相黏度进一步降低，晶粒间的毛细作用力进一步增加，促使溶解—沉淀的传质过程充分进行，从而提高了氮化硅烧结体的致密度。

8.2.2.5　烧结方式对弯曲强度和密度的影响

常压烧结工艺由于不加外力，在高温阶段氮化硅或多或少存在分解，为此对

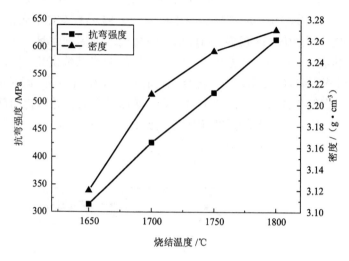

图 8 – 30　　烧结温度对烧结体强度和密度的影响

氮化硅素坯采用埋粉的方式进行烧结。所谓埋粉烧结就是使用与氮化硅素坯相同组分的粉料或 BN 粉末作为粉床，在烧结时将试样埋入这种粉床中，在高温下试样周围产生一个局部的气相平衡环境，以尽量减少氮化硅试样的挥发。表 8 – 3 对比了不同烧结温度和埋粉方式下的氮化硅陶瓷的弯曲强度和密度。从表 8 – 3 中可知，在 1750 ℃ 时，经埋粉烧结后氮化硅陶瓷的弯曲强度和密度分别达到 512.4 MPa 和 3.23 g·cm⁻³，比未埋粉的分别提高 26.46% 和 1.57%；而烧结温度升高到 1800 ℃ 时埋 Si_3N_4 粉烧结的氮化硅陶瓷弯曲强度和密度进一步提高到 635.9 MPa，是埋 BN 粉末烧结后弯曲强度的 3.8 倍。因此埋粉方式也是氮化硅陶瓷无压烧结工艺的重要因素之一。

表 8 – 3　　埋粉方式对氮化硅烧结体强度和密度的影响

烧结温度 /℃	1750	1750	1800	1800
烧结方式	未埋粉	埋氮化硅粉	埋氮化硅粉	埋氮化硼粉
抗弯强度 /MPa	405.2	512.4	635.9	166.6
密度 /(g·cm⁻³)	3.18	3.23	3.27	2.79

8.2.3　Si_3N_4 陶瓷基体的微结构

综合考虑上述凝胶注模法制备氮化硅陶瓷过程中陶瓷粉末固相含量、有机单体质量含量、烧结助剂含量以及烧结温度制备等因素对氮化硅陶瓷坯体成型以及烧结后力学性能的影响,得到如图 8 - 31 所示的最佳制备工艺路线。

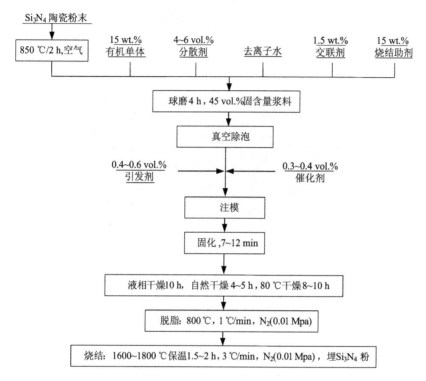

图 8 - 31　凝胶注模法制备 Si₃N₄ 陶瓷的最佳工艺路线图

图 8 - 32 是采用上述工艺在 1700 ℃ 的温度下烧结后氮化硅的典型微观形貌。从图 8 - 32 中可以看出,经过高温烧结后氮化硅试样主要由长柱状的 β - Si₃N₄ 晶粒(图 8 - 33)和附着在晶粒表面的玻璃相组成,β - Si₃N₄ 晶粒相互交织成致密的三维网状结构。其形成机理为:在高 α - Si₃N₄ 相的氮化硅粉中加入一定量的烧结助剂后,烧结助剂与氮化硅表面存在的 SiO₂ 氧化膜反应,在高温烧结过程中最初形成低熔点的硅酸盐液相,液相润湿 α - Si₃N₄ 颗粒,填充于颗粒之间,颗粒借助表面张力作用发生重排。随着温度进一步升高,玻璃相黏度下降,α - Si₃N₄ 颗粒逐渐溶解于液相中,并发生重结构析出长柱状 β - Si₃N₄ 晶粒,即 $\alpha \rightarrow \beta$ 相转变。在冷却过程中,硅酸盐液相以非晶态玻璃保留,成为晶界玻璃相。这些玻璃相与 β - Si₃N₄ 晶粒结合,而 β - Si₃N₄ 针状晶粒在长大过程中形成相互交织的结构,试样在断裂过程中,长柱状的 β - Si₃N₄ 起到类似纤维增韧的作用,从而使材料具有一定的强度和断裂韧性。

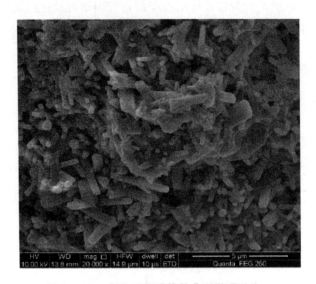

图 8 - 32　氮化硅烧结体的典型微观形貌

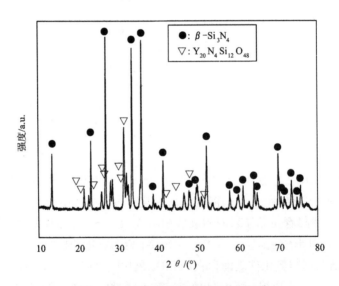

图 8 - 33　氮化硅烧结体的 XRD 图谱

图 8 - 33 是氮化硅烧结体的 X 射线衍射图，从图中可以看出，氮化硅烧结体主要由 β - Si_3N_4 和 $Y_{20}N_4Si_{12}O_{48}$ 组成。β - Si_3N_4 是由 α - Si_3N_4 在高温下发生相变而成。而 $Y_{20}N_4Si_{12}O_{48}$ 是由烧结助剂与氮化硅表面存在的 SiO_2 氧化膜反应，形成低熔点的氮氧化物玻璃相。

8.2.4　多层结构 C_f – Si_3N_4 复合材料制备

8.2.4.1　多层结构 C_f – Si_3N_4 复合材料制备工艺

在上述氮化硅陶瓷基体凝胶注模工艺的基础上,利用其原位固化成型的特点,结合所设计的多层结构吸波材料,制备了相应的多层结构 C_f – Si_3N_4 复合材料,其制备工艺流程如图 8 – 34 所示。

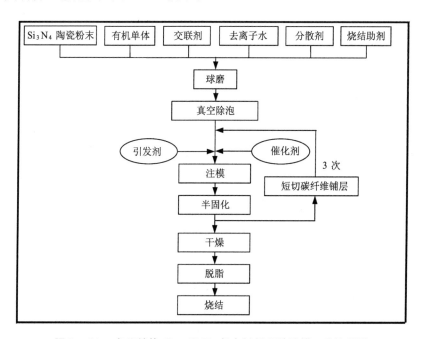

图 8 – 34　多层结构 C_f – Si_3N_4 复合材料凝胶注模工艺流程图

与制备氮化硅陶瓷所不同的是,制备多层结构 C_f – Si_3N_4 复合材料采用多次注模 — 半固化 — 短切碳纤维铺层工艺制备多层坯体。将球磨所得浆料经真空除泡后加入引发剂(质量浓度为 10% 的过硫酸铵溶液)和催化剂(四甲基乙二胺),机械搅拌均匀后注入自制正方形玻璃模具中,常温固化成型。然后将预先短切成长度为 1 ~ 3 mm 的碳纤维均匀铺洒于浆料表面;经过 9 ~ 11 min 之后浆料半固化时,重复注模 — 半固化 — 短切碳纤维铺层步骤,最后得到多层结构 C_f – Si_3N_4 复合材料坯体。考虑到 C_f – Si_3N_4 复合材料为多层结构,为避免干燥过快而使复合材料出现缺陷,需要进一步降低干燥速率,同时延长干燥时间。复合材料的坯体干燥同样分为两个阶段:第一阶段为液相干燥,将上述得到的多层结构 C_f – Si_3N_4 复合材料坯体置于 40 wt% 的聚乙二醇水溶液中干燥 15 ~ 20 h;第二阶段为空气中干燥,将坯体从液相干燥剂中取出后首先在空气中自然干燥 5 ~ 10 h,然后在烘箱中 50 ~

80 ℃ 干燥 10 ~ 15 h。将干燥后的坯体在 0.05 MPa 氮气气氛下，以 1 ℃/min 的升温速率升温至 800 ℃ 进行脱脂，然后以 3 ℃/min 的升温速率至 1600 ~ 1800 ℃ 并保温 1.5 ~ 2 h 烧结，最终得到多层结构 C_f - Si_3N_4 陶瓷基复合材料。

8.2.4.2 界面相

值得一提的是，碳纤维与氮化硅在高温下是化学不兼容相，通过查阅热化学数据手册[430] 可知高温环境下存在如下反应式：

$$3C + Si_3N_4 \xrightarrow{> 1500 ℃} 3SiC + 2N_2 \uparrow \qquad (8-50)$$

而为了得到致密化的 C_f - Si_3N_4 陶瓷基复合材料，本书采用的无压烧结温度一般为 1600 ~ 1800 ℃。同时，碳纤维与氮化硅的热膨胀系数存在一定差异（分别为 $0.67 \times 10^{-6} K^{-1}$ 和 $2.6 \sim 4.62 \times 10^{-6} K^{-1[114,431,432]}$），在高温烧结过程中必然形成较大的界面应力。因此，如果不对碳纤维进行预处理，直接将碳纤维与氮化硅基体复合，势必会对作为吸波组元的碳纤维造成不同程度的损伤，最终影响对电磁波的损耗能力。

为了缓解碳纤维与氮化硅在高温下的物理化学不兼容性，研究学者已采取了一系列措施，包括在氮化硅基体中加入少量的氧化锆[432]、无定形碳（碳黑）颗粒[433]，或者在制备过程中降低烧结温度[434,435] 等。然而，上述方法只能在一定程度上改善了两者的化学不兼容性，并不能从根本上解决。鉴于许多研究学者在制备碳纤维复合材料过程中，往往通过碳表面改性的方式来保护碳纤维，或是形成合适的界面相使复合材料强韧化[436-445]，而对采用碳纤维表面改性的方法来解决碳纤维与氮化硅陶瓷基体化学不兼容性的研究却鲜见报道。本书作者团队前期已经积累了一系列碳纤维吸波剂表面改性的方法[124]。其中，采用 CVD 法在碳纤维表面制备的 PyC/SiC 双涂层不仅在热匹配上得到大幅度改善，同时提高了碳纤维的抗氧化性能，而且改善了碳纤维的阻抗匹配特性，是理想的界面相之一。

首先采用 CVD 工艺在碳纤维表面沉积一层 PyC 界面保护层。其反应体系为 C_3H_6 - N_2 复合体系，C_3H_6 和 N_2 的摩尔比为 1:1，沉积温度为 1100 ℃，沉积压力为 150 ~ 250 Pa，沉积时间为 1 h。然后再采用 CVD 工艺在其表面制备 SiC 涂层，其反应体系为 CH_3SiCl_3 - H_2 - Ar 复合体系，H_2 和 CH_3SiCl_3 的摩尔比为 10:1，沉积温度为 1100 ℃，沉积压力为 150 ~ 250 Pa，沉积时间为 4 h。

图 8-35 对比了碳纤维表面 PyC/SiC 涂层改性前后，通过凝胶注模法制备的 C_f - Si_3N_4 复合材料的微观形貌。从图 8-35(a) 可以看出，碳纤维未被 PyC/SiC 涂层保护时，经 1700 ℃ 烧结后损伤严重，甚至是全部被反应掉并留下孔洞，严重影响了复合材料的电磁性能。而图 8-35(b) 中通过在碳纤维表面引入 PyC/SiC 涂层，经 1700 ℃ 烧结后碳纤维仍保持完整光滑，有效地克服了碳纤维与氮化硅基体的化学不兼容性。

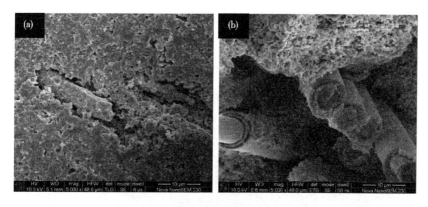

图 8 - 35　PyC/SiC 界面相对复合材料碳纤维形貌的影响

8.2.4.3　多层结构 C_f - Si_3N_4 复合材料的结构

图 8 - 36 所示为多层结构 C_f - Si_3N_4 复合材料的宏观形貌图和截面形貌图。从图 8 - 36 中可以明显地看到：氮化硅基体结合紧密，无分层现象，相邻短切碳纤维层之间相互平行，间距均匀，且纤维含量不同时，碳纤维层的厚度略有不同，达到了预先的设计效果。

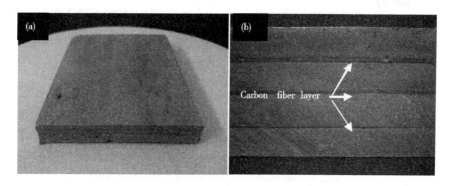

图 8 - 36　多层结构 C_f - Si_3N_4 复合材料

(a) 宏观形貌图；(b) 截面形貌图

表 8 - 4 列出了固含量为 45 vol% 、1600 ℃ 烧结得到的 Si_3N_4 陶瓷和多层结构 C_f - Si_3N_4 复合材料密度及孔隙率，从表中可以看出 Si_3N_4 陶瓷及其复合材料的孔隙主要是由 Si_3N_4 短棒状晶粒三维交织而成的闭孔组成［见图 8 - 37(a)］。图 8 - 37 所示为 C_f - Si_3N_4 复合材料基体和碳纤维微观形貌图，从图 8 - 37(b) 中可以清楚地看到：烧结后 C_f - Si_3N_4 复合材料中碳纤维表面光滑完整，且 EDS 结果［见图 8 - 37(c) 和 (d)］显示碳纤维及其涂层保持着原有的化学成分特性，说明 PyC/SiC 界面相能有效地实现碳纤维与氮化硅基体在高温环境下的化学兼容。

表 8 − 4 Si_3N_4 陶瓷和多层结构 $C_f - Si_3N_4$ 复合材料物理特性

样品	密度/$(g \cdot cm^{-3})$	孔隙率/%		
		总孔隙率	开孔率	闭孔率
Si_3N_4	2.63	17.63	2.44	15.19
$C_f - Si_3N_4$	2.61	18.13	3.81	14.32

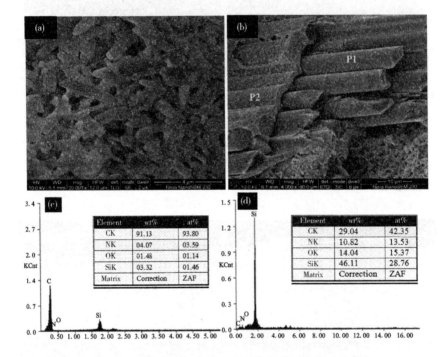

图 8 − 37 $C_f - Si_3N_4$ 复合材料基体和碳纤维微观形貌图

(a) Si_3N_4 基体；(b) 改性碳纤维；(c) P1 处的能谱图；(d) P2 处的能谱图

8.3 $C_f - Si_3N_4$ 复合材料氧化性能及力学性能

Si_3N_4 陶瓷材料既表现出突出的强度、耐磨、耐高温、耐腐蚀的优点，又具备了抗热震性能好、耐高温蠕变、化学稳定性能佳、热膨胀系数低等优势，作为热结构材料被广泛应用于航空航天、冶金、机械、半导体、医学等领域。同时，它还具有相对较低的密度以及低的介电常数、介电损耗等电学性能优势，作为电磁功能材料受到广泛关注。

然而，Si_3N_4 属于典型的非氧化物陶瓷材料，在高温环境中不可避免地存在着氧化问题，不仅使用寿命受到限制，而且严重影响了其力学性能。$C_f - Si_3N_4$ 复合材料作为高温吸波材料应用时大都处于氧化气氛中，氧化势必会对复合材料力学性能和介电性能产生不同程度的影响。由于作为吸收剂的短切碳纤维含量较低（< 1 wt%），且采用 CVD 法制备了 PyC/SiC 双涂层进行保护，故 $C_f - Si_3N_4$ 复合材料的氧化特征与 Si_3N_4 陶瓷材料类似。

目前，国内外已有大量文献研究了 Si_3N_4 及其复合材料的氧化行为[446-467]，但尚无采用凝胶注模法制备的多层结构 $C_f - Si_3N_4$ 复合材料的氧化性能的详细报道。本书采用凝胶注模法制备了多层结构 $C_f - Si_3N_4$ 复合材料，并探讨高温服役环境下 $C_f - Si_3N_4$ 复合材料结构承载性能的演变规律，本章通过等温氧化手段研究多层结构 $C_f - Si_3N_4$ 复合材料的氧化性能、氧化对其微观组织结构及力学性能的影响。

8.3.1　氧化性能

8.3.1.1　等温氧化行为

比较了不同温度下多层结构 $C_f - Si_3N_4$ 复合材料试样的等温氧化行为，其单位面积的质量变化曲线如图 8 - 38 所示。从图 8 - 38 中可以看到，当氧化温度低于 550 ℃ 时，$C_f - Si_3N_4$ 复合材料的质量几乎没有变化，即几乎不被氧化。当氧化温度为 800 ~ 1200 ℃ 范围内，$C_f - Si_3N_4$ 复合材料单位面积的增重均随氧化时间的增加先增加，然后增加速率明显下降并趋于稳定值。当温度为 1200 ℃、氧化 50 h 后试样单位面积的增重仅为 0.31 mg · cm^{-2}。然而当温度继续升高到 1300 ℃ 及以上时，$C_f - Si_3N_4$ 复合材料单位面积的增重随着氧化时间的延长不断增加，但增加的速率逐渐减小，呈现典型的抛物线规律。试样在 1300 ℃、1350 ℃ 以及 1400 ℃ 氧化 50 h 后的增重分别为 0.81 mg · cm^{-2}、1.38 mg · cm^{-2} 和 2.11 mg · cm^{-2}。

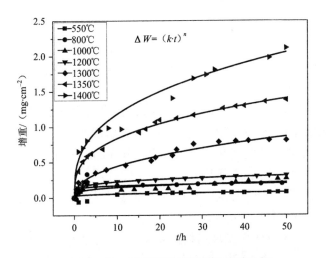

图 8 - 38　不同氧化温度的抗氧化性能

由图 9 - 38 可知，C_f - Si_3N_4 复合材料的单位面积氧化增重量随氧化时间的增加遵循抛物线规律，并可用如下关系式表示：

$$\Delta W = (k \cdot t)^n \qquad\qquad (8 - 51)$$

式中：ΔW 为单位面积的氧化增重，k 为氧化速率常数，t 为氧化时间。基于式(8 - 51) 将复合材料在不同温度下的氧化实验结果进行拟合，拟合曲线见图 8 - 38，拟合得到的动力学方程参数见表 8 - 5。

表 8 - 5　不同氧化温度的动力学方程参数

温度 /℃	550	800	1000	1200	1300	1350
k/mg·cm^{-2}·h^{-1}	7.72×10^{-8}	5.88×10^{-9}	3.6×10^{-5}	6.0×10^{-5}	0.014	0.057
n	0.2095	0.1073	0.2436	0.2020	0.4152	0.3217

由表 8 - 5 可知，随着氧化温度的升高，C_f - Si_3N_4 复合材料的氧化速率常数逐渐增加。但在温度低于 1200 ℃ 的范围内氧化速率常数为 10^{-9} ~ 10^{-5} mg·cm^{-2}·h^{-1}，可以认为几乎不被氧化。同时可以发现 n 值均小于普遍报道的 0.5[461-464, 468, 469]，即单位面积的增重更小，表明本书制备的 C_f - Si_3N_4 复合材料具有更好的抗氧化性能。

8.3.1.2　氧化后的微观形貌及成分

图 8 - 39 为 C_f - Si_3N_4 复合材料在不同温度氧化 50 h 后的截面显微形貌。从图中可以看出，氧化温度低于 1000 ℃ 时，Si_3N_4 基体几乎没有变化，短棒状晶粒保持原有形貌[见图 8 - 39(a)]。当氧化温度为 1200 ℃ 时，虽然没有出现明显的氧化层，但基体表面变得光滑，晶粒被一薄层熔融状氧化膜包覆[见图 8 - 39 (b)]。当氧化温度进一步升高到 1300 ℃ 时，Si_3N_4 基体表面可以明显看到一层致密的氧化层[见图 8 - 39 (c)]，厚度为 16 ~ 20 μm。当氧化温度继续升高到 1350 ℃ 时，基体表面的氧化层厚度略微增加至 20 ~ 26 μm，并且氧化层变得疏松多孔[见图 8 - 39 (d)]。而当氧化温度达到 1400 ℃ 时，表面的氧化层继续增加到 40 ~ 50 μm，且氧化层孔洞进一步扩大，与 Si_3N_4 基体出现明显的界面脱黏[见图 8 - 39 (e)]。值得注意的是上述氧化过程仅发生在基体的外表面，基体内层和内部的碳纤维[见图 8 - 39 (f)] 及其涂层界面仍保存完好。

图 8 - 40 对比了 C_f - Si_3N_4 复合材料经不同温度氧化 50 h 后的表面 XRD 曲线。由图可知，C_f - Si_3N_4 复合材料表层主要由 β - Si_3N_4 相和烧结助剂经高温烧结后形成的 (Y、Si、Al、N、O) 复杂玻璃相组成。而随着氧化温度的升高，复合材料表面 SiO_2 相(方石英相) 的特征峰逐渐增强，β - Si_3N_4 相特征峰逐渐减弱。

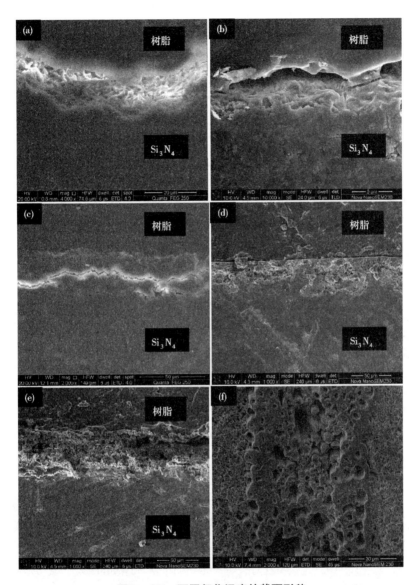

图 8 – 39 不同氧化温度的截面形貌

(a) 1000 ℃；(b) 1200 ℃；(c) 1300 ℃；(d)1350 ℃；(e)1400 ℃；(f)1400 ℃，内层纤维

8.3.1.3 氧化机制

Sheehan[465] 根据热力学规律系统地研究了 Si_3N_4 陶瓷材料在不同气氛下的氧化行为，并且提出 Si_3N_4 陶瓷材料的钝化氧化行为[见式(8 – 52)]，它是在较高的氧分压下氧化生成 SiO_2 的反应，氧化后复合材料表现为氧化增重。其化学反应

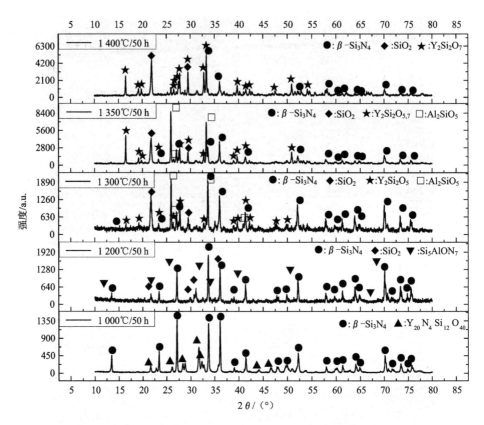

图 8 - 40　不同氧化温度的 $C_f - Si_3N_4$ 复合材料表面成分

式为：

$$Si_3N_4(s) + 3O_2(g) = 3SiO_2(s) + 2N_2(g) \qquad (8-52)$$

式(8 - 52)的反应是氮化硅材料在氧化过程中的主要氧化反应方程式，该反应式的反应自由熵为：

$$\Delta G = -1859.4 \times 10^3 + 268.6 \cdot T (J \cdot mol^{-1}) \qquad (8-53)$$

由式(8 - 53)可知，单从热力学角度说该反应在室温至 6992 K 都有可能发生，但受反应动力学限制，低温环境下氧化不明显。

而随着钝化反应的进行，表面生成的 SiO_2 薄膜层势必会形成一道屏障，大大降低了氧进一步向材料内部扩散的速率，此时 Si_3N_4 陶瓷的氧化反应被称为活化氧化[见式(8 - 54)]，由于该反应生成产物的 SiO 以气态的形式穿过氧化层向外逸出，新的 Si_3N_4 材料表面将不断暴露，并进一步被氧化，所以 Si_3N_4 陶瓷材料表现为持续的失重现象。其化学反应式为：

$$Si_3N_4(s) + \frac{3}{2}O_2(g) = 3SiO(g) + 2N_2(g) \qquad (8-54)$$

该反应式的反应自由焓为：

$$\Delta G = 412.26 \times 10^3 - 795.5 \cdot T \ (J \cdot mol^{-1}) \qquad (8-55)$$

而 Si_3N_4 陶瓷的氧化动力学过程一般来说可分为以下五个步骤：① 氧分子向 Si_3N_4 陶瓷表面转移；② 氧通过氧化层向材料内部扩散；③ Si_3N_4 和 SiO_2 的界面反应；④ 气体产物（N_2 或 NO）穿过氧化层向外扩散；⑤ 气体产物脱离氧化层。当氧化温度低于 1200 ℃ 时，由于氧在表面生成的 SiO_2 膜中扩散系数相对较小（见表 9-6），阻碍了氧化反应的进一步进行，C_f - Si_3N_4 复合材料的氧化增重现象并不明显，单位面积的氧化增重曲线比较平缓。当氧化温度继续升高时，一方面，氧化反应[式(8-52)]活性提高，氧化速率增加；另一方面，氧在氧化层的扩散速率增加，进一步促进了氧化反应[式(8-52)]的进行，表面氧化层厚度增加。然而，在钝化氧化反应加剧的同时，活化反应也相应地增强。由于活化反应生成 SiO 气体并穿过氧化层逸出，形成了表面氧化层的疏松多孔结构，并且这些孔洞结构使 Si_3N_4 材料内部不断与氧接触并发生反应，在宏观上表现为氧化曲线的持续上升。如果温度进一步增加（如达到 1400 ℃），式(8-52) 和式(8-54) 所述的两个反应同时加剧，氧化增重继续增加，表面氧化层厚度增加，同时氧化层的孔洞进一步扩张，伴有开裂和脱落现象。

表 8-6　不同温度时氧在 SiO_2 中的扩散系数[460]

温度 /℃	1200	1300	1400
扩散系数 / $\times 10^{-8}$	2.8	5.0	8.37

另外，Si_3N_4 陶瓷被氧化后表面生成的 SiO_2 在高温下会与烧结助剂成分 Y_2O_3 和 Al_2O_3 发生复杂的固相化学反应，生成富含 Y 和 Al 的硅酸盐玻璃相。同时，本书制备的 C_f - Si_3N_4 复合材料含有 Y_2O_3 烧结助剂成分，在高温氧化过程中，Y^{3+} 会向表面氧化层扩散迁移[461]，这就是表面 XRD 图谱中显示的一直含有由 Y、Si、Al、N、O 元素组成的复杂玻璃相的原因。更值得一提的是表面形成的 SiO_2 膜与 Si_3N_4 基体之间存在热膨胀系数差异性（见表 8-7），样品从管式炉中取出后在冷却的过程中石英相要发生 $\alpha \rightarrow \beta$ 的相变，并伴随着体积的变化，从而导致表面裂纹的产生。

表 8 - 7 SiO$_2$ 和 β - Si$_3$N$_4$ 的热膨胀系数

成分	SiO$_2$（方石英）	β - Si$_3$N$_4$
热膨胀系数 /10^{-6} K^{-1}	10.3	3.6

综合上述分析可知，随着氧化的进行，Si$_3$N$_4$ 陶瓷表面氧化层的微观组织结构发生了一系列变化，使氧通过氧化层向内扩散和产物通过氧化层向外扩散的速率发生了变化，反过来又进一步影响了 Si$_3$N$_4$ 陶瓷材料的抗氧化性能，这些变化将对复合材料的力学性能产生较大影响。

8.3.2 力学性能

8.3.2.1 室温力学性能

图 8 - 41 为固含量为 45 vol% 、1600 ℃ 烧结得到的多层结构 C$_f$ - Si$_3$N$_4$ 复合材料试样三点弯曲强度分布图。通过正态分布拟合可知弯曲强度平均值为 315.8956 MPa，标准差为 35.8117 MPa。

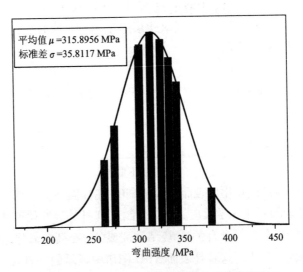

图 8 - 41 C$_f$ - Si$_3$N$_4$ 复合材料三点弯曲强度

图 8 - 42 为 C$_f$ - Si$_3$N$_4$ 复合材料典型的断口微观形貌，从图中可以看出，短棒状的 β - Si$_3$N$_4$ 晶粒相互交织成紧密结构，断面凹凸不平且呈现窝状断裂形貌，部分区域有晶粒拨出时留下的孔洞，这是烧结助剂经高温烧结后形成的玻璃相烧结颈被晶粒撕裂所形成的。这种断裂形貌有钢制件断裂特征，是复合材料具有高强度的主要原因。另外，所涉及的多层结构 C$_f$ - Si$_3$N$_4$ 复合材料中碳纤维仅承担着吸

波组元的功能,含量较低,且呈非连续状态分布于 Si_3N_4 基体中,因此对力学性能几乎没有贡献,本节不予讨论。

图 8 – 42 C_f – Si_3N_4 复合材料断口形貌

8.3.2.2 氧化后的力学性能

图 8 – 43 为不同氧化温度氧化对 Si_3N_4 陶瓷及 C_f – Si_3N_4 复合材料弯曲强度的影响,且经 1300 ℃、1350 ℃ 和 1400 ℃ 氧化 50 h 后的强度及其保留率见表 8 – 8。由图 8 – 43 可知,氧化温度在 550 ~ 1300 ℃ 范围内时,Si_3N_4 陶瓷及 C_f – Si_3N_4 复合材料弯曲强度均保持在 300 MPa 以上波动,在 1300 ℃/50 h 氧化后的强度保留率分别为 90.9% 和 96.2%。而当氧化温度继续升高时,Si_3N_4 陶瓷及 C_f – Si_3N_4 复合材料弯曲强度出现明显下降,且复合材料的强度下降幅度更大,在 1400 ℃/50 h 氧化后的强度保留率分别仅为 71.2% 和 64.8%。这主要是因为表面氧化层疏松多孔,其强度远不如内层基体,复合材料有效承力面积减小。同时,分布于 Si_3N_4 晶粒间的玻璃相发生复杂的晶型变化以及原子向表面的迁移,原有牢固的三维网络结构遭受不同程度的破坏,表现为强度明显下降。

表 8 – 8 Si_3N_4 陶瓷及 C_f – Si_3N_4 复合材料强度保留率

材料	强度	25 ℃	1300 ℃	1350 ℃	1400 ℃
Si_3N_4	弯曲强度 /MPa	379.7	345.1	307.8	270.4
	强度保留率 /%	—	90.9	81.1	71.2
C_f – Si_3N_4	弯曲强度 /MPa	315.9	303.8	242.7	204.6
	强度保留率 /%	—	96.2	76.8	64.8

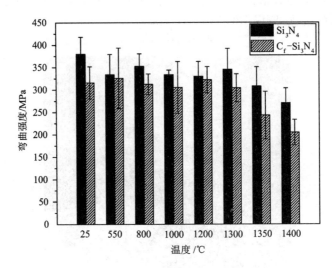

图 8 – 43　不同温度氧化后 Si_3N_4 陶瓷及 $C_f – Si_3N_4$ 复合材料的弯曲强度

8.4　$C_f – Si_3N_4$ 复合材料介电性能及其响应机理

短切碳纤维因其独特的形状各向异性，内部电子在外界电磁场作用时建立极化状态，可视为电偶极子，在交变极化与弛豫过程中能高效损耗电磁波能量。前文已经提到，为协同阻抗匹配和吸收损耗两个因素，设计了层状结构 $C_f – Si_3N_4$ 吸波材料。其中短切碳纤维均匀分布于与厚度方向平行的薄层内（即2D分布），如图 8 – 44 所示。

短切碳纤维作为所设计的结构吸波材料的吸波组元，其含量是影响复合材料介电性能和吸波性能的关键参数之一。因此，首先研究碳纤维含量对复合材料介电性能的影响及其响应机理，在此基础上研究多层结构 $C_f – Si_3N_4$ 吸波材料的介电性能及其响应机理。

8.4.1　Si_3N_4 陶瓷基体的介电特性

8.4.1.1　理论模型与计算方法

第一性原理已经广泛应用于晶体材料的力学、光学和热学等性能的计算与预测，关于 Si_3N_4 性能的第一性原理计算，国内外已经有许多研究报道[186, 187, 470–479]。但是，对于介电性能计算还存在一定的局限性，例如第一性原理计算得到的 Si_3N_4 介电性能只是针对于单晶 Si_3N_4 在基态（$T = 0$ K）的介电谱，而对于实验制备的 Si_3N_4 陶瓷均含有一定的添加剂或杂质，这些添加剂或杂质都可

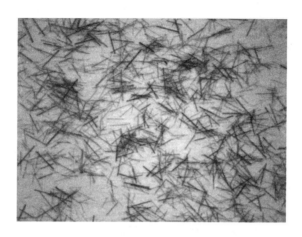

图 8 - 44   短切碳纤维均匀分布于某一薄层内的俯视图

能对 Si_3N_4 介电性能产生不同程度的影响。基于上述原因，本节首先采用第一性原理计算得到 $\beta - Si_3N_4$ 陶瓷的介电性能，然后将本书所采用的凝胶注模工艺中的烧结助剂作为第二相，结合等效媒质理论得到 $\beta - Si_3N_4/$ 烧结助剂复合陶瓷的介电性能，从理论计算的角度得到 Si_3N_4 陶瓷基体的介电特性。

所计算的是理想状态下的高温稳定相 $\beta - Si_3N_4$，属空间群 C_{6h}^2，符号为 P63/M，属于六方晶系。根据实验数据[480]，晶格常数选择为 $a = 7.6272 Å$, $c = 2.9182 Å$, $\alpha = \beta = 90°$, $\gamma = 120°$ 的初始数据建立原胞，原胞中包含 8 个 N 原子和 6 个 Si 原子，共 14 个原子，其原胞模型如图 8 - 45 所示。

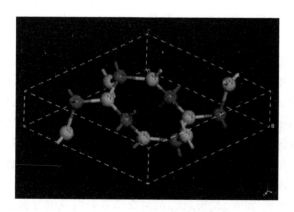

图 8 - 45 $\beta - Si_3N_4$ 原胞模型图

基于密度泛函理论的第一性原理计算方法，使用 Materials Studio 软件中的量子力学模块 CASTEP 软件。采用广义梯度近似(GGA)泛函形式计算 $\beta - Si_3N_4$ 电子之间的相互作用,交换 — 关联势取 PW91 修正形式。计算时,平面波截止能(E_{cut})选为 770 eV,系统总能量和电荷密度在布里渊区的积分计算使用 Monkhorst - Pack 方法,k 点网格设定为 $4 \times 4 \times 10$,对模型的结构优化方法为 BFGS(Broyden Fletcher Glodfarb and Shanno)算法,收敛标准为原子所受的最大作用力为 0.03 eV/Å,最大应力为 0.05 GPa,自洽计算(SCF)的收敛精度为 1.0×10^{-6} eV/atom,原子最大位移收敛标准为 1.0×10^{-3} Å。

由于 $\beta - Si_3N_4$ 属于六方晶系,其电极化沿三轴方向呈现各向异性,因此,介电常数表现为一个张量形式。经上述方法计算得到了 $\beta - Si_3N_4$ 的静态介电常数和光频介电常数分别为:

$$\varepsilon^0 = \begin{bmatrix} 8.12747 & 0 & 0 \\ 0 & 8.12747 & 0 \\ 0 & 0 & 8.06167 \end{bmatrix} \tag{8-56}$$

$$\varepsilon^\infty = \begin{bmatrix} 4.23024 & 0 & 0 \\ 0 & 4.23024 & 0 \\ 0 & 0 & 4.21677 \end{bmatrix} \tag{8-57}$$

由上述可知,所制备的 Si_3N_4 陶瓷中 $\beta - Si_3N_4$ 晶粒相互交织成宏观上三维各向同性的网络结构,因此,将上述三个方向的介电常数加以平均,得到 $\beta - Si_3N_4$ 的等效静态介电常数:

$$\widetilde{\varepsilon^0} = \frac{1}{3}(\varepsilon_{11}^0 + \varepsilon_{22}^0 + \varepsilon_{33}^0) = 8.1055 \tag{8-58}$$

考虑到实验制备的 Si_3N_4 陶瓷不仅由三维交织成网络的 $\beta - Si_3N_4$ 晶粒组成,还存在不可忽略的由 Al_2O_3 和 Y_2O_3 组成的烧结助剂成分,需要将二者复合,计算 $\beta - Si_3N_4$/烧结助剂复合陶瓷的介电常数,才能更真实地反应所制备的 Si_3N_4 陶瓷基体的介电特性。

多年来,发展了许多计算复合材料等效电磁参数的理论模型公式[481],包括 Plonus 公式、Knott 公式、Cuming 公式、Maxwell - Garnet 公式、Lichtenecker 经验公式(对数法则)、Polder - van Santen 公式、Sheng 公式、相干准晶(QCA - CP)近似公式以及 Bruggeman 公式等。其中,以 Bruggeman 公式和对数法则公式最为常用。对数法则公式作为一种经验公式,其表达式较为简单,常常被用来计算不同密度材料的等效介电常数。而 Bruggeman 公式在强介电扰动理论框架内具有严格的理论基础和物理意义。因此,本文将采用 Bruggeman 公式进行计算。考虑实际情况,对于由 $\beta - Si_3N_4$ 和 $Y_{20}N_4Si_{12}O_{48}$ 两种介质复合而成的复合材料等效介电常数满足:

$$f_1 \frac{\varepsilon_1 - \varepsilon_{eff}}{\varepsilon_1 + 2\varepsilon_{eff}} + f_2 \frac{\varepsilon_2 - \varepsilon_{eff}}{\varepsilon_2 + 2\varepsilon_{eff}} = 0 \tag{8-59}$$

其中，$f_i(i = 1, 2)$ 和 $\varepsilon_i(i = 1, 2)$ 分别为第 i 种介质的体积分数和介电常数，$\varepsilon_{\mathrm{eff}}$ 为复合材料的等效介电常数。通过查阅烧结助剂玻璃相的基本性能参数，根据式 (8 – 59)，结合实际实验条件最终可计算得到所制备的 Si_3N_4 陶瓷基体的等效介电常数为：

$$\varepsilon_{\mathrm{eff}} = 7.7262 \tag{8 – 60}$$

8.4.1.2 实验验证

为验证上述理论计算结果的准确性，将所制备的 Si_3N_4 陶瓷加工成 22.86 mm × 10.16 mm × 2 mm 的矩形波导片，采用波导法测试其电磁参数，如图 8 – 46 所示。

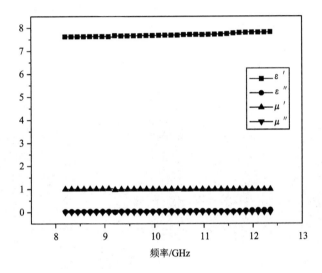

图 8 – 46 Si_3N_4 陶瓷在 X 波段的电磁参数实验值

从图 8 – 46 可以明显地看到 Si_3N_4 陶瓷基体的磁导率为 1，且介电常数在 X 波段内几乎不随频率变化，其介电常数实部、虚部和损耗角正切的平均值分别为 7.7、0.04 和 5.3×10^{-3}，属于典型的介电型透波材料。

Si_3N_4 陶瓷介电常数实验值与理论值的对比见表 8 – 9，从表中可以看出理论值与实验值的相对误差仅为 0.34%，说明上述理论模型的准确性，同时也说明了相应的制备工艺能制备出纯度较高、性能优良的 $\beta - Si_3N_4$ 陶瓷。

表 8 – 9 Si_3N_4 陶瓷介电常数实验值与理论值

	实验值	理论值	理论值与实验值的相对误差
介电常数	7.7	7.7262	0.34%

值得一提的是，通过上述计算可得到 Si_3N_4 陶瓷介电常数在频域的谐振点为 $9 \text{ eV}(\sim 10^{15} \text{ Hz})$，远远大于本书所涉及的 X 波段的频率($\sim 10^{10} \text{ Hz}$)，是其高温介电特性的关键参数之一，这将于下文进行详细讨论。

8.4.2 单夹层结构 $C_f - Si_3N_4$ 复合材料介电性能及其响应机理

8.4.2.1 单夹层结构 $C_f - Si_3N_4$ 复合材料介电特性

采用前文所述的半固化 – 短碳纤维铺层工艺制备了单夹层结构 $C_f - Si_3N_4$ 复合材料，其宏观截面形貌如图 8 – 47(a) 所示，为了更清楚地看到碳纤维的形貌和分布状态，图 8 – 47(a) 中方框内区域经放大后的微观截面形貌如图 8 – 47(b) 所示。从图 8 – 47(a) 中可以看出，碳纤维分布于与厚度方向垂直的中间平面内，且占厚度约为 0.15 mm 的空间。

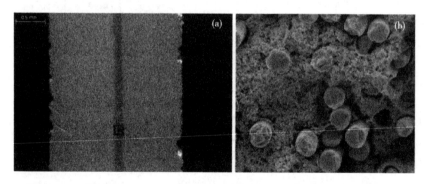

图 8 – 47　单夹层结构 $C_f - Si_3N_4$ 复合材料宏观(a) 和微观(b) 截面形貌

因短切碳纤维均匀分布于与厚度方向垂直的薄层内，此时用碳纤维的面密度来描述碳纤维在复合材料中的含量更直观、更具有操作性，因此，后续章节均采用碳纤维面密度来表示碳纤维的含量。采用波导法测试了单夹层结构 $C_f - Si_3N_4$ 复合材料的电磁参数，其介电常数随频率和短切碳纤维面密度的变化曲线如图 8 – 48 所示。

由图 8 – 48 可知，单夹层结构 $C_f - Si_3N_4$ 复合材料的介电常数实部和虚部随频率的变化曲线均可以分为两大组[见图 8 – 48(a) 和(b)]：S1 ~ S3 分为 A 组，S4 ~ S6 分为 B 组，A 组介电常数实部均小于8，虚部均小于3，而 B 组介电常数实部均大于14，虚部均大于5。另一方面，单夹层结构 $C_f - Si_3N_4$ 复合材料的介电常数实部和虚部随着碳纤维面密度的变化规律却不同[图 8 – 48(c) 和(d)]，其变化规律可以分为三个阶段：

第一阶段，介电常数实部和虚部随面密度增加而有略微的增加，且都接近

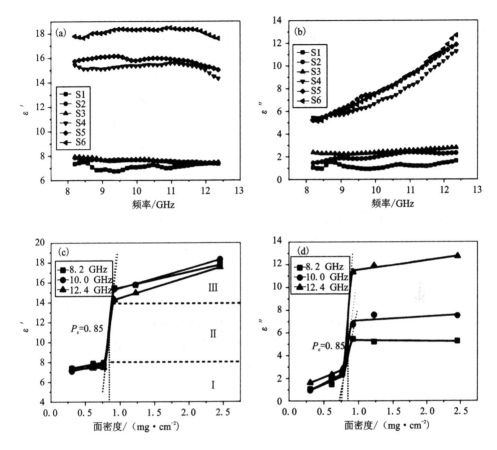

**图 8 - 48　单夹层结构 C_f - Si_3N_4 复合材料介电常
数随(a),(b) 频率和(c),(d) 面密度变化曲线**

Si_3N_4 基体的介电常数,这主要是因为碳纤维含量较低,分散性较好,纤维之间相
互错开几乎没有形成交叉点[见图 8 - 49(a)],纤维对复合材料介电性能的贡献
几乎可以忽略不计,表现为复合材料介电常数与基体几乎没有差别。

　　第二阶段,当碳纤维面密度增加到某一特定值时,介电常数实部和虚部均出
现阶跃式的增加,其幅值相差一倍甚至更多,这种现象称为"阈值"现象,在其他
复合材料中也可观察到[482-490]。通过非线性插值可得到碳纤维的"阈值" P_c 约为
0.85 mg/cm^2。这种阶跃式的增加现象主要是因为当平面内短切碳纤维的含量增
加到阈值 0.85 mg/cm^2 时,纤维之间相互搭接形成网络通路[见图 8 - 49(b)],导
电性突然增加,表现为介电常数实部和虚部出现阶梯式的突然增加。

　　第三阶段,介电常数实部和虚部均随着碳纤维面密度增加而缓慢增加。此时,

图 8 – 49   短切碳纤维不同面密度时的分布图
(a) 第 Ⅰ 阶段；(b) 第 Ⅱ 阶段；(c) 第 Ⅲ 阶段

纤维含量继续增加时，复合材料通过碳纤维层均形成了网络通路[见图 8 – 49(c)]，导电性并不再迅速增加，只是平面内的纤维之间的断点逐渐减少，因而介电常数只是缓慢地增加。

然而值得一提的是，既然当平面内短切碳纤维的含量增加到阈值 0.85 mg/cm² 时，纤维之间形成导电通路，介电常数相对于导通前是增加的。同时，导电金属在低频段(< 10¹⁵ Hz) 的介电常数是非常小的(一般小于 10)[491]，即从绝缘体转变为导体时介电常数是要降低的。矛盾的症结在哪里？

实际上，根据公式[492, 493]：

$$\sigma = \varepsilon_0 \varepsilon'' \omega \qquad (8 - 61)$$

结合图 8 – 48 所示的单夹层结构 C_f – Si_3N_4 复合材料介电常数，可计算得到即使碳纤维面密度增加到 2.45 mg/cm² 时，C_f – Si_3N_4 复合材料在 X 波段的电导率最大值为 1.4×10^{-2} S/cm，仍属于半导体范畴。这得益于碳纤维表面受 SiC 涂层保护，即使相邻碳纤维相互搭接成通路，仍被具有一定绝缘性的 SiC 层隔开，并没有形成良导体，因此复合材料的介电常数相比导通前是增加的。

这里需要注意一点的是，当碳纤维面密度大于 0.85 mg/cm² 时，单夹层结构 C_f – Si_3N_4 复合材料介电常数实部的频谱特性和虚部的频散特性截然不同。即介电常数实部仍对频率保持稳定，但其虚部却随频率的增加而急剧增加，与通常所说的介电常数随频率增加而减小的频散特性也大相径庭。因此，单夹层结构 C_f – Si_3N_4 复合材料介电频谱特性具有一定的特殊性，这将在下节进行详细讨论。

8.4.2.2   单夹层结构 C_f – Si_3N_4 复合材料介电响应机理

一般情况下，介电常数为 $\varepsilon(\varepsilon = \varepsilon' - j\varepsilon'')$ 的电介质在频率为 ω 的交变电场作用下的介电响应频谱[494] 如图 8 – 50 所示。

而对于所涉及的 X 波段(8.2 ~ 12.4 GHz)，在外界交变电磁波作用下可视为偶极子的短切碳纤维主要是以偶极子极化弛豫为主，其极化弛豫过程一般可用如

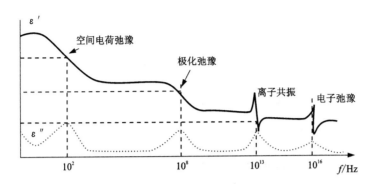

图 8 - 50 介电响应宽频谱曲线

下 Debye 模型[110, 495] 来描述：

$$\varepsilon' = \varepsilon_\infty + \frac{\varepsilon_s - \varepsilon_\infty}{1 + (\omega\tau)^2} \qquad (8-62)$$

$$\varepsilon'' = \frac{(\varepsilon_s - \varepsilon_\infty)\omega\tau}{1 + (\omega\tau)^2} \qquad (8-63)$$

式(8 - 62) 和式(8 - 63) 中 ε_s，ε_∞ 分别为静态介电常数($\omega \to 0$) 和光频介电常数($\omega \to \infty$)，τ 为极化弛豫时间。

结合式(8 - 62) 和式(8 - 63)，消去 $\omega\tau$，可以得到：

$$\left[\varepsilon' - \frac{1}{2}(\varepsilon_s + \varepsilon_\infty) \right]^2 + (\varepsilon'')^2 = \frac{1}{4}(\varepsilon_s - \varepsilon_\infty)^2 \qquad (8-64)$$

如果以 ε' 为 x 轴、以 ε'' 为 y 轴作图，则方程(8 - 64) 表示的是一条半圆曲线(见图 8 - 51)，即通常所说的 Cole - Cole 图。

Cole - Cole 是分析实验数据的常用方法，经实验测试得到复合材料在不同频率下的复介电常数，并标注在(ε'，ε'') 组成的复平面上，若实验数据点分布在一个半圆弧线上，由此可以初步判断复合材料的介电弛豫属于典型的 Debye 型，并且，实验数据点对该半圆弧的偏离程度表

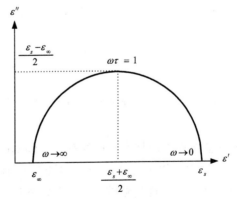

图 8 - 51 典型 Cole - Cole 曲线图

明了这些实验点的准确程度。然而实验过程中测量的数据点往往并不是严格分布

在圆弧上，而是圆弧有规律地变形，因此逐渐发展了 Cole – Cole 模型[496-501]，Davidson – Cole 模型[502]，Havriliak – Negami 模型[495, 496]和 KWW 模型[495]。

然而，上述理论模型均是针对于三维宏观各向同性材料而言的，即颗粒状或纤维状吸收剂在三个维度上均匀地分布于吸波材料中，复合材料整体呈现宏观各向同性。对所设计的 C_f – Si_3N_4 复合材料而言，短切碳纤维均匀分布于与厚度方向平行的薄层内，属于 2D 复合材料。目前对于 2D 复合材料的介电理论模型却鲜见报道。

事实上，若以 ε' 为横轴、以 ε'' 为纵轴作图，可以看到上一节单夹层结构 C_f – Si_3N_4 复合材料中 B 组样品的介电常数分布于圆心位于第一象限内的一段圆弧上（如图 8 – 52 所示）。因此，单夹层结构 C_f – Si_3N_4 复合材料介电频谱特性具有自身的特殊性，必须在 Debye 理论模型的基础上加以修正。

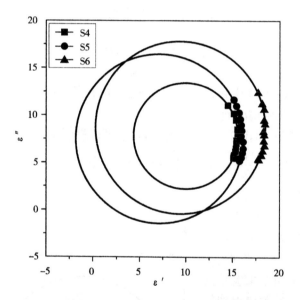

图 8 – 52　单夹层结构 C_f – Si_3N_4 复合材料的介电常数 Cole – Cole 图

Debye 弛豫理论模型本身也具有一定的局限性，作一些简化假设，如忽略了偶极子之间的相互作用。同时，实验结果偏离 Debye 特性的另一个原因是复合材料的电导率达到了不能忽略的程度，电导率对介电特性的影响是使电容率的虚部增大。因此，为探明单夹层结构 C_f – Si_3N_4 复合材料独特的介电常数频谱响应机理，我们提出了如下等效电路模型，如图 8 – 53 所示。

图 9 – 53 中的 C 代表着连通网络中的断点两端在外加交变电场作用下积累电荷而产生的等效电容，$R1$ 代表连通网络的等效电阻，$R0$ 表示基体因漏电导效应

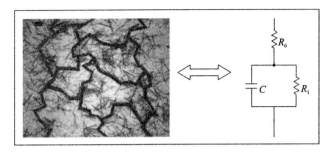

图 8 - 53　单夹层结构 C_f - Si_3N_4 复合材料等效电路图

而引起的等效电阻。其中 $R1$ 应该是碳纤维面密度 ζ 的函数。

根据电路理论，单夹层结构 C_f - Si_3N_4 复合材料的复导纳 Y^* 可表示为：

$$Y^* = \frac{1}{Z^*} = \frac{1}{R_0 + \dfrac{R_1}{1 + j\omega CR_1}}$$

$$= \frac{1}{R_0} - \frac{(R_0 + R_1)R_1}{(R_0 + R_1)^2 + (CR_0R_1)^2\omega^2} + j\frac{CR_1^2\omega}{(R_0 + R_1)^2 + (CR_0R_1)^2\omega^2}$$

$$(8-65)$$

如此，复合材料对电磁波能量的损耗应该包括两个方面的贡献：一方面来自于与入射电磁波作用时可视为偶极子的短切碳纤维的德拜弛豫损耗，另一方面来自于式(8-65)所表示的电导损耗(欧姆损耗)。故单夹层结构 C_f - Si_3N_4 复合材料的介电常数应表示为：

$$\varepsilon^* = \varepsilon_\infty + \frac{\Delta\varepsilon}{1 + (j\omega\tau)^n} - j\left(\frac{\sigma_{AC}^*}{\omega\varepsilon_0}\right) \qquad (8-66)$$

其中：$\Delta\varepsilon = \varepsilon_s - \varepsilon_\infty$ 表示介电强度，n 为经验参数，τ 为平均弛豫时间。将式(8-65)代入式(8-66)，可得 C_f - Si_3N_4 复合材料的介电常数实部和虚部分别为：

$$\varepsilon' = \varepsilon_\infty + \frac{c_1(\zeta)}{c_2(\zeta) + \omega^2} + \frac{\Delta\varepsilon\left[1 + (\omega\tau)^n\cos\left(\dfrac{n\pi}{2}\right)\right]}{1 + 2(\omega\tau)^n\cos\left(\dfrac{n\pi}{2}\right) + (\omega\tau)2n} \qquad (8-67)$$

$$\varepsilon'' = \frac{c_3(\zeta)}{\omega} - \frac{c_4(\zeta)}{c_5(\zeta)\omega + \omega^3} + \frac{\Delta\varepsilon\left[(\omega\tau)^n\sin\left(\dfrac{n\pi}{2}\right)\right]}{1 + 2(\omega\tau)^n\cos\left(\dfrac{n\pi}{2}\right) + (\omega\tau)2n} \qquad (8-68)$$

根据式(8-67)和式(8-68)，通过 Trust - Region 算法[503] 对单夹层结构 C_f - Si_3N_4 复合材料的介电常数的实验数据进行非线性拟合。实验值和拟合后的 Cole - Cole 曲线如图 8 - 54 所示。

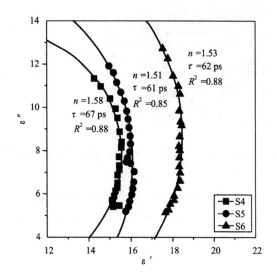

图 8 – 54　单夹层结构 C_f – Si_3N_4 复合材料的 cole – cole 曲线图

　　从图 8 – 54 中可以明显地看到实验数据与理论模型结果非常吻合，确定系数分布于 0.85 到 0.88 之间。这也进一步证实了本书所提出的模型的可靠性，即单夹层结构 C_f – Si_3N_4 复合材料的传导电流损耗对复合材料总损耗的贡献不容忽视。同时，非线性拟合结果还可以得到，复合材料的平均弛豫时间分布在 61 ps 到 67 ps 之间，而它略小于 X 波段的特征弛豫时间：

$$\tau_0 = \frac{1}{\omega} = （80.65 \sim 121.95）ps \qquad (8 – 69)$$

即碳纤维中自由电子在外加电场作用下由初始状态到建立新的极化稳定态所需时间小于外加电场变换方向的时间，即电子极化状态交变的步伐赶得上电场交变的步伐；同时，随着频率的增加，电容效应增强，即短碳纤维连通网络中断点处的等效电导逐渐增加。上述二者就是复合材料介电常数虚部随频率增加而增加的根本原因。而上述电子运动过程对极化过程中极化能的影响几乎可以忽略不计，因此，复合材料介电常数实部仍对频率保持稳定。

8.4.3　多夹层结构 C_f – Si_3N_4 复合材料介电性能及其响应机理

　　上一节分析了单夹层结构 C_f – Si_3N_4 复合材料的介电特性，并探明了介电响应机理，但可以发现其介电常数实部和虚部的频散特性并没有遵循理想的介电频谱特性，即介电常数实部随着频率的二次方增加而减小，同时介电常数虚部随着频率的一次方增加而减小。因此，仅仅依靠单夹层结构 C_f – Si_3N_4 复合材料来实现高效吸波显然是不现实的。基于前面的设计思路,本节设计制备了多夹层结构 C_f – Si_3N_4 复合材料,并研究了该复合材料的介电特性及其响应机理,为进一步拓宽雷达吸波材料频宽奠定理论基础。

8.4.3.1　多夹层结构 C_f – Si_3N_4 复合材料介电特性

基于前文关于碳纤维吸波材料的结构设计原则及方法,结合上节建立的单夹层结构 C_f – Si_3N_4 复合材料介电常数频谱特性的数据库,以碳纤维吸收剂含量梯度分布、总厚度不超过 5 mm 为约束条件,以反射率优于 – 6 dB 的带宽达到最大为优化目标,同时考虑凝胶注模工艺制备多层结构复合材料的可操作性(即每层厚度不能太薄),对多夹层结构 C_f – Si_3N_4 复合材料的反射率进行优化组合,最终的最优结构参数见表 8 – 10。

表 8 – 10　多夹层结构 C_f – Si_3N_4 复合材料最优结构参数

	碳纤维层数	碳纤维含量分布	Si_3N_4 基体层数	每层 Si_3N_4 层厚度
参数	3 层	1∶2∶4	4 层	1∶1.5∶1.5∶1

同时,该复合材料相应的反射率曲线如图 8 – 55 所示。由图 8 – 55 可知,复合材料的反射率在 8 ~ 18 GHz 范围内均优于 – 6 dB,在 13 GHz 附近出现吸收峰,峰值达 – 45 dB。

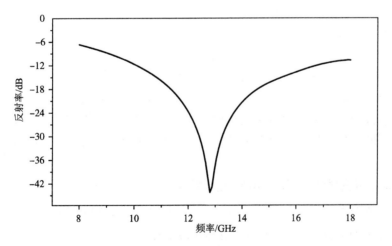

图 8 – 55　多夹层结构 C_f – Si_3N_4 复合材料最优反射率曲线

采用前文所述的多次注模 — 半固化 — 短碳纤维铺层工艺制备了多夹层结构 C_f – Si_3N_4 复合材料,采用波导法测试复合材料及氮化硅基体在 X 波段的复介电常数频散曲线，如图 8 - 56 所示。

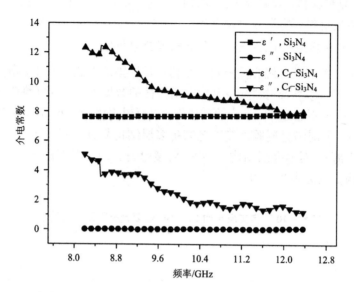

图 8 - 56　多夹层结构 C_f – Si_3N_4 复合材料及氮化硅基体的介电常数频散曲线

由图 8 - 56 可知，相对于 Si_3N_4 基体的介电常数而言，多夹层结构 C_f – Si_3N_4 复合材料的介电常数实部和虚部均随着频率的增加而逐渐减小，表现出典型的频散效应。这种频散效应可如下解释：一方面，短碳纤维中自由电子在外加电场的作用下集聚于短纤维端部，并在另一端形成等量异号电荷，建立瞬态极化状态，可等效为电偶极子。随着外加电场频率的增加，偶极子建立取向极化状态的时间越来越大于外加电场方向变化的时间，导致了介电常数实部下降。另一方面，复合材料介电常数虚部代表着介电损耗，它由两部分组成：漏电导所导致的焦尔热损耗和偶极子反复被取向极化过程中产生的热损耗。随着外加电场频率的增加，传导电子的长程迁移和取向极化均在一定程度上削弱了，表现为介电常数虚部的下降。

8.4.3.2　多夹层结构 C_f – Si_3N_4 复合材料介电响应机理

为了探明多夹层结构 C_f – Si_3N_4 复合材料介电常数频散特性的机理，基于电路理论提出如下物理模型：在外加交变电场的作用下，多夹层结构 C_f – Si_3N_4 复合材料可等效为如图 8 - 57 所示的等效模型。其中，每层碳纤维层等效为平行板电容器的导电电极［图 8 - 57(b)］，复合材料基体等效为电容器的电介质［图 8 - 57(b)］。同时，考虑到基体中存在漏电导，多夹层结构 C_f – Si_3N_4 复合材料可等效为图 8 - 57(c) 所示的等效电路模型。

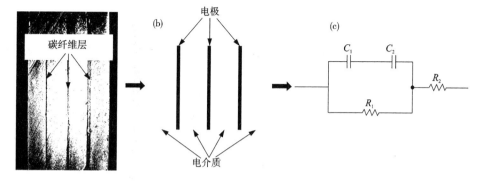

图 8 - 57　多夹层结构 C_f - Si_3N_4 复合材料

(a) 截面形貌图；(b) 结构示意图；(c) 等效电路图

根据电路理论相关知识，该复合材料等效阻抗 Z 可表示为：

$$Z = R_2 + \frac{R_1 \left(\dfrac{1}{j\omega C_1} + \dfrac{1}{j\omega C_2} \right)}{R_1 + \dfrac{1}{j\omega C_1} + \dfrac{1}{j\omega C_2}}$$

$$= R_2 + \frac{j\omega R_1 (C_1 + C_2)}{j\omega (C_1 + C_2) - \omega^2 R_1 C_1 C_2}$$

$$= R_2 + \frac{R_1 (C_1 + C_2)^2}{(C_1 + C_2)^2 + (\omega R_1 C_1 C_2)^2} - j \frac{\omega R_1^2 \cdot C_1 C_2 (C_1 + C_2)}{(C_1 + C_2)^2 + (\omega R_1 C_1 C_2)^2}$$

$$(8 - 70)$$

其中：ω 为入射电磁波的圆频率。因此，复阻抗的实部和虚部可分别表示为：

$$Z' = R_2 + \frac{R_1 (C_1 + C_2)^2}{(C_1 + C_2)^2 + (\omega R_1 C_1 C_2)^2} \qquad (8 - 71)$$

$$Z'' = \frac{\omega R_1^2 \cdot C_1 C_2 (C_1 + C_2)}{(C_1 + C_2)^2 + (\omega R_1 C_1 C_2)^2} \qquad (8 - 72)$$

众所周知，复阻抗的实部表示电阻，它反比于 $\omega\varepsilon''$，而复阻抗的虚部表示电容的电抗，它反比于 $\omega\varepsilon'$，即：

$$Z' = \frac{P}{\sigma} = \frac{P}{\omega \cdot \varepsilon''} \qquad (8 - 73)$$

$$Z'' = \frac{1}{\omega \cdot C} = \frac{Q}{\omega \cdot \varepsilon'} \qquad (8 - 74)$$

其中：P 和 Q 都是常数，C 为电容。将式(8 - 71) 和式(8 - 72)代入式(8 - 73)和式(8 - 74)，可以得到：

$$\varepsilon' = \frac{Q (C_1 + C_2)^2}{R_1^2 C_1 C_2 (C_1 + C_2)} \cdot \frac{1}{\omega^2} + \frac{Q R_1^2 C_1^2 C_2^2}{R_1^2 C_1 C_2 (C_1 + C_2)} \qquad (8 - 75)$$

$$\omega \cdot \varepsilon'' = P \frac{(C_1 + C_2)^2 + R_1^2 C_1^2 C_2^2 \cdot \omega^2}{(R_1 + R_2)(C_1 + C_2)^2 + R_1^2 R_2 C_1^2 C_2^2 \cdot \omega^2} \quad (8-76)$$

根据式(8-75)和式(8-76),将实验数据进行非线性拟合得到如图8-58所示的曲线。从图中可以看到,理论模型预测的结果与实验测试结果基本吻合,介电常数实部和虚部的确定系数分别为0.9418和0.9060。ε' 和 $\omega\varepsilon''$ 均随着频率的二次方增加而逐渐减小,与9.1节得到的理想介电频谱特性基本一致,达到了预期的设计目标,进一步说明了碳纤维含量呈梯度分布的多层结构比单层结构能更有效改善复合材料的频谱特性,实现高效吸波。

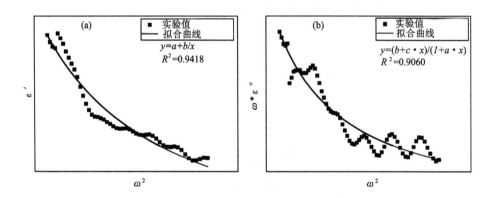

图8-58 ε' (a) 和 $\omega\varepsilon''$ (b) 随频率二次方的变化曲线

8.5 C_f – Si_3N_4 复合材料高温介电性能及吸波性能

前述工作分别针对 C_f – Si_3N_4 复合材料制备技术、力学性能、抗氧化性能和介电性能进行了研究,为了进一步研究 C_f – Si_3N_4 复合材料在高温环境下的服役性能,本节主要研究 C_f – Si_3N_4 复合材料的高温介电性能,并建立相应的介电常数频谱及温谱的理论模型,探讨其介电响应机理。同时,研究多层结构 C_f – Si_3N_4 耐高温吸波材料的吸波性能随温度的演变规律。

8.5.1 Si_3N_4 陶瓷基体的高温介电性能及其响应机理

复合材料基体在高温服役环境时的可靠性与稳定性是保证材料发挥承载、耐高温等综合性能的前提,同时,基体材料的优良介电性能亦是保证复合材料吸波性能的关键,尤其是针对耐高温雷达吸波材料而言。因此,对复合材料基体介电性能随温度的演变规律研究具有重要意义。尽管在实验与理论方面对 Si_3N_4 陶瓷复合材料介电特性的研究屡见不鲜,但对 Si_3N_4 陶瓷的介电常数温谱特性的研究却鲜见报道，本节主要研究 Si_3N_4 陶瓷的高温介电性能及其响应机理。

8.5.1.1　Si_3N_4 陶瓷的高温介电性能

采用前文所述的凝胶注模工艺制备了 Si_3N_4 陶瓷，然后将样品加工成 22.86 mm × 10.16 mm × 1.5 mm 的矩形波导，并放置于高温波导测试座中，经 TRL 校准后，测试 Si_3N_4 陶瓷在室温至 800 ℃ 的介电常数，如图 8 – 59 所示。

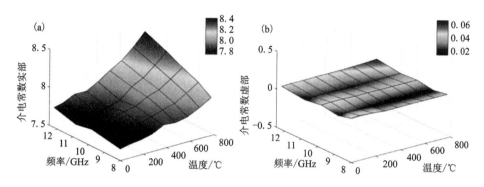

图 8 – 59　Si_3N_4 陶瓷介电常数随频率与温度三维变化图

（a）介电常数实部；（b）介电常数虚部

从图 8 – 59(a) 中可以看到，Si_3N_4 陶瓷的介电常数实部随着频率以及温度的升高呈现略微的上升趋势。更准确地说，Si_3N_4 陶瓷介电常数实部在室温和 800 ℃ 时随频率增加的相对增加率分别为 1.44% 和 5.33%，而在 8.2 GHz 和 12.4 GHz 时随温度上升的相对增加率分别为 4.46% 和 8.67%；然而，Si_3N_4 陶瓷由于具有优良的电绝缘特性[504]，其复介电常数虚部保持在 0.06 以下，并且基本不随着频率和温度的变化而变化。因此，以下主要研究 Si_3N_4 陶瓷介电常数实部的频谱以及温谱特性。

8.5.1.2　Si_3N_4 陶瓷高温介电响应机理

值得注意的是，Si_3N_4 陶瓷介电常数实部随着频率的升高而增加，这与通常所说的德拜模型频散效应[505-511]（介电常数随着频率的升高而减小）完全相反。因此，非常有必要进一步探明 Si_3N_4 陶瓷的介电响应机制。

一般来讲，介电体的极化有电子极化、离子极化、取向极化和界面极化四种机制。而对于 Si_3N_4 陶瓷这种典型的共价键化合物而言，电子极化是最主要的极化机制。电子极化是指在外电场作用下，电子云相对于原子核逆电场方向移动，即因电子云中心相对于原子核中心产生偏离会产生一个诱导的偶极矩。由于电极化产生于正负电荷中心相对平衡位置的相对位移，所以，电子极化也称为电子位移极化，而且仅仅是针对于外层束缚电子的极化。束缚电子在外电场 $E_0 e^{j\omega t}$ 驱动作用

下的运动方程可表示为:

$$m \frac{\partial^2 x}{\partial t^2} = qE_0 e^{j\omega t} - fx - 2\eta \frac{\partial x}{\partial t} \qquad (8-77)$$

其中,m、q 和 x 分别表示单个束缚电子的质量、电荷和偏离平衡位置的位移,f 为回复力系数,η 为阻尼系数(主要来自于电子之间的散射作用和晶格对电子的散射)。考虑到 Lorentz 修正[512-514],对于包含 N 个被极化的束缚电子的 Si_3N_4 陶瓷来说,其介电常数可以表示为:

$$\varepsilon = \varepsilon_s + \frac{Nq^2}{\varepsilon_0 m} \cdot \frac{\omega_0^2 - \omega^2}{(\omega_0^2 - \omega^2)^2 + 4\eta^2 \omega^2} \qquad (8-78)$$

其中,ω_0 为 Si_3N_4 陶瓷的共振频率,ε_0 为真空介电常数,ε_s 为 Si_3N_4 陶瓷的静态介电常数。通过 9.4 节理论计算结果还可以得到 Si_3N_4 陶瓷电子极化的共振频率 ω_0 约为 9 eV ($\sim 10^{15}$ Hz),与文献报道值[472, 477] 处于同一数量级,远远超过了本书所涉及的 X 波段的频率($\sim 10^{10}$ Hz)。结合式(8-78)可知,介电常数是随着频率的升高而增加,这与实验结果一致。

如果进一步将温度的影响加以考虑,根据玻耳兹曼统计理论,N 和 η 应该遵循如下规律:

$$N \propto \exp\left(\frac{-E_a}{RT}\right) \qquad (8-79)$$

$$\eta \propto \exp\left(\frac{-E_b}{RT}\right) \qquad (8-80)$$

其中,E_a 和 E_b 分别表示束缚电子和晶格的活化能。

综合上述分析,Si_3N_4 陶瓷的介电常数在 X 波段三个典型频率点随温度的变化规律如图8-60所示。图8-60中,实验测试值是以数据点的形式表示,曲线是基于 Trust-Region 算法[503],结合式(8-78)、式(8-79)和式(8-79)所描述的理论模型对实验数据进行拟合而得到的。

从图8-60中可以清楚地看到,介电常数在三个典型频率点均随着温度的升高而逐渐增加,而且理论模型与实验测量值也基本符合,确定系数(R^2)分布于 0.91 到 0.93 之间。通过非线性拟合后得到的 Si_3N_4 陶瓷特征参数也列于图8-60中,即束缚电子的活化能约为 15.46 ~ 17.49 kJ/mol,小于晶格的活化能(33.29 ~ 40.40 KJ/mol)。这主要是因为外层束缚电荷与离子实之间的结合力相对于形成晶格的共价键合力而言更容易被破坏断裂。

从图8-60还可以注意到,Si_3N_4 陶瓷介电常数在升温阶段和降温阶段具有良好的对称性,即具有优良的介电常数热循环稳定特性,进一步说明了所制备的 Si_3N_4 陶瓷是一种理想的耐高温吸波材料基体材料。

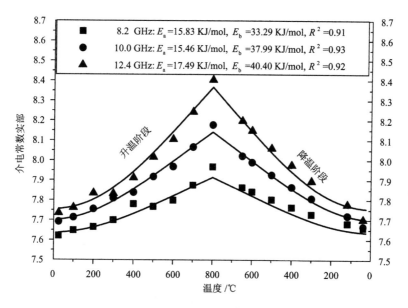

图 8 - 60　Si_3N_4 陶瓷介电常数随温度的变化曲线

8.5.2　C_f - Si_3N_4 复合材料高温介电性能

采用前文所述的凝胶注模工艺制备了多夹层结构 C_f - Si_3N_4 复合材料,然后将样品加工成 22.86 mm × 10.16 mm × 5 mm 的矩形波导样品,并放置于高温波导测试座中,经 TRL 校准后,测试该复合材料在室温至 800 ℃ 的介电常数,其频谱及温谱的三维示意如图 8 - 61 所示。

由图 8 - 61 可知,多夹层结构 C_f - Si_3N_4 复合材料介电常数实部 [图 8 - 61(a)] 在 X 波段随着频率的升高而降低、在室温至 800 ℃ 范围内随着温度的升高而升高,其值分布为 8 ~ 12;类似地,C_f - Si_3N_4 复合材料介电常数虚部 [图 8 - 61(b)] 在 X 波段随着频率的升高而降低,在室温至 800 ℃ 范围内随着温度的升高而升高,其值分布为 4 ~ 10,二者均表现出典型的介电弛豫行为。而表征复合材料损耗能力的关键参数之一的损耗角正切(图 8 - 61(c))随温度的升高有增加的趋势,且其幅值均大于 0.6,表明所设计制备的多夹层结构 C_f - Si_3N_4 复合材料随着温度的升高,其损耗能力有进一步增强的趋势。为了更准确地表征复合材料与电磁波的相互作用,采用归一化 S 参数来描述复合材料对电磁波的反射、透射和损耗特性,如图 8 - 62 所示。

图 8 - 62 中,$R = S_{11}^2$ 是复合材料对电磁波的反射系数,它表征复合材料与自由空间的阻抗匹配程度,匹配越好,反射系数越小,进入到复合材料内部的电磁

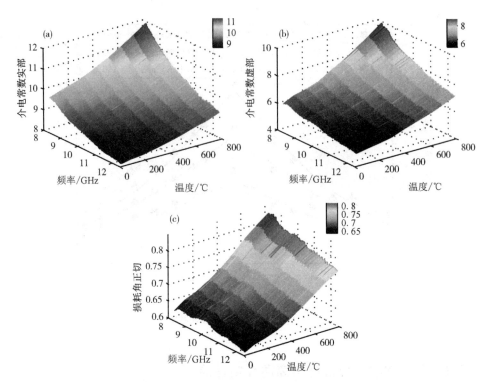

图 8 – 61   多夹层结构 C_f – Si_3N_4 复合材料介电常数随频率与温度变化的三维图

（a）介电常数实部；（b）介电常数虚部；（c）损耗角正切

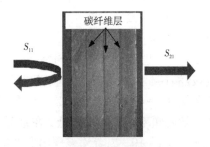

图 8 – 62 S 参数示意图

能量越多，更有利于吸波。而 $T = S_{21}^2$ 为复合材料的透射系数，它表征复合材料对电磁波传输的穿透性程度，透射系数越小，电磁波越难穿透复合材料。根据能量守恒定律，除开被反射回来和在另一端透射出去的两部分，剩余的能量就是被复合材料吸收损耗掉的，即损耗系数：

$$f_a = 1 - R - T \qquad (8-81)$$

　　结合上述分析，多夹层结构 C_f – Si_3N_4 复合材料的在 X 波段的反射系数、透射系数和损耗系数随温度而变化的三维实测曲线如图 8 – 63 所示。

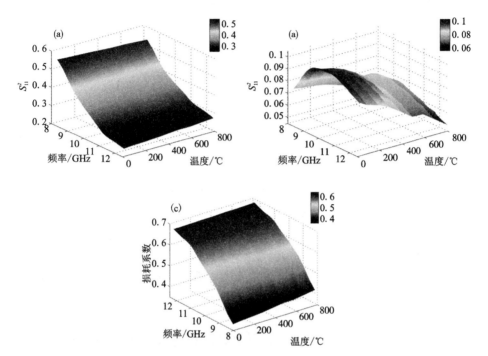

图 8 – 63　C_f – Si_3N_4 复合材料传输参数随频率与温度变化的三维曲线
（a）反射系数；（b）透射系数；（c）损耗系数

　　由图 8 – 63 可知，C_f – Si_3N_4 复合材料的反射系数 [图 8 – 63(a)] 随着频率的升高急剧下降，并且在室温至 800 ℃ 范围内对温度保持较高的稳定性。如表 8 – 11 所示，在室温时，反射系数从 0.5555 降到 0.2374，降幅达 57.26%，在 800 ℃ 时的降幅也达到了 49.24%。这主要是因为 C_f – Si_3N_4 复合材料的介电常数实部和虚部在 X 波段均随着频率的升高而减小，更加有利于与自由空间的阻抗匹配，电磁波被反射回来的分量减小，而进入材料内部的分量增加。

表 8 – 11　反射系数在典型温度和频率点的相对变化率

	25 ℃	800 ℃	相对变化率
8.2 GHz	0.5555	0.5280	– 4.95%
12.4 GHz	0.2375	0.2680	+ 12.84%
相对变化率	– 57.26%	– 49.24%	——

同时，$C_f - Si_3N_4$ 复合材料的透射系数[图 8 - 63(b)]在 X 波段和整个温谱范围内均保持在 0.1 以下。因此，根据式(8 - 81)，$C_f - Si_3N_4$ 复合材料对电磁波的损耗系数将一直保持在较高水平。如图 8 - 63(c)所示，$C_f - Si_3N_4$ 复合材料的损耗系数均大于 0.37，且随着温度的升高进一步增加，最大值达 0.68。

8.5.3 $C_f - Si_3N_4$ 复合材料高温介电响应机理

前文已经得到了多夹层结构 $C_f - Si_3N_4$ 复合材料介电常数频域响应的理论模型，即遵循如下表达式：

$$\varepsilon' = \frac{Q\,(C_1 + C_2)^2}{R_1^2 C_1 C_2 (C_1 + C_2)} \cdot \frac{1}{\omega^2} + \frac{QR_1^2 C_1^2 C_2^2}{R_1^2 C_1 C_2 (C_1 + C_2)} \qquad (8 - 82)$$

$$\omega\varepsilon'' = P\,\frac{(C_1 + C_2)^2 + R_1^2 C_1^2 C_2^2 \cdot \omega^2}{(R_1 + R_2)\,(C_1 + C_2)^2 + R_1^2 R_2 C_1^2 C_2^2 \cdot \omega^2} \qquad (8 - 83)$$

由式(8 - 82)和式(8 - 83)可知 ε' 和 $\omega\varepsilon''$ 均随频率的二次方增加而减小，并且所得的理论值和实验结果吻合得较好。本节是在上述基础上进一步探究多夹层结构 $C_f - Si_3N_4$ 复合材料介电常数温谱特性的响应机理，为 $C_f - Si_3N_4$ 复合材料的高温吸波性能研究提供必要的理论基础。同时，深入分析 $C_f - Si_3N_4$ 复合材料介电常数随温度的演变规律，建立相应的理论模型，为高温吸波性能调控技术奠定基础。

目前，描述电介质材料介电响应的频谱和温谱特性最经典的模型当属 Debye(德拜)在 *Polar Molecules* 著作中所建立的 Debye 方程，他首次提出并建立了介电常数及其影响因素之间的定量方程，即：

$$\varepsilon = \varepsilon_\infty + \frac{\varepsilon_s - \varepsilon_\infty}{1 + j(\omega\tau)} \qquad (8 - 84)$$

其中，ε_s 和 ε_∞ 分别为静态介电常数和光频介电常数，ω 为入射电磁波的圆频率，τ 为介质材料的弛豫时间。考虑到复合材料的漏电导，对 Debye 方程进行修正得到更具一般性的表达式：

$$\varepsilon = \varepsilon_\infty + \frac{\varepsilon_s - \varepsilon_\infty}{1 + j(\omega\tau)} - j\,\frac{\sigma}{\varepsilon_0\omega} \qquad (8 - 85)$$

因此，复合材料介电常数实部和虚部可分别表示为：

$$\varepsilon' = \varepsilon_\infty + \frac{\varepsilon_s - \varepsilon_\infty}{1 + (\omega\tau)^2} \qquad (8 - 86)$$

$$\omega\varepsilon'' = \frac{(\varepsilon_s - \varepsilon_\infty)\omega^2\tau}{1 + (\omega\tau)^2} + \frac{\sigma}{\varepsilon_0} = \frac{\dfrac{\sigma}{\varepsilon_0} + \left[\tau^2\dfrac{\sigma}{\varepsilon_0} + (\varepsilon_s - \varepsilon_\infty)\tau\right]\omega^2}{1 + (\omega\tau)^2} \qquad (8 - 87)$$

对比式(8 - 82)与式(8 - 86)、式(8 - 83)与式(8 - 87)不难发现，ε' 和 $\omega\varepsilon''$

随频率变化而变化的规律一致，但式中具体参数的表述仍有不同之处。为此，本书提出如下介电常数频谱与温谱特性的唯象数学方程：

$$\varepsilon' = c_1 + \frac{c_2}{1 + [\omega\tau(T)]^2} \qquad (8-88)$$

$$\omega\varepsilon'' = \frac{c_2 \cdot \omega^2\tau(T)}{1 + [\omega\tau(T)]^2} + c_3 \qquad (8-89)$$

基于 Trust-Region 算法[503]，结合上述唯象方程，将上一节提取的多夹层结构 $C_f-Si_3N_4$ 复合材料介电常数频谱及温谱响应特性进行非线性拟合，如图 8-64 所示。图中离散数据点是实验测试得到的介电常数随频率和温度变化的结果，而实线则是非线性拟合的结果。

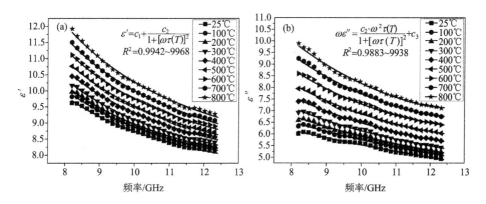

图 8-64　多夹层结构 $C_f-Si_3N_4$ 复合材料介电常数实部(a) 和虚部(b) 的频谱及温谱响应特性

从图 8-64 中可以明显地看到式(8-88) 和式(8-89) 所述的介电常数唯象方程与实验结果吻合较好，经拟合后介电常数实部在各温度点的确定系数均大于 0.9942，介电常数虚部拟合的确定系数也均大于 0.9883，说明本书提出的介电常数唯象数学模型具有良好的适应性，能较准确地反映多夹层结构 $C_f-Si_3N_4$ 复合材料介电常数频谱及温谱特性。

然而，对于耐高温吸波材料而言，其为关心的是了解复合材料在高温环境下服役时吸波性能的稳定性，其中受温度影响较大的因素有电导率 σ 和弛豫时间 τ。复合材料的电导率 σ 能更为直观地反映出复合材料在高温环境下吸波性能的演变规律，而复合材料的弛豫时间 τ 则在更深的层次上揭示了复合材料高温介电常数响应的微观机理。因此，本书重点讨论多夹层结构 $C_f-Si_3N_4$ 复合材料的电导率 σ 和弛豫时间 τ 的温谱响应规律。

8.5.3.1 电导率的温谱响应特性

由9.5.1节可知,在室温至800 ℃ 范围内 Si_3N_4 陶瓷基体的复介电常数虚部保持在0.06以下,且几乎不随着频率和温度的变化而变化,具有优良的电绝缘特性。因此,多夹层结构 C_f - Si_3N_4 复合材料的电导率随温度的变化主要源自吸波剂组元碳纤维的电导率依赖于温度的变化。

众所周知,碳纤维在其轴向方向具有较高电导率,具有类金属特性。一般情况下,具有高导电性的碳材料电导率与温度的依赖关系为[515]:

$$\sigma = Ae^{-\frac{E_g}{2k_BT}} \tag{8-90}$$

式中:A 为前因子,E_g 为材料的禁带宽度,k_B 为玻耳兹曼常数。由式(8-90)可知 $\ln\sigma$ 与 $\frac{1}{T}$ 呈线性关系。

通过进一步对比分析本文提出的唯象方程式(8-89)和 Debye 方程式(8-87)可知,多夹层结构 C_f - Si_3N_4 复合材料的电导率:

$$\sigma = c_3 \cdot \varepsilon_0 \tag{8-91}$$

而式(8-89)和式(8-87)所述的介电常数唯象方程与实验结果拟合后的参数 c_3 值见表8-12。根据式(8-91),结合表8-12中拟合的结果即可得到 C_f - Si_3N_4 复合材料的电导率与温度的变化关系,如图8-65所示。

表 8-12　拟合参数 c_3 在不同温度点的值

温度 /℃	25	100	200	300	400	500	600	700	800
c_3	27.44	34.80	41.61	48.28	55.00	61.00	67.47	73.24	78.6

图8-65中直线是将 C_f - Si_3N_4 复合材料的电导率与温度的变化数据按式(8-90)所述关系进行拟合所得。由图8-65可知,拟合确定系数 R^2 只有0.9759,并且在图上能直观地看到离散的数据点并不严格地分布于拟合的直线上,更倾向于分布在某一条曲线上。为进一步得到 C_f - Si_3N_4 复合材料的电导率与温度更准确的依赖关系,本书从碳纤维微观结构出发,建立针对碳纤维特殊结构的电导率温谱模型。

已有实验研究结果表明,对于高导电性的颗粒状物质填充于基体材料中时,复合材料的电导率与温度的依赖关系遵循如下规律[516, 517]:

$$\sigma(T) - 1 = \rho_{mig}e^{-\frac{T_m}{T}} + \rho_{hop}e^{\sqrt{\frac{T_0}{T}}} \tag{8-92}$$

式(8-92)中的第一项代表温度对类金属直流电导的影响,第二项表示被低电导率区域隔开的相邻导电颗粒间由于隧穿效应形成的电导。然而实验研究结果

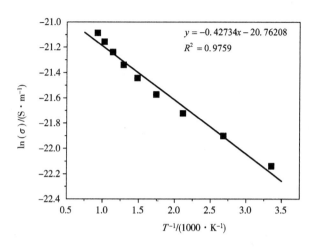

$$y = -0.42734x - 20.76208$$
$$R^2 = 0.9759$$

图 8 – 65 C_f – Si_3N_4 复合材料 $\ln\sigma$ 和 $\dfrac{1}{T}$ 的关系

表明，碳纤维具有典型的"皮芯"结构，"皮"主要是由平行于纤维轴向的有序石墨片层组成，其轴向高导电性正是来源于其高导电性的石墨层片结构，而"芯"则是乱层石墨结构[518, 519]，其典型的微观结构示意如图 8 – 66 所示。

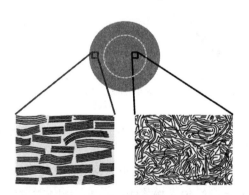

图 8 – 66   碳纤维典型微观结构示意图

由图 8 – 66 可知，碳纤维的电导率应由两部分组成：一方面，石墨层片平面内电子在外电场作用下定向迁移形成的电导；另一方面，电子在石墨层片平面和乱层石墨结构之间以及乱层石墨结构与乱层石墨结构之间由于隧穿效应形成的电导。同时，本书所制备的 C_f – Si_3N_4 复合材料中毗邻或搭接的碳纤维被一层 SiC 薄层(厚度约 1.7 μm) 隔开，由于隧穿效应形成的电导应该还包含相邻碳纤维之间

的隧穿效应对电导的贡献。因此，针对本书所制备的 $C_f - Si_3N_4$ 复合材料电导率应
该遵循如下理论模型[517]：

$$\sigma(T) = \cfrac{1}{\rho_{mig}e^{-\frac{T_m}{T}} + \rho_{hop}e^{\frac{T_c}{T+T_s}}} \tag{8-93}$$

式中：T_m，T_c 和 T_s 均为特征常数。基于式(8-93)，再次将多夹层结构 $C_f - Si_3N_4$
复合材料的电导率对温度进行拟合，结果如图8-67所示。从图8-67中可以看
到，用式(8-93)所述的模型拟合后的确定系数达0.9992，具有良好的适应性。同
时，通过拓展温度范围，用上述模型预测的结果发现，温度在1800℃范围内复合
材料的电导率随着温度的升高呈指数规律增长，但仍未出现数量级的变化，说明
复合材料具有优良的温度稳定性。

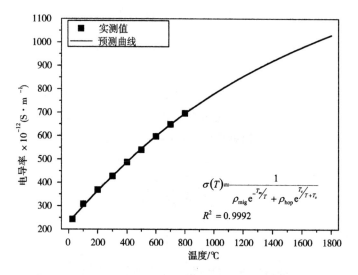

图8-67　温度对 $C_f - Si_3N_4$ 复合材料的电导率的影响

用式(8-93)所述的模型拟合后各参数值详见表8-13。从表中可以看到，石
墨层片平面内的电阻率为 $8.49 \times 10^{-8} \Omega \cdot m$，与文献报道值[520-522]处于同一水平，
而隧穿效应的等效电阻率为 $5.334 \times 10^{-4} \Omega \cdot m$，比前者高出4个数量级。

表8-13　$C_f - Si_3N_4$ 复合材料电导率的特征拟合参数

$\rho_{mig}/\Omega \cdot m$	$\rho_{hop}/\Omega \cdot m$	T_m/K	T_c/K	T_s/K
8.49×10^{-8}	5.334×10^{-4}	289.2	1512	450.2

8.5.3.2 弛豫时间的温谱响应特性

结合式(8-88)、式(8-89)和式(8-91)，消去 $1 + [\omega\tau(T)]^2$，可得：

$$\varepsilon' = \frac{1}{\tau(T)} \cdot \frac{\varepsilon''}{\omega} - \frac{\sigma(T)}{\varepsilon_0\omega^2\tau(T)} + c_1 \qquad (8-94)$$

因此，若以 $(\frac{\varepsilon''}{\omega}, \varepsilon')$ 为坐标系，则式(8-94)表示以 $\frac{1}{\tau(T)}$ 为斜率的一条直线。为此，将 9.5.2 节中实验测得的不同温度下 C_f-Si_3N_4 复合材料介电常数频谱曲线在 $(\frac{\varepsilon''}{\omega}, \varepsilon')$ 的复平面上作图，如图 8-68 所示。

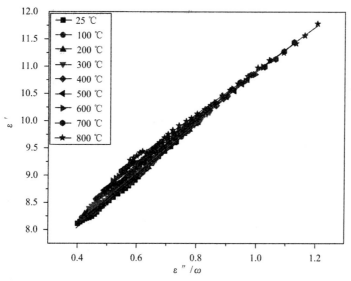

图 8-68　不同温度下 C_f-Si_3N_4 复合材料的 $(\frac{\varepsilon''}{\omega}, \varepsilon')$ 曲线

由图 8-68 可知，介电常数在 $(\frac{\varepsilon''}{\omega}, \varepsilon')$ 复平面上均分布在某一条直线上，且温度对该直线的斜率影响很小。为了得到更详细的信息，将上述数据点进行线性回归分析，结合式(8-94)，得到不同温度下 C_f-Si_3N_4 复合材料的弛豫时间 τ(见表 8-14)。

表 8-14　不同温度下 C_f-Si_3N_4 复合材料的弛豫时间

温度/℃	25	100	200	300	400	500	600	700	800
τ/ns	0.2161	0.2184	0.2204	0.2236	0.2277	0.2315	0.2355	0.2425	0.2502

由表 8 - 14 可知，随着温度的升高，$C_f - Si_3N_4$ 复合材料的弛豫时间 τ 逐渐增加，但均保持在 0.2 ~ 0.3 ns 之间，且 800 ℃ 时的弛豫时间相对于室温时的仅增加15.8%。与单夹层结构 $C_f - Si_3N_4$ 复合材料不同，多夹层结构 $C_f - Si_3N_4$ 复合材料的平均弛豫时间几乎是 X 波段电磁波的特征弛豫时间[为 80.65 ~ 121.95 ps，见式(8 - 69)]的两倍，说明复合材料从初始极化状态到建立新的极化稳定态所需时间大于外电场变化方向所需时间，这正是复合材料介电常数随着频率的增加逐渐减小的根本原因，表现出典型的介电弛豫现象。

9.5.1 节中已经提到，具有优良绝缘性质的 Si_3N_4 基体在电场作用下只存在电子位移极化和离子位移极化两种极化机制。而电子位移极化和离子位移极化建立的时间很短（~ 10^{-15} s），远小于 X 波段（~ 10^{10} Hz）电磁波的电场方向变化周期（~ 10^{-10} s），因此几乎不对 X 波段（~ 10^{10} Hz）的电磁波产生能量损耗。因此，复合材料介电弛豫主要来自于短切碳纤维在外电场作用下的偶极子极化弛豫。介电弛豫本质上是组成复合材料的微观粒子（主要为电子）在电场作用下以及相互之间作用下而不断交换能量，最后达到新的稳态的过程。碳纤维中电子的极化弛豫主要来自于晶格振动对电子在外电场作用下定向迁移运动的散射。根据量子理论，晶格振动的能量是量子化的，该能量可用声子表示，且平均声子数与温度的依赖关系为[515]：

$$\bar{n} = \frac{1}{e^{\frac{U}{k_B T}} - 1} \tag{8 - 95}$$

式中：U 为晶格振动活化能，k_B 为玻耳兹曼常数。且由式(8 - 95)可知，随着温度的升高，平均声子数增加，晶格振动对电子运动的散射作用势必要增强，极化弛豫时间相应地会增加。因此，碳纤维中电子的极化弛豫时间是正比于平均声子数的，随着温度的升高而增加，即遵循如下关系式：

$$\tau(T) = \tau_0 + \frac{a}{e^{\frac{U}{k_B T}} - 1} \tag{8 - 96}$$

式中：τ_0 代表电子之间相互牵制作用对极化弛豫时间的贡献，a 为比例系数。将表 8 - 14 所述的 $C_f - Si_3N_4$ 复合材料弛豫时间 τ 按式(8 - 96)进行拟合，如图 8 - 69 所示。

由图 8 - 69 可知，$C_f - Si_3N_4$ 复合材料（更准确地说是短切碳纤维）在外电场作用下的极化弛豫时间在室温至 800 ℃ 范围内随着温度的升高呈指数关系增加。同时，通过上述理论模型对复合材料在 800 ℃ 以上温区的弛豫时间进行了预测，如图 8 - 69 中实线所示。由图 8 - 69 可知，复合材料在弛豫时间从室温时的 0.217 ns 逐渐增加到 1800 ℃ 的 0.317 ns，增加幅度达 46%。由此可见，温度对复合材料的弛豫时间产生较大影响。经上述复合材料弛豫时间理论随温度变化的模型对实验分析结果进行拟合后，式(8 - 96)中各参数见表 8 - 15。从表 8 - 15 中可

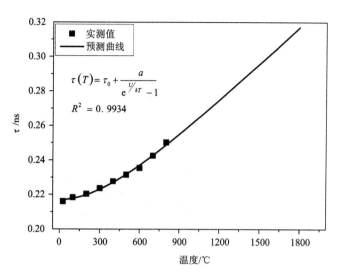

图 8 - 69　温度对 C_f - Si_3N_4 复合材料弛豫时间的影响

以看到晶格振动的活化能为 0.1534 eV，若按下式等效：

$$U = k_B T_c \qquad\qquad (8-97)$$

可得到相应的特征温度 T_c = 1506 ℃。即当温度超过 1506 ℃ 时，温度对晶格振动的影响会出现一个拐点，弛豫时间受晶格振动散射作用逐渐减弱，弛豫时间的增加速率有所放缓。

表 8 - 15　极化弛豫时间与温度关系中的特征参数

τ_0 /ns	a	U/eV	R^2
0.2166	0.1362	0.1534	0.9934

8.5.4　C_f - Si_3N_4 复合材料高温吸波性能

前述分别研究了碳纤维复合材料结构设计方法、多层结构 C_f - Si_3N_4 复合材料制备工艺、C_f - Si_3N_4 复合材料力学性能及介电性能，综合上述研究内容最终获得了综合性能优良的耐高温 C_f - Si_3N_4 吸波材料平板件(180 mm × 180 mm × 5 mm)，其实物照片如图 8 - 70 所示，其综合物理性能列于表 8 - 16。

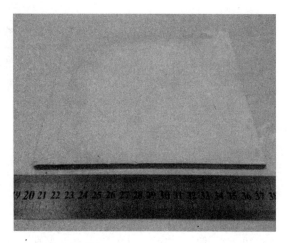

图 8 - 70　吸波／承载一体化 C_f - Si_3N_4 复合材料平板件实物照片

表 8 - 16　一体化 C_f - Si_3N_4 复合材料基本物理性能

样品	密度／(g.cm^{-3})	开孔率／%	弯曲强度／MPa
CFSN	2.11	7.62	187 ± 28

综合设计制备的多层结构 C_f - Si_3N_4 复合材料平板件在 8 ~ 18 GHz 频率范围内常温反射率实验值和理论计算结果如图 8 - 71 所示。

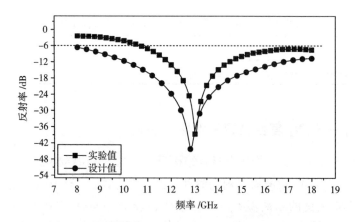

图 8 - 71　吸波承载一体化 C_f - Si_3N_4 复合材料反射率曲线

由图 8 - 71 可知，理论设计结果与实验结果比较吻合，反射率曲线吸收峰值均在 13 GHz 左右, 11.60 ~ 14.95 GHz 的反射率均优于 − 10 dB, 优于 − 6 dB 的带宽达 7.3 GHz。从反射率线型可知, 多层结构 C_f − Si_3N_4 复合材料充分地结合了介电损耗和干涉相消两种损耗机制。

作为耐高温吸波材料, C_f − Si_3N_4 复合材料主要在高温环境下服役, 为此将上述 C_f − Si_3N_4 复合材料平板件置于高温反射率测试平台, 以 5 ℃/min 的升温速率升至测试温度点并恒温 5 min, 以尽量确保样品的温度达到均匀。在测试高温反射率过程中, C_f − Si_3N_4 复合材料平板件在室温 25 ℃ 及 1000 ℃ 高温考核时的实物照片如图 8 − 72 所示。

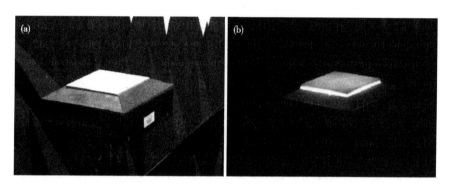

图 8 − 72　样品在(a)25 ℃ 和(b)1000 ℃ 时的实物照片

C_f − Si_3N_4 复合材料在空气中、不同温度下的反射率曲线如图 8 − 73 所示。由图可知, 随着温度的升高, 反射率曲线的吸收峰在 8 ~ 18 GHz 范围内有上升的趋势, 且峰值略微向高频方向移动。

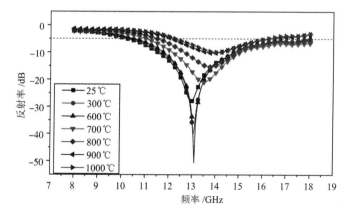

图 8 − 73　不同温度下 C_f − Si_3N_4 复合材料的反射率曲线

对比分析多夹层结构 C_f – Si_3N_4 复合材料高温介电性能与高温吸波性能可知：C_f – Si_3N_4 复合材料的损耗系数均随着温度的升高进一步增加，即损耗增强；而 C_f – Si_3N_4 复合材料平板件的反射率实验值随着温度的升高却上升的趋势，即损耗减弱。二者出现相反的规律，主要原因有：测试 C_f – Si_3N_4 复合材料介电性能及传输损耗特性时，样品较小，制备过程中样品的均匀性和可靠性能够得到有效的控制，且高温测试时过程中样品受热均匀膨胀，因热应力造成的微观缺陷相对较少。而 C_f – Si_3N_4 复合材料平板件因三个维度方向的尺寸相差较大，样品成型和均匀性难度大大提高，且烧结过程中与厚度垂直的平面方向内收缩率相对较大，极易在样品内部形成微观裂纹。同时，高温反射率测试过程中平板件受热不均匀，内应力作用进一步增加了局部微观裂纹，成为高温环境下氧气的通道，使碳纤维吸收剂出现不同程度的损伤，最终导致吸波性能逐渐减弱。

另一方面，对于厚度为 d、电磁参数为 (ε, μ) 的吸波材料而言，在频率为 f 的入射电磁波作用下，当满足式(8 – 98)：

$$d = \frac{c}{4f\sqrt{\varepsilon\mu}} \qquad (8 - 98)$$

反射率曲线因干涉相消作用会出现极小值。而在高温反射率测试过程中，由于 Si_3N_4 基体逐渐被氧化成介电常数更小的 SiO_2 相，由式(8 – 98)可知吸收峰值将向高频方向移动。综上所述，相对于 C_f – Si_3N_4 复合材料高温反射率而言，研究其高温介电性能及其随温度的演变规律，可以最大限度地减少对大型平件制备工艺的依赖性，更能从本质上体现出 C_f – Si_3N_4 复合材料在高温环境下吸波性能的演变规律。

第 9 章　　展望

本书介绍的耐高温结构吸波碳纤维复合材料制备及性能研究工作，仅是一些初探性的基础工作，也仅是揭开了耐高温结构吸波材料研究工作的冰山一角，而研制出满足实际应用要求的高性能耐高温结构吸波碳纤维复合材料，还有很多方面的工作需要深入研究，可以说是任重而道远。

（1）本书初步探明了碳纤维的电磁波响应，但其研究工作主要针对常温条件开展，而针对碳纤维的高温电磁波响应特性尚未深入研究。因此，后续工作需对高温和变温条件下碳纤维的介电常数频谱特性和吸波性能进行研究，并建立其等效介电模型和吸波模型，为后续耐高温结构吸波碳纤维复合材料结构和介电性能兼容设计以及碳纤维耐高温吸波改性研究提供理论指导。

（2）本书从碳纤维和碳基体及陶瓷基体改性方面着手，通过引入第二相，较好地调控了碳纤维和基体相的介电性能，同时提高其抗氧化性能。但对改性碳纤维和基体相介电性能的研究也仅是针对常温条件开展，且介电性能的主要影响因素和机制也尚未完全明晰。此外，改性材料体系和改性方法还可进一步优选和优化。因此，后续需对改性碳纤维和基体相的高温介电性能进行研究，并从界面、原子和分子等微观或纳观层面研究介电性能的影响因素和机制，探明碳纤维和基体相的介电性能调控机制，形成高效的调控技术。此外，还可进一步筛选出更加高效、制备工艺简单的第二相来改性碳纤维和基体相，并考虑从改变碳纤维和基体相内部结构（如对晶体结构进行掺杂等）的角度来对其改性。

（3）本书虽在碳纤维各向异性参数提取等方面取得了重要进展，并且制备的 $C_f/SiC - SiO_2$ 耐高温结构吸波材料在室温和高温下均具有较好的吸波性能，但其基体成分较少，复合基体介电常数的调节范围十分有限，后续还需优选其他耐高温基体及吸波剂来调节材料的介电性能。此外，采用碳纤维阵列吸波材料虽能大幅提升复合材料中纤维含量，但其力学性能仍有待提高。

（4）本书开展的多层结构 $C_f - Si_3N_4$ 耐高温吸波材料的研究工作，虽然在复合材料结构设计、制备工艺、抗氧化性能及力学性能、高温介电性能及其响应机理方面作了较为系统的研究，且制备的多层结构 $C_f - Si_3N_4$ 复合材料虽然在一定程度上实现了吸波性能和力学性能的协同，但从服役性能角度考虑，复合材料的吸波性能仍需进一步加强。尤其是从现代武器装备的发展趋势来看，吸波性能向宽频化发展已成为必然趋势，因此，进一步拓宽其高温吸波带宽的研究工作势在必行。此外，提出的多层结构 $C_f - Si_3N_4$ 复合材料制备技术在制备大型异型复杂构件方面具备一定优势，但工艺难度不小，后续工作应加强异型构件的制备技术研究。

总之，针对本书的研究工作，为研制出高性能的耐高温结构吸波碳纤维复合材料，后续在材料结构与性能兼容设计、结构吸波模型的构建、材料结构与力学、吸波和抗氧化性能的协同与调控、材料高温吸波机制及高温吸波性能稳定化等方面还有很多工作需要开展，且势在必行。

而针对当前我国耐高温结构／隐身一体化材料研究现状，在基础理论、制备技术、应用技术等方面与世界先进水平尚存在以下差距：

（1）理论上，高温条件下材料微波损耗机理和红外兼容机制研究还处于不断探索过程中；

（2）高温吸波剂研究上，有待于开发种类更多、吸波性能更好、多功能兼容的高温吸收剂；

（3）测试技术和表征上，高温条件下材料电磁谱测量技术有待于向更高温度拓展；

（4）制备技术上，隐身性能、耐高温性能、力学性能、热稳定性能有待提高，大型复杂构件的制备工艺尚不成熟，低成本、高效率可控制备还有待于进一步提高；

（5）应用水平上，高吸收的频宽范围窄、低频效果差，距离实现工程应用有一定距离，材料高温承载能力未达到世界先进水平。

因此，根据武器装备的发展趋势和需求，结合当前高温结构／隐身材料研究的世界先进水平，我们急需加强以下方面的研究：

① 高温各向异性材料微波电磁参量表征方法；

② 高温结构／隐身一体化材料设计计算与仿真技术；

③ 关键原材料的研究开发；

④ 大尺寸和异型构件制备能力和检测分析能力；

⑤ 相关地面考核试验和飞行演示试验。

参考文献

[1] 刘晓春. 雷达吸波材料与飞机隐身技术 [J]. 江苏航空, 1996, (3): 14 – 19.

[2] 钟华, 李自力. 隐身技术: 军事高技术的"王牌" [M]. 北京: 国防工业出版社, 1999.

[3] 胡传炘. 隐身涂层技术 [M]. 北京: 化学工业出版社, 2004.

[4] 阮颖铮. 雷达截面与隐身技术 [M]. 北京: 国防工业出版社, 2001.

[5] 聂在平, 方大纲. 目标与环境电磁散射特性建模 – 理论、方法与实现 (基础篇) [M]. 北京: 国防工业出版社, 2009.

[6] 黄培康, 殷红成, 许小剑. 雷达目标特性 [M]. 北京: 电子工业出版社, 2005.

[7] 孙敏, 于名讯. 隐身材料技术 [M]. 北京: 国防工业出版社, 2013.

[8] Yuzcelik C K. Radar absorbing material design [D]. California: Naval Postgraduate School, 2003.

[9] 马正林. 李天院士忆我国战斗机隐身技术发展 [J]. 兵工科技, 2013, 17: 50 – 54.

[10] 李南. 外形设计对飞机隐身性能影响分析 [J]. 电子工程师, 2007, 33(12): 4.

[11] Knott E F, Shaeffer J F, Tuley M T. Radar corss section [M]. Boston: SciTech Publishing Inc, 2004.

[12] 崔玉理, 贺鸿珠. 吸波材料的研究现状及趋势 [J]. 上海建材, 2011, 1: 20 – 23.

[13] 徐欣欣. 频率选择表面吸波特性的直接图解法分析与优化设计 [D]. 武汉: 华中科技大学, 2013.

[14] Vinoy V J, Jha R M. Radar absorbing materials: from theory to design and characterization [M]. Boston: Kluwer Academic Publishers, 1996.

[15] 邢丽英. 隐身材料 [M]. 北京: 化学工业出版社, 2004.

[16] Munk B A. Frequency selective surfaces: theory and design [M]. New York: John Wiley & Sons, 2000.

[17] Watts C M, Liu X L, Padilla W J. Metamaterial electromagnetic wave absorbers [J]. Advanced Materials, 2012, 24(23): 98 – 120.

[18] 殷之文. 电介质物理学 [M]. 北京: 科学出版社, 2003.

[19] 姜寿亭, 李卫. 凝聚态磁性物理 [M]. 北京: 科学出版社, 2003.

[20] 吴晓光, 车晔华. 国外微波吸收材料 [M]. 长沙: 国防科技大学出版社, 1992.

[21] Fernandez A, Valenzuela A. General solution for single – layer electromagnetic-wave absorber [J]. Electronics Letters, 1985, 21(1): 20 – 21.

[22] Valenzuela A Q, Fernandez F A. General design theory for single-layer homogeneous absorber [J]. Antennas and Propagation, IEEE Transactions on, 1996, 44(6): 822 – 826.

[23] 甘治平, 官建国, 王维. 单层均匀吸波材料电磁参数的匹配研究 [J]. 航空材料学报,

2002, 22: 37 - 40.

[24] 鲁明. 碳微米管及其复合材料的制备与吸波性能 [D]. 哈尔滨: 哈尔滨工业大学, 2013.

[25] Maxwell J C. A Treatise on Electricity and Magnetism [M]. Oxford: Clarendon Press, 1891.

[26] Bruggeman D A G. Calculation of various physics constants in heterogenous substances I. Dielectricity constants and conductivity of mixed bodies from isotropic substances [J]. Ann Phys Leipzig, 1935, 24(7): 636 - 664.

[27] Sheng P. Theory for the Dielectric Function of Granular Composite Media [J]. Physical Review Letters, 1980, 45(1): 4.

[28] Sihvola A H, Kong J A. Effective permittivity of dielectric mixtures [J]. IEEE Transactions on Geoscience and Remote Sensing, 1988, 26(4): 420 - 429.

[29] Brown W. Solid mixture permittivities [J]. Journal of Physical Chemistry, 1955, 23(8): 1514 - 1517.

[30] Wiener O. Die theorie desmischkorpers fur das feld der statonaren stromung. i. die mittelwertsastze fur kraft, polarisation and energie, der abhandlungen der mathematisch - physischen klasse der konigl [J]. Sachsischen Gesellschaft der Wissenschaften, 1912, 32: 509 - 514.

[31] Rayleigh L. On the influence of obstacles arranged in rectangular order upon the properties of a medium [J]. Philosophical Magazine, 1892, 34: 481 - 502.

[32] 孙可为, 金丹, 许启明. Maxwell - Garnett 理论研究纳米铜膜的光学性质 [J]. 材料导报, 2009, 23: 83 - 85.

[33] Levy Y, Jurich M, Swalen J D. Optical properties of thin layers of SiOx [J]. Journal of Applied Physics, 1985, 57(7): 2601 - 2605.

[34] 肖岗, 杨青, 冯恩信. 多相混合物有效介电常数的 DDA 算法 [J]. 微波学报, 2008, 24: 8 - 11.

[35] 华伟, 包建军, 杨晓庆, 等. 2.45 GHz 微波频率下有机二元体系溶液等效介电系数新特性的实验研究 [J]. 电子学报, 2006, 34(5): 828 - 832.

[36] 高正娟, 曹茂盛, 朱静. 复合吸波材料等效电磁参数计算的研究进展 [J]. 宇航材料工艺, 2004, 34: 12 - 15.

[37] Abrikosov I A, Johansson B. Applicability of the coherent - potential approximation in the theory of random alloys [J]. Physical Review B, 1998, 57(22): 14164 - 14173.

[38] Bohren C F, Battan L J. Radar Backscattering by Inhomogeneous Precipitation Particles [J]. Journal of the Atmospheric Sciences, 1980, 37(8): 1821 - 1827.

[39] 庞永强, 程海峰, 唐耿平, 等. Fe - Co 合金和中空碳纤维吸波材料的吸波特性研究 [J]. 材料导报, 2009, 23: 5 - 8.

[40] 周永江, 程海峰, 曹义, 等. 单层雷达吸波材料研究 [J]. 材料工程, 2006, 4: 8 - 11.

[41] 陈旭华, 易建政, 殷苏东. 雷达吸波材料反射系数的数值模拟 [J]. 磁性材料及器件, 2010, 41: 29 - 32.

[42] 李艳厦, 房晓勇. 单层吸波材料计算方法的比较 [J]. 科学技术与工程, 2007,

7：6170 – 6172.

[43] 吴明忠, 刘怀忠. 雷达吸波材料的吸波性能预测 [J]. 上海航天, 1998, 1：21 – 24.

[44] 简科. 雷达吸波材料的涂层结构设计 [J]. 安全与电磁兼容, 2009, 3：72 – 75.

[45] 程杰, 王为. 吸波材料的计算机辅助设计 [J]. 雷达与对抗, 2000, 2：18 – 25.

[46] 曹茂盛, 房晓勇. 多涂层吸波体的计算机智能化设计 [J]. 燕山大学学报, 2001, 25：9 – 13.

[47] Gang F J, Mei Z D, Cheng Z W, et al. Anisotropic Dielectric Properties of Short Carbon Fiber Composites [J]. Journal of Inorganic Materials, 2012, 27(11)：1223 – 1227.

[48] 周永江, 程海峰, 陈朝辉. 测量材料电磁参数的多样品法 [J]. 计量技术, 2006, 11：15 – 18.

[49] 周灏, 逯贵祯, 王玥, 等. 基于传输反射原理的散射参数反演材料电磁参数的新方法 [J]. 中国传媒大学学报(自然科学版), 2009, 16：24 – 8.

[50] 谢俊磊, 杜仕国, 施冬梅. 新型雷达吸波材料研究进展 [J]. 飞航导弹, 2008, 07：58 – 61.

[51] 彭智慧, 曹茂盛, 袁杰, 等. 雷达吸波材料设计理论与方法研究进展 [J]. 航空材料学报, 2003, 23(3)：6.

[52] 房晓勇, 曹茂盛, 秦世明. 单层吸波材料设计的一般方程及可能解 [J]. 纺织高校基础科学学报, 2000, 13(4)：356 – 359.

[53] 郑长进, 李家俊, 赵乃勤, 等. 吸波材料的设计和应用前景 [J]. 宇航材料工艺, 2004, 5：1 – 5.

[54] 秦柏, 秦汝虎, 金崇君, 等. "广义匹配规律"的论证及在隐身材料中的应用 [J]. 哈尔滨工业大学学报, 1997, 29(4)：115 – 117.

[55] 王东方, 周忠祥, 张海丰, 等. Salisbury 屏的优化设计 [J]. 哈尔滨工业大学学报, 2004, 36(11)：1499 – 1502.

[56] 张海丰, 王东方, 崔虹云, 等. 三维网格法在 Slisbury 屏优化设计中的应用 [J]. 佳木斯大学学报(自然科学版), 2006, 24(3)：4.

[57] 伍瑞新, 王相元, 钱鉴, 等. 影响 Salisbury 屏高频响应的若干因素 [J]. 物理学报, 2004, 53(3)：745 – 749.

[58] 徐建国, 李万富, 黄长庆. 基于遗传算法的介电梯度碳纳米管／环氧树脂吸波材料优化设计 [J]. 功能材料, 2010, S1：155 – 158.

[59] 李凡. Jaumann 吸波结构的研究 [J]. 航天电子对抗, 1994, 1：38 – 41.

[60] 鲁先孝, 马玉璞, 林新志. 功能梯度材料在隐身方面的应用 [J]. 材料开发与应用, 2007, 22(2)：52 – 56.

[61] 管登高, 黄婉霞, 毛健, 等. 低反射高吸收梯度电磁波屏蔽复合材料研究 [J]. 功能材料, 2003, 6(34)：676 – 678.

[62] 何燕飞, 龚荣洲, 何华辉. 双层吸波材料吸波特性研究 [J]. 功能材料, 2004, 6(35)：782 – 784.

[63] 李娟, 邓京兰, 王继辉. 聚氨酯泡沫夹层复合材料的制备及其吸波性能研究 [J]. 高科技

纤维与应用, 2010, 35(2): 19 - 23.

[64] 马科峰, 张广成, 刘良威, 等. 夹层结构复合材料的吸波隐身技术研究进展 [J]. 材料开发与应用, 2010, 25(6): 53 - 57.

[65] 何燕飞, 龚荣洲, 王鲜, 等. 蜂窝结构吸波材料等效电磁参数和吸波特性研究 [J]. 物理学报, 2008, 57(8): 5261 - 5265.

[66] 许少峰, 孙秦. 蜂窝结构吸波材料的斜入射电磁吸波特性研究 [J]. 航空工程进展, 2013, 4(1): 119 - 126.

[67] 赵雨辰, 万国宾. 蜂窝结构等效电磁模型的仿真研究 [J]. 微波学报, 2013, 29(1): 38 - 42.

[68] 姚承照, 张晨, 冯志海, 等. 电路模拟吸波材料带宽拓展方法探索 [J]. 宇航材料工艺, 2008, 5: 33 - 36.

[69] 王国成, 徐乃昊, 刘毅, 等. 基于遗传退火算法的电路模拟吸波材料设计 [J]. 宇航材料工艺, 2012, 3: 13 - 16.

[70] 韩廖明, 唐守柱, 何丙发. 多层金属栅网混合结构吸波特性分析 [J]. 现代雷达, 2013, 35(4): 58 - 62.

[71] Huang S, Zhou W, Luo F, et al. Mechanical and dielectric properties of short carbon fiber reinforced Al_2O_3 composites with MgO additive [J]. Ceramics International, 2014, 40(2): 2785 - 2791.

[72] 刘保荣, 黄智斌, 罗发, 等. 碳／氧化铝／二氧化硅涂层的介电和吸波性能研究 [J]. 无机材料学报, 2012, 27(8): 817 - 821.

[73] 卿玉长, 周万城, 罗发, 等. 多壁碳纳米管／环氧有机硅树脂吸波涂层的介电和吸波性能研究 [J]. 无机材料学报, 2010, 25(2): 181 - 185.

[74] 耿健烽, 周万城, 张颖娟, 等. 纳米 Si/C/N 复相粉体 - 硅溶胶涂层的介电和吸波性能研究 [J]. 材料导报, 2010, 24(6): 23 - 25.

[75] 张泽洋, 刘祥萱, 吴友朋, 等. 三种纳米碳材料吸波涂层设计及性能 [J]. 宇航材料工艺, 2011, 4: 11 - 14.

[76] 江礼, 袁晓静, 查柏林, 等. 等离子喷涂纳米莫来石基复合吸波涂层性能研究 [J]. 无机材料学报, 2008, 23(6): 1272 - 1276.

[77] 刘顾, 汪刘应, 陈桂明, 等. $CNTs - SiC/Al_2O_3 - TiO_2$ 复合涂层的制备及其性能 [J]. 无机材料学报, 2011, 26(11): 1186 - 1191.

[78] Huang S, Zhou W, Luo F, et al. Mechanical and dielectric properties of short-carbon-fibers/epoxy-modified-organic-silicone-resin as heat resistant microwave absorbing coatings [J]. Journal of Applied Polymer Science, 2013, 130(2): 1392 - 1398.

[79] 黄小忠, 黎炎图, 杜作娟, 等. 磁性吸波碳纤维掺杂聚氨酯泡沫制备夹层结构吸波材料 [J]. 高科技纤维与应用, 2009, 34(4): 32 - 36.

[80] Wang W, Li Q, Chang C. Effect of MWCNTs content on the magnetic and wave absorbing properties of ferrite - MWCNTs composites [J]. Synthetic Metals, 2011, 161(1 - 2): 44 - 50.

[81] Wang L, He F, Wan Y. Facile synthesis and electromagnetic wave absorption properties of magnetic carbon fiber coated with Fe‐Co alloy by electroplating [J]. Journal of Alloys and Compounds, 2011, 509(14): 4726－4730.

[82] Shen J, Chen K, Li L, et al. Fabrication and microwave absorbing properties of (Z‐type barium ferrite/silica)polypyrrole composites [J]. Journal of Alloys and Compounds, 2014, 615: 488－495.

[83] Hou C L, Li T H, Zhao T K, et al. Electromagnetic wave absorbing properties of multi-wall carbon nanotube/Fe_3O_4 hybrid materials [J]. New Carbon Materials, 2013, 28(3): 184－190.

[84] Wei S, Liu Y, Tian H, et al. Microwave absorption property of plasma spray W‐type hexagonal ferrite coating [J]. Journal of Magnetism and Magnetic Materials, 2015, 377(0): 419－423.

[85] 张罡, 马瑞廷, 赵海涛, 等. 超声场下导电聚苯胺/纳米铁氧体吸波涂层的制备及其吸波性能 [J]. 材料保护, 2009, 42(9): 19－23.

[86] Meng X, Wan Y, Li Q, et al. The electrochemical preparation and microwave absorption properties of magnetic carbon fibers coated with Fe_3O_4 films [J]. Applied Surface Science, 2011, 257(24): 10808－10814.

[87] 黎炎图, 黄小忠, 杜作娟, 等. 结构吸波纤维及其复合材料的研究进展 [J]. 材料导报, 2010, 24(4): 4.

[88] 黄科, 冯斌, 邓京兰. 结构型吸波复合材料研究进展 [J]. 高科技纤维与应用, 2010, 35(6): 54－58.

[89] 张常泉. 国外结构吸波材料在巡航导弹上的应用 [J]. 宇航材料工艺, 1987, 3: 6－9.

[90] 曹辉. 结构吸波材料及其应用前景 [J]. 宇航材料工艺, 1993, 4: 4.

[91] 赵云峰. 国外结构隐身材料研究与应用的新进展 [J]. 材料工程, 1989, 5: 41－43.

[92] 丁冬海, 罗发, 周万城, 等. 高温雷达吸波材料研究现状与展望 [J]. 无机材料学报, 2014, 29(5): 461－469.

[93] 刘海韬. 夹层结构 SiCf/SiC 雷达吸波材料设计、制备及性能研究 [D]. 长沙: 国防科学技术大学, 2010.

[94] 周旺. 2D－SiCf/SiC 耐高温结构吸波材料力学性能研究 [D]. 长沙: 国防科学技术大学, 2008.

[95] 张效联. B－2 隐形轰炸机将携带干扰导弹避免 F117 的难堪 [J]. 江苏航空, 2002, 1:19.

[96] 张士宏, 张凌云, 程明. 钛合金温热板材成形技术 [J]. 锻造与冲压, 2009, 1: 40－43.

[97] 孟令扬. SR－72 无人机的研制进展 [J]. 航空发动机, 2013, 6:12.

[98] 青云. X－43A 试飞成功的意义和飞行结果初析 [J]. 国际航空, 2004, 5: 12－15.

[99] 张莹. 印度 K－15 系列弹道导弹发展分析 [J]. 中国航天, 2012, 2: 56－60.

[100] 刘海韬, 程海峰, 王军, 等. 高温结构吸波材料综述 [J]. 材料导报, 2009, 19: 24－27.

[101] 张成红, 张成光. 地空导弹厚壁气动加热温度计算 [J]. 沈阳航空工业学院学报, 2010, 01: 14－17.

[102] 樊钰, 叶定友, 杨月诚. 复合材料壳体气动加热温度场研究 [J]. 固体火箭技术, 2013, 03: 381 – 384.

[103] 吕红庆. 高超声速飞行器气动加热及热响应分析 [D]. 哈尔滨: 哈尔滨工程大学, 2006.

[104] 凌应杰. 高超声速气动热数值模拟研究 [D]. 西安: 西安电子科技大学, 2014.

[105] 刘顺华, 刘军民, 董星龙. 电磁波屏蔽及吸波材料 [M]. 北京: 化学工业出版社, 2006.

[106] 李鹏, 周万城, 贺媛媛. 高温吸波材料研究应用现状 [J]. 航空制造技术, 2008, (06): 26 – 29.

[107] 罗发. 高温吸波材料的制备及性能研究 [D]. 西安: 西北工业大学, 2001.

[108] 赵三团. 高温吸波材料基体的研究 [D]. 西安: 西北工业大学, 2003.

[109] Liu H, Tian H, Cheng H. Dielectric properties of SiC fiber-reinforced SiC matrix composites in the temperature range from 25 to 700°C at frequencies between 8.2 and 18 GHz [J]. Journal of Nuclear Materials, 2013, 432(1 – 3): 57 – 60.

[110] Yang H J, Yuan J, Li Y, et al. Silicon carbide powders: Temperature-dependent dielectric properties and enhanced microwave absorption at gigahertz range [J]. Solid State Communications, 2013, 163: 1 – 6.

[111] Huang Z, Kang W, Qing Y, et al. Influences of SiCf content and length on the strength, toughness and dielectric properties of SiCf/LAS glass-ceramic composites [J]. Ceramics International, 2013, 39(3): 3135 – 3140.

[112] Yuan J, Yang H – J, Hou Z – L, et al. Ni-decorated SiC powders: Enhanced high-temperature dielectric properties and microwave absorption performance [J]. Powder Technology, 2013, 237(0): 309 – 313.

[113] Tian H, Liu H T, Cheng H F. A high-temperature radar absorbing structure: Design, fabrication, and characterization [J]. Composites Science and Technology, 2014, 90(0): 202 – 208.

[114] 肖汉宁, 高月召. 高性能结构陶瓷及其应用 [M]. 北京: 化学工业出版社, 2006.

[115] 谢根生, 姜勇刚, 刘旭光, 等. 具备雷达吸波功能的碳化硅纤维的研究进展 [J]. 有机硅材料, 2006, (03): 144 – 170.

[116] 王应德, 陈彦模, 朱美芳, 等. 三叶形截面碳化硅纤维介电性能与吸波性能研究 [J]. 东华大学学报(自然科学版), 2002, (04): 110 – 114.

[117] 王强, 王军, 楚增勇, 等. 多向铺层碳化硅纤维吸波材料吸波性能方向性研究 [J]. 新技术新工艺, 2008, (05): 104 – 106.

[118] 刘旭光. 异形截面碳化硅纤维制备及其吸波性能 [D]. 长沙: 国防科学技术大学, 2010.

[119] 李家俊, 郭伟凯, 赵乃勤, 等. 微量碳化硅纤维/环氧树脂复合吸波材料研究 [J]. 宇航材料工艺, 2004, (05): 31 – 34.

[120] Liu H T, Cheng H F, Tian H. Design, preparation and microwave absorbing properties of resin matrix composites reinforced by SiC fibers with different electrical properties [J]. Mater Sci Eng B – Adv, 2014, 179: 17 – 24.

[121] 庞建峰, 马喜君, 谢兴勇. 电磁吸波材料的研究进展 [J]. 电子元件与材料, 2015,

（02）：7 - 16.

[122] 侯进. 水滑石、石墨、碳化硅以及铁氧体复合吸波涂层制备与性能研究 [D]. 青岛：中国海洋大学，2007.

[123] 赵锴. SiC/SiC 复合材料制备及性能研究 [D]. 西安：西北工业大学，2007.

[124] 周伟. 耐高温碳基吸波剂的调控、结构及性能研究 [D]. 长沙：中南大学，2014.

[125] 张德勇，程海峰，唐耿平，等. 吸收剂形状对雷达吸波材料性能的影响研究 [M]. 第六届中国功能材料及其应用学术会议论文集，武汉，2007：2963 - 2965.

[126] 葛副鼎，朱静，陈利民. 吸收剂颗粒形状对吸波材料性能的影响 [J]. 宇航材料工艺，1996，（05）：42 - 49.

[127] 李智敏，杜红亮，罗发，等. 碳化硅高温吸收剂的研究现状 [J]. 稀有金属材料与工程，2007，S3：94 - 99.

[128] 丁冬海，罗发，周万城，等. 高温雷达吸波材料研究现状与展望 [J]. 无机材料学报，2014，（05）：461 - 469.

[129] 赵东林. 耐高温雷达波吸收剂的制备及其性能研究 [D]. 西安：西北工业大学，1999.

[130] Li Z, Zhou W, Luo F, et al. Improving the dielectric properties of SiC powder through nitrogen doping [J]. Materials Science and Engineering：B, 2011, 176(12)：942 - 944.

[131] Zhao D - L, Luo F, Zhou W - C. Microwave absorbing property and complex permittivity of nano SiC particles doped with nitrogen [J]. Journal Of Alloys and Compounds, 2010, 490(1 - 2)：190 - 194.

[132] Luo F, Liu X, Zhu D, et al. Effect of aluminum doping on microwave permittivity of silicon carbide powders [J]. Journal of the American Ceramic Society, 2008, 91(12)：4151 - 4153.

[133] Jin H - b, Cao M - s, Zhou W, et al. Microwave synthesis of Al - doped SiC powders and study of their dielectric properties [J]. Materials Research Bulletin, 2010, 45(2)：247 - 250.

[134] Li D, Jin H B, Cao M S, et al. Production of Ni - Doped SiC Nanopowders and their Dielectric Properties [J]. Journal of the American Ceramic Society, 2011, 94(5)：1523 - 1527.

[135] Li Z, Zhou W, Su X, et al. Effect of boron doping on microwave dielectric properties of SiC powder synthesized by combustion synthesis [J]. Journal of Alloys and Compounds, 2011, 509(3)：973 - 976.

[136] Su X, Jia Y, Wang J, et al. Preparation and microwave absorption properties of Fe-doped SiC powder obtained by combustion synthesis [J]. Ceramics International, 2013, 39(4)：3651 - 3656.

[137] 徐婷. CVD 法 SiC 连续纤维制备技术 [D]. 西安：西北工业大学，2006.

[138] 杨大祥，宋永才. 先驱体法制备连续碳化硅纤维工业化生产的现状与展望 [J]. 机械工程材料，2007，（01）：1 - 4.

[139] Ding D, Shi Y, Wu Z, et al. Electromagnetic interference shielding and dielectric properties of SiCf/SiC composites containing pyrolytic carbon interphase [J]. Carbon, 2013, 60(0)：

552 – 555.

[140] Song H, Zhou W, Luo F, et al. Temperature dependence of dielectric properties of SiCf/PyC/SiC composites [J]. Materials Science and Engineering: B, 2015, 195(0): 12 – 19.

[141] 程海峰, 陈朝辉, 李永清, 等. 碳化硅纤维表面化学镀改性研究 [C]. 第三届中国功能材料及其应用学术会议, 中国重庆, 1998: 4.

[142] 黄小忠, 申小海, 冯春祥. 磁性涂层碳化硅纤维的电磁特性研究 [J]. 磁性材料及器件, 2007, (04): 44 – 47.

[143] 王军, 陈革, 宋永才, 等. 含镍碳化硅纤维的制备及其电磁性能 Ⅱ. 含镍碳化硅纤维的电磁性能 [J]. 功能材料, 2001, 01: 37 – 39.

[144] 刘旭光. 复杂异形截面碳化硅纤维的制备与性能 [D]. 长沙: 国防科学技术大学, 2005.

[145] 刘旭光, 王应德, 姜勇刚, 等. C 形碳化硅纤维制备及性能 [J]. 稀有金属材料与工程, 2008, (S1): 395 – 398.

[146] 刘旭光, 王应德, 薛金根, 等. 三折叶形截面碳化硅纤维的制备及其电磁性能 [J]. 功能材料, 2009, (05): 739 – 741.

[147] 刘顺华, 刘军民, 董星龙. 电磁波屏蔽及吸波材料 [M]. 北京: 化学工业出版社, 2006.

[148] 宫兆合, 梁国正, 任鹏刚, 等. 导电高分子材料在隐身技术中的应用 [J]. 高分子材料科学与工程, 2004, (05): 29 – 32.

[149] 李海燕, 张世珍, 桂林, 等. 新型纳米吸波材料研究进展 [J]. 现代涂料与涂装, 2010, (07): 25 – 33.

[150] 铁生年, 马丽莉. 纳米粉体材料应用技术研究进展 [J]. 青海师范大学学报(自然科学版), 2011, (04): 10 – 20.

[151] 翟青霞, 黄英, 苗璐, 等. 树脂基复合吸波材料在航空、航天中的应用 [J]. 玻璃钢/复合材料, 2009, (06): 72 – 76.

[152] 周伟, 肖鹏, 李杨, 等. 热解碳(PyC)/BN 复合粉的制备及其吸波性能 [J]. 无机材料学报, 2013, (05): 479 – 484.

[153] 邵南子. C/SiC/SiO_2 复合基体材料的制备及其吸波性能研究 [D]. 长沙: 湖南大学, 2012.

[154] Liu X, Zhang Z, Wu Y. Absorption properties of carbon black/silicon carbide microwave absorbers [J]. Composites Part B: Engineering, 2011, 42(2): 326 – 329.

[155] Wang T, He J, Zhou J, et al. Electromagnetic wave absorption and infrared camouflage of ordered mesoporous carbon – alumina nanocomposites [J]. Microporous and Mesoporous Materials, 2010, 134(1 – 3): 58 – 64.

[156] Edie D D, Hayes G J, Rast H E. Processing of noncircular pitch-based carbon fibers [J]. High Temperatures-High Pressures, 1990, 22(3): 289 – 298.

[157] Xie W, Cheng H, Chu Z, et al. Effect of carbonization temperature on the structure and microwave absorbing properties of hollow carbon fibres [J]. Ceramics International, 2011, 37(6): 1947 – 1951.

[158] Chu Z, Cheng H, Xie W, et al. Effects of diameter and hollow structure on the microwave absorption properties of short carbon fibers [J]. Ceramics International, 2012, 38(6): 4867 – 4873.

[159] 孟辉. 纤维型雷达隐身吸波材料的研究进展 [J]. 现代涂料与涂装, 2005, (6): 8 – 11.

[160] Dauché F, Barnes A, Gallego N, et al. Ribbon-shaped carbon fibers from supercritically extracted mesophase pitches [J]. Carbon, 1998, 36(7): 1238 – 1240.

[161] 赵东林, 沈曾民, 迟伟东. 碳纤维及其复合材料的吸波性能和吸波机理 [J]. 新型碳材料, 2001, 16(2): 66 – 72.

[162] 刘新, 王荣国, 刘文博, 等. 异形截面碳纤维复合材料的吸波性能 [J]. 复合材料学报, 2009, 26(2): 94 – 100.

[163] Ishikawa T. Advances in inorganic fibers [M]. Polymeric and Inorganic Fibers. Springer Berlin Heidelberg. 2005: 109 – 144.

[164] 欧阳国恩. 碳化硅 – 碳功能纤维 [J]. 功能材料, 1994, 25(4): 300 – 305.

[165] 孙良奎, 程海峰, 楚增勇, 等. C/SiO₂同轴复合纤维的制备及性能研究 [J]. 无机材料学报, 2009, 24(2): 310 – 314.

[166] Fan Y, Yang H, Liu X, et al. Preparation and study on radar absorbing materials of nickel-coated carbon fiber and flake graphite [J]. Journal of Alloys and Compounds, 2008, 461(1 – 2): 490 – 494.

[167] Zeng J, Fan H, Wang Y, et al. Oxidized electroplating zinc-covered carbon fibers as microwave absorption materials [J]. Journal of Alloys and Compounds, 2012, 524(0): 59 – 62.

[168] Zeng J, Xu J. Microwave absorption properties of CuO/Co/carbon fiber composites synthesized by thermal oxidation [J]. Journal of Alloys and Compounds, 2010, 493(1 – 2): 39 – 41.

[169] 高文, 冯志海, 黎义, 等. 涂层改性碳纤维复合材料的微波性能研究 [J]. 宇航材料工艺, 2000, 30(5): 53 – 57.

[170] 王海泉. 钛化物复合纤维的制备及在吸波材料中的应用 [D]. 泉州: 华侨大学, 2004.

[171] Song W – l, Cao M – s, Hou Z – l, et al. High-temperature microwave absorption and evolutionary behavior of multiwalled carbon nanotube nanocomposite [J]. Scripta Materialia, 2009, 61(2): 201 – 204.

[172] Zhihua P, Jingcui P, Yanfeng P, et al. Investigation of the microwave absorbing mechanisms of HiPco carbon nanotubes [J]. Physica E: Low-dimensional Systems and Nanostructures, 2008, 40(7): 2400 – 2405.

[173] Qi X, Yang Y, Zhong W, et al. Large-scale synthesis, characterization and microwave absorption properties of carbon nanotubes of different helicities [J]. Journal of Solid State Chemistry, 2009, 182(10): 2691 – 2697.

[174] Wei X – W, Xu J, Song X – J, et al. Multi-walled carbon nanotubes coated with rare earth fluoride EuF3 and TbF3 nanoparticles [J]. Materials Research Bulletin, 2006,

41(1)：92 - 98.

[175] 杨晓红. 碳纳米管的压阻效应 [J]. 材料导报, 2005, 18(F04)：94 - 96.

[176] Xie S, Jin G - Q, Meng S, et al. Microwave absorption properties of in situ grown CNTs/SiC composites [J]. Journal Of Alloys and Compounds, 2012, 520(0)：295 - 300.

[177] Li Q, Yin X, Duan W, et al. Dielectric and microwave absorption properties of polymer derived SiCN ceramics annealed in N2 atmosphere [J]. Journal of the European Ceramic Society, 2014, 34(3)：589 - 598.

[178] Zhang Y, Yin X, Ye F, et al. Effects of multi-walled carbon nanotubes on the crystallization behavior of PDCs-SiBCN and their improved dielectric and EM absorbing properties [J]. Journal of the European Ceramic Society, 2014, 34(5)：1053 - 1061.

[179] Zhao D, Zhao H, Zhou W. Dielectric properties of nano Si/C/N composite powder and nano SiC powder at high frequencies [J]. Physica E：Low-dimensional Systems and Nanostructures, 2001, 9(4)：679 - 685.

[180] Duan W, Yin X, Li Q, et al. Synthesis and microwave absorption properties of SiC nanowires reinforced SiOC ceramic [J]. Journal of the European Ceramic Society, 2014, 34(2)：257 - 266.

[181] Ye F, Zhang L, Yin X, et al. Dielectric and microwave-absorption properties of SiC nanoparticle/SiBCN composite ceramics [J]. Journal of the European Ceramic Society, 2014, 34(2)：205 - 215.

[182] Ye F, Zhang L, Yin X, et al. Dielectric and EMW absorbing properties of PDCs-SiBCN annealed at different temperatures [J]. Journal of the European Ceramic Society, 2013, 33(8)：1469 - 1477.

[183] Yin X, Kong L, Zhang L, et al. Electromagnetic properties of Si - C - N based ceramics and composites [J]. International Materials Reviews, 2014, 59(6)：326 - 355.

[184] Qing Y, Zhou W, Luo F, et al. Microwave electromagnetic properties of carbonyl iron particles and Si/C/N nano-powder filled epoxy-silicone coating [J]. Physica B：Condensed Matter, 2010, 405(4)：1181 - 1184.

[185] 贾成文. 陶瓷基复合材料导论 [M]. 北京：冶金工业出版社, 2002.

[186] Cai Y, Zhang L, Zeng Q, et al. First-principles study of vibrational and dielectric properties of β - Si_3N_4 [J]. Physical Review B, 2006, 74(17)：3840 - 3845.

[187] Giacomazzi L, Umari P. First-principles investigation of electronic, structural, and vibrational properties of α - Si_3N_4 [J]. Physical Review B, 2009, 80(14).

[188] Cao M - S, Song W - L, Hou Z - L, et al. The effects of temperature and frequency on the dielectric properties, electromagnetic interference shielding and microwave-absorption of short carbon fiber/silica composites [J]. Carbon, 2010, 48(3)：788 - 796.

[189] Tian H, Liu H - T, Cheng H - F. A high-temperature radar absorbing structure：Design, fabrication, and characterization [J]. Composites Science and Technology, 2014, 90(0)：202 - 208.

[190] Peng C – H, Chen P S, Chang C – C. High-temperature microwave bilayer absorber based on lithium aluminum silicate/lithium aluminum silicate-SiC composite [J]. Ceramics International, 2014, 40(1 PART A): 47 – 55.

[191] Jie Y, Hui – Jing Y, Zhi – Ling H, et al. Ni – decorated SiC powders: Enhanced high-temperature dielectric properties and microwave absorption performance [J]. Powder Technology, 2013, 237: 309 – 313.

[192] Yuan J, Hou Z – L, Yang H – J, et al. High dielectric loss and microwave absorption behavior of multiferroic BiFeO$_3$ ceramic [J]. Ceramics International, 2013, 39(6): 7241 – 7246.

[193] 吴明忠, 赵振声. 多晶铁纤维吸收剂微波复磁导率和复介电常数的理论计算 [J]. 功能材料, 1999, 30(1): 91 – 93.

[194] Wu M, He H, Zhao Z, et al. Electromagnetic anisotropy of magnetic iron fibres at microwave frequencies [J]. Journal of Physics D: Applied Physics, 2001, 34(7): 1069.

[195] Fu X, Chung D. Radio-wave-reflecting concrete for lateral guidance in automatic highways [J]. Cement and Concrete Research, 1998, 28(6): 795 – 801.

[196] 吴键, 牟启初, 李兵. 吸波结构材料研究试验分析 [J]. 表面技术, 2003, 32(6): 67 – 68.

[197] 罗发, 周万城, 焦桓. 高温吸波材料研究现状 [J]. 宇航材料工艺, 2002, (1): 31 – 34.

[198] 吴红焕. 短切碳纤维和碳黑的介电性能研究 [D]. 西安: 西北工业大学, 2007.

[199] Che R C, Peng L – M, Duan X F, et al. Microwave Absorption Enhancement and Complex Permittivity and Permeability of Fe Encapsulated within Carbon Nanotubes [J]. Advanced Materials, 2004, 16(5): 401 – 405.

[200] Hayashi T, Hirono S, Tomita M, et al. Magnetic thin films of cobalt nanocrystals encapsulated in graphite-like carbon [J]. Nature, 1996, 381(6585): 772 – 774.

[201] Ramadin Y, Jawad S A, Musameh S M, et al. Electrical and electromagnetic shielding behavior of laminated epoxy – carbon fiber composite [J]. Polymer International, 1994, 34(2): 145 – 150.

[202] Guerret-Pieacourt C, Bouar Y L, Lolseau A, et al. Relation between metal electronic structure and morphology of metal compounds inside carbon nanotubes [J]. Nature, 1994, 372(6508): 761 – 765.

[203] Yusoff A N, Abdullah M H, Ahmad S H, et al. Electromagnetic and absorption properties of some microwave absorbers [J]. Journal of Applied Physics, 2002, 92(2): 876 – 882.

[204] Neo C P, Varadan V K. Design and development of electromagnetic absorbers with carbon fiber composites and matching dielectric layers [J]. Smart Materials and Structures, 2001, 10(5): 1107 – 1110.

[205] Liu L, Matitsine S M, Gan Y B, et al. Effective permittivity of planar composites with randomly or periodically distributed conducting fibers [J]. Journal of Applied Physics, 2005, 98(6): 063512 – 063512 – 7.

[206] Singh A P, Garg P, Alam F, et al. Phenolic resin-based composite sheets filled with

mixtures of reduced graphene oxide, $\gamma - Fe_{O3}$ and carbon fibers for excellent electromagnetic interference shielding in the X – band [J]. Carbon, 2012, 50: 3868 – 3875.

[207] Yang Z, Ci L, Bur J A, et al. Experimental observation of an extremely dark material made by a low-density nanotube array [J]. Nano Letters, 2008, 8(2): 446 – 451.

[208] Taft E A, Philipp H R. Optical Properties of Graphite [J]. PHYSICAL REVIEW, 1965, 138(1A): A197 – 202.

[209] Deheer W A, Bacsa W S, Châtelain A, et al. Aligned carbon nanotube films: production and optical and electronic properties [J]. Science, 1995, 268(5212): 845 – 847.

[210] Mizuno K, Ishii J, Kishida H, et al. A black body absorber from vertically aligned single-walled carbon nanotubes [J]. Proceedings of the National Academy of Science of the United States of America, 2009, 106(15): 6044 – 6047.

[211] Garsa-Vidal F J, Pitarke J M, Pendry J B. Effective medium theory of the optical properties of aligned carbon nanotubes [J]. Physical Review Letters, 1997, 78(22): 4289 – 4292.

[212] Grujicic M, Chittajallu K M, Walsh S. Non-isothermal preform infiltration during the vacuum-assisted resin transfer molding (VARTM) process [J]. Applied Surface Science, 2005, 245: 51 – 64.

[213] Kingon A I, Maria J P, Streiffer S K. Alternative dielectrics to silicon dioxide for memory and logic devices [J]. Nature, 2000, 406(6799): 1032 – 1038.

[214] Xi Y, Bin Y, Chiang C K, et al. Dielectric effects on positive temperature coefficient composites of polyethylene and short carbon fibers [J]. Carbon, 2007, 45(6): 1302 – 1309.

[215] Landau L D, Lifshitz E M. Electrodynamics of Continuous Media [M]. Oxford: Pergamon, 1984.

[216] Lagarkov A N, Sarychev A K. Electromagnetic properties of composites containing elongated conducting inclusions [J]. Physical Review B, 1996, 53(10): 6318 – 6336.

[217] 邢丽英. 隐身材料 [M]. 北京: 化学工业出版社, 2004.

[218] Inui T, Konishi K, Oda K. Fabrications of broad-band RF-absorber composed of planar hexagonal ferrites [J]. Magnetics, IEEE Transactions on, 1999, 35(5): 3148 – 3150.

[219] 张耀锋. 频率选择表面分析与优化设计 [D]. 西安: 西北工业大学, 2003.

[220] 蒋诗才, 邢丽英, 李斌太, 等. 格栅结构吸波性能探索研究 [J]. 航空材料学报, 2006, (03): 196 – 198.

[221] Lee C K, Langley R J. Equivalent-circuit models for frequency-selective surfaces at oblique angles of incidence [J/OL] 1985, 132(6): 395 – 399.

[222] Cui W, Li X, Zhou S, et al. Investigation on process parameters of electrospinning system through orthogonal experimental design [J]. Journal of Applied Polymer Science, 2007, 103(5): 3105 – 3112.

[223] 程用志, 聂彦, 龚荣洲, 等. 基于超材料与电阻型频率选择表面的薄型宽频带吸波体的设计 [J]. 物理学报, 2012, (13): 130 – 136.

[224] 何燕飞, 龚荣洲, 李享成, 等. 多层复合吸波材料的制备及其吸波性能 [J]. 无机材料学

报, 2006, 21(6): 1449 - 1453.

[225] Han S W, Park Y S, Neikirk D P. Broadband infrared detection using Jaumann absorbers with genetic algorithm [J]. Electronics Letters, 2005, 41(24): 1307 - 1308.

[226] Tretyakov S. Analytical modeling in applied electromagnetics [M]. Artech House, 2003.

[227] 熊波. 含 FSS 结构的多层复合吸波材料反射率计算与实验研究 [D]. 武汉: 华中科技大学, 2006.

[228] Qin F, Brosseau C. A review and analysis of microwave absorption in polymer composites filled with carbonaceous particles [J]. Journal of Applied Physics, 2012, 111(6): 061301.

[229] 顺华, 军民, 星龙. 电磁波屏蔽及吸波材料 [M]. 北京: 机械工业出版社, 2007.

[230] 刘海韬, 程海峰, 王军, 等. 利用容性频率选择表面改善单层雷达吸波材料吸波性能 [J]. 功能材料与器件学报, 2010, (02): 143 - 147.

[231] 贺福. 碳纤维及其应用技术 [M]. 北京: 化学工业出版社, 2004.

[232] Priou A. Dielectric properties of heterogeneous materials [M]. New York: Elsevier Science Publishing, 1992.

[233] Wu M, He H, Zhao Z, et al. Electromagnetic anisotropy of magnetic iron fibres at microwave frequencies [J]. Journal of Physics D: Applied Physics, 2001, 34(7): 1069 - 1074.

[234] Balzano A, De Rosa I M, Sarasini F, et al. Effective Properties of Carbon Fiber Composites: EM Modeling Versus Experimental Testing [J]. Electromagnetic Compatibility, 2007 EMC 2007 IEEE International Symposium on, 2007: 263 - 270.

[235] Li C C, Wei X Y, Yan H X, et al. Microwave dielectric properties of $La_3Ti_2TaO_{11}$ ceramics with perovskite-like layered structure [J]. Journal of the European Ceramic Society, 2012, 32(16): 4015 - 4020.

[236] Hong W, Xiao P, Li Z, et al. Microwave radial dielectric properties of carbon fiber bundle: Modeling, validation and application [J]. Carbon, 2014, 79(14): 538 - 543.

[237] Hong W, Xiao P, Luo H. Structural magnetic loss of vertical aligned carbon fibres [J]. Journal of Applied Physics, 2013, 113(22): 224901 - 224901 - 6.

[238] Sareni B, Krähenbühl L, Beroual A, et al. Effective dielectric constant of random composite materials [J]. Journal of Applied Physics, 1997, 81(5): 2375 - 2383.

[239] Lagarkov A N, Matytsin S M, Rozanov K N, et al. Dielectric properties of fiber-filled composites [J]. Journal of Applied Physics, 1998, 84(7): 3806 - 3814.

[240] Dang Z M, Wu J P, Xu H P, et al. Dielectric properties of upright carbon fiber filled poly(vinylidene fluoride) composite with low percolation threshold and weak temperature dependence [J]. Applied Physics Letters, 2007, 91(7): 072912 - 072912 - 3.

[241] Deng L W, Luo H, Huang S X, et al. Electromagnetic responses of magnetic conductive hollow fibers [J]. Journal of Applied Physics, 2012, 111(8): 084506 - 084506 - 8.

[242] Xie P, Gu P, Beaudoin J J. Electrical percolation phenomena in cement composites containing

conductive fibres [J]. Journal of Materials Science, 1996, 31(15): 4093 - 4097.

[243] Chen B, Wu K, Yao W. Conductivity of carbon fiber reinforced cement-based composites [J]. Cement and Concrete Composites, 2004, 26(02): 291 - 297.

[244] Natsuki T, Endo M, Takahashi T. Percolation study of orientated short-fiber composites by a continuum model [J]. Physica A: Statistical Mechanics and its Applications, 2005, 352 (2 - 4): 498 - 508.

[245] Wen G, Wu G L, Lei T Q, et al. Co-enhanced SiO_2 – BN ceramics for high-temperature dielectric applications [J]. Journal Of The European Ceramic Society, 2000, 20(12): 1923 - 1928.

[246] 张伟儒, 王刘, 高范. 高性能透波 Si_3N_4 – BN 基陶瓷复合材料的研究 [J]. Gsyt, 2003, (03): 3 - 6.

[247] Cofer C G, Economy J. Oxidative and hydrolytic stability of boron nitride — A new approach to improving the oxidation resistance of carbonaceous structures [J]. Carbon, 1995, 33(4): 389 - 395.

[248] Pippel E, Woltersdorf J, Dietrich D, et al. CVD – coated boron nitride on continuous silicon carbide fibres: structure and nanocomposition [J]. Journal Of The European Ceramic Society, 2000, 20(11): 1837 - 1844.

[249] Deb B, Bhattacharjee B, Ganguli A, et al. Boron nitride films synthesized by RF plasma CVD of borane – ammonia and nitrogen [J]. Materials Chemistry and Physics, 2002, 76(2): 130 - 136.

[250] Lii D – F, Huang J – L, Tsui L – J, et al. Formation of BN films on carbon fibers by dip-coating [J]. Surface and Coatings Technology, 2002, 150(2 - 3): 269 - 276.

[251] Zheng Y, Wang S. Synthesis of boron nitride coatings on quartz fibers: Thickness control and mechanism research [J]. Applied Surface Science, 2011, 257(24): 10752 - 10757.

[252] Zheng Y, Wang S. The effect of SiO_2 – doped boron nitride multiple coatings on mechanical properties of quartz fibers [J]. Applied Surface Science, 2012, 258(7): 2901 - 2905.

[253] 李永利, 乔冠军, 金志浩. 纳米 BN 包覆的 Al_2O_3 复合粉的制备及其烧结性能研究 [J]. 硅酸盐学报, 2002, 30(4): 491 - 495.

[254] Pankajavalli R, Anthonysamy S, Ananthasivan K, et al. Vapour pressure and standard enthalpy of sublimation of H3BO3 [J]. Journal Of Nuclear Materials, 2007, 362(1): 128 - 131.

[255] Onoda H, Takenaka A, Kojima K, et al. Influence of addition of urea and its related compounds on formation of various neodymium and cerium phosphates [J]. Materials Chemistry and Physics, 2003, 82(1): 194 - 198.

[256] Grdadolnik J, Maréchal Y. Urea and urea – water solutions—an infrared study [J]. Journal Of Molecular Structure, 2002, 615(1): 177 - 189.

[257] Moreno H, Caicedo J C, Amaya C, et al. Enhancement of surface mechanical properties by using TiN[BCN/BN]n/c-BN multilayer system [J]. Applied Surface Science, 2010,

257(3): 1098 – 1104.

[258]Zhang X, Deng J, Wang L, et al. Phase transformation in BN films by nitrogen-protected annealing at atmospheric pressure [J]. Applied Surface Science, 2008, 254(21): 7109 – 7113.

[259]Phani A. Thin films of boron nitride grown by CVD [J]. Bulletin of Materials Science, 1994, 17(3): 219 – 224.

[260]Montero I, Galán L, Osòrio S P, et al. Structural properties of BN thin films obtained by plasma-enhanced chemical vapour deposition [J]. Surface and Interface Analysis, 1994, 21(11): 809 – 813.

[261]Termoss H, Toury B, Brioude A, et al. High purity boron nitride thin films prepared by the PDCs route [J]. Surface and Coatings Technology, 2007, 201(18): 7822 – 7828.

[262]Shen L, Tan B J, Willis W S, et al. Characterization of Dip-Coated Boron Nitride on Silicon Carbide Fibers [J]. Journal of The American Ceramic Society, 1994, 77(4): 1011 – 1016.

[263]Huang F L, Cao C B, Xiang X, et al. Synthesis of hexagonal boron carbonitride phase by solvothermal method [J]. Diamond and Related Materials, 2004, 13(10): 1757 – 1760.

[264]Das M, Basu A K, Ghatak S, et al. Carbothermal synthesis of boron nitride coating on PAN carbon fiber [J]. Journal of the European Ceramic Society, 2009, 29(10): 2129 – 2134.

[265] 李言荣, 恽正中. 材料物理学概论 [M]. 北京: 清华大学出版社有限公司, 2001.

[266]S. Ramo J R W, T. Van Duzer. Fields and Waves in Communication Electronics [M]. New York: John Wiley and Sons, 1994.

[267]Vinoy K J, Jha, R. M. Radar Absorbing Materials: From Theory to Design and Characterization [M]. Dordrecht, The Netherlands: Kluwer Academic Publishers, 1996.

[268]Neo C, Varadan V K. Optimization of carbon fiber composite for microwave absorber [J]. Electromagnetic Compatibility, IEEE Transactions on, 2004, 46(1): 102 – 106.

[269]Singh P, Babbar V, Razdan A, et al. Complex permittivity, permeability, and X-band microwave absorption of CaCoTi ferrite composites [J]. Journal Of Applied Physics, 2000, 87(9): 4362 – 4266.

[270]Jun Z, Peng T, Sen W, et al. Preparation and study on radar-absorbing materials of cupric oxide-nanowire-covered carbon fibers [J]. Applied Surface Science, 2009, 255(9): 4916 –4920.

[271]Ohlan A, Singh K, Chandra A, et al. Microwave absorption properties of conducting polymer composite with barium ferrite nanoparticles in 12. 4 – 18 GHz [J]. Applied Physics Letters, 2008, 93(5): 053114 – 053114 – 3.

[272]Rosa I M D, Dinescu A, Sarasini F, et al. Effect of short carbon fibers and MWCNTs on microwave absorbing properties of polyester composites containing nickel-coated carbon fibers [J]. Composites Science and Technology, 2010, 70(1): 102 – 109.

[273]施鹰, 荒木弘, 杨文, 等. 纤维表面涂层对 SiC(f)/SiC 复相陶瓷力学性能与界面结构的影响 [J]. 无机材料学报, 2001, 16(5): 883 – 888.

[274]Li Q, Yin X, Feng L. Dielectric properties of Si_3N_4 - SiCN composite ceramics in X-band [J]. Ceramics International, 2012, 38(7): 6015 - 6020.

[275] 丁冬海, 周万城, 罗发, 等. 热解碳涂层对 Al_2O_3 纤维编织体介电及吸波性能的影响 (英文) [J]. 中国有色金属学报: 英文版, 2012, 22(2): 354 - 359.

[276]Chung D D L. Electromagnetic interference shielding effectiveness of carbon materials [J]. Carbon, 2001, 39(2): 279 - 285.

[277]Wu J, Chung D. Increasing the electromagnetic interference shielding effectiveness of carbon fiber polymer - matrix composite by using activated carbon fibers [J]. Carbon, 2002, 40(3): 445 - 447.

[278]Aïssa B, Tabet N, Nedil M, et al. Electromagnetic energy absorption potential and microwave heating capacity of SiC thin films in the 1 ~ 16 GHz frequency range [J]. Applied Surface Science, 2012, 258(14): 5482 - 5485.

[279]Jacobson N S, Roth D J, Rauser R W, et al. Oxidation through coating cracks of SiC-protected carbon/carbon [J]. Surface and Coatings Technology, 2008, 203(3): 372 - 383.

[280]Zheng G - B, Mizuki H, Sano H, et al. CNT - PyC - SiC/SiC double-layer oxidation-protection coating on C/C composite [J]. Carbon, 2008, 46(13): 1808 - 1811.

[281] 成来飞, 张立同, 徐永东, 等. 碳 - 碳复合材料复合防氧化涂层材料及其制备方法 [J]. 1998, 16(1): 129 - 132.

[282]Cocera N, Esparza N, Ocaña I, et al. Oxidation resistance of highly porous CVD - SiC coated Tyranno fiber composites [J]. Journal Of The European Ceramic Society, 2011, 31(6): 1155 - 1164.

[283] 刘荣军, 周新贵, 张长瑞, 等. 化学气相沉积工艺制备 SiC 涂层 [J]. 宇航材料工艺, 2002, 32(5): 42 - 44.

[284]Lu X - f, Xiao P. Preparation of in situ grown silicon carbide nanofibers radially onto carbon fibers and their effects on the microstructure and flexural properties of carbon/carbon composites [J]. Carbon, 2013, 59(0): 176 - 183.

[285]Xu X F, Xiao P, Xiong X. Effects of CVD C or SiC on the Mechanical and Chemical Properties of Carbon Fibers [J]. Key Engineering Materials, 2008, 368: 1016 - 1018.

[286]Miller J, Liaw P, Landes J. Influence of fiber coating thickness on fracture behavior of continuous woven Nicalon® fabric-reinforced silicon-carbide matrix ceramic composites [J]. Materials Science and Engineering: A, 2001, 317(1): 49 - 58.

[287]Yang W, Noda T, Araki H, et al. Mechanical properties of several advanced Tyranno-SA fiber-reinforced CVI - SiC matrix composites [J]. Materials Science and Engineering: A, 2003, 345(1): 28 - 35.

[288]Huang Q, Gu M, Sun K, et al. Effect of pretreatment on rheological properties of silicon carbide aqueous suspension [J]. Ceramics International, 2002, 28(7): 747 - 754.

[289]Al - Saleh M H, Sundararaj U. Electromagnetic interference shielding mechanisms of CNT/polymer composites [J]. Carbon, 2009, 47(7): 1738 - 1746.

［290］Singh A P, Gupta B K, Mishra M, et al. Multiwalled carbon nanotube/cement composites with exceptional electromagnetic interference shielding properties ［J］. Carbon, 2013, 56(0): 86 - 96.

［291］陈洁. C/C 复合材料的导热性能研究 ［D］. 长沙: 中南大学, 2009.

［292］Xu J, Saeys M. Improving the coking resistance of Ni-based catalysts by promotion with subsurface boron ［J］. Journal of Catalysis, 2006, 242(1): 217 - 226.

［293］费拉里. 碳材料的拉曼光谱 —— 从纳米管到金刚石 ［M］. 化学工业, 2007.

［294］贺福. 用拉曼光谱研究碳纤维的结构 ［J］. 高科技纤维与应用, 2005, 30(6): 20 - 25.

［295］Wang X, Qiao G, Jin Z. Preparation of SiC/BN nanocomposite powders by chemical processing ［J］. Materials Letters, 2004, 58(9): 1419 - 1423.

［296］Watanabe M, Sasaki T, Itoh S, et al. Structural and electrical characterization of BC2N thin films ［J］. Thin Solid Films, 1996, 281: 334 - 336.

［297］Watanabe M, Itoh S, Mizushima K, et al. Bonding characterization of BC2N thin films ［J］. Applied Physics Letters, 1996, 68(21): 2962 - 2964.

［298］Brožek V, Hubáček M. A contribution to the crystallochemistry of boron nitride ［J］. Journal Of Solid State Chemistry, 1992, 100(1): 120 - 129.

［299］Wang X, Qiao G, Jin Z. Fabrication of Machinable Silicon Carbide - Boron Nitride Ceramic Nanocomposites ［J］. Journal Of The American Ceramic Society, 2004, 87(4): 565 - 570.

［300］Tianjiao B, Yan Z, Xiaofeng S, et al. A study of the electromagnetic properties of Cobalt-multiwalled carbon nanotubes (Co - MWCNTs) composites ［J］. Materials Science and Engineering: B, 2011, 176(12): 906 - 912.

［301］Margolina A, Wu S. Percolation model for brittle-tough transition in nylon/rubber blends ［J］. Polymer, 1988, 29(12): 2170 - 2173.

［302］Wu Z - h, Zhou W - c, Luo F, et al. Effect of $MoSi_2$ content on dielectric and mechanical properties of $MoSi_2/Al_2O_3$ composite coatings ［J］. Transactions of Nonferrous Metals Society of China, 2012, 22(1): 111 - 116.

［303］Manocha L, Panchal C, Manocha S. Silica/silica composites through electrophoretic infiltration - Effect of processing conditions on densification of composites ［J］. Science and Engineering Of Composite Materials, 2000, 9(4): 219 - 230.

［304］李俊生, 张长瑞, 王思青, 等. $SiO_2/(Si_3N_4 + BN)$ 透波材料表面涂层的防潮性能和透波性能研究 ［J］. 涂料工业, 2007, 37(1): 5 - 7.

［305］李端, 张长瑞, 李斌, 等. $SiO_2f/SiO_2 - BN$ 复合材料的制备及其性能 ［J］. 复合材料学报, 2011, 28(3): 63 - 68.

［306］李坤, 裴志亮, 宫骏, 等. 碳纤维表面 SiO_2 涂层的制备及其在镁基复合材料中的应用 ［J］. 金属学报, 2007, 43(12): 1282 - 1286.

［307］张亮, 金海波, 曹茂盛. SiO_2 陶瓷复合材料高温介电性能研究 ［J］. 稀有金属材料与工程, 2007, 36(3): 35 - 38.

［308］高朋召, 王红洁, 金志浩. SiO_2, SiC 涂层／三维编织碳纤维的制备及其氧化性能 ［J］.

稀有金属材料与工程, 2004, 33(10): 1096 - 1099.

[309] Xiao S, Du Y, Liu Q, et al. Effect of Flake Conductive Filler on the Square Resistance and Rheological Properties of Silver Carbon Paste [J]. Paint & Coatings Industry, 2013,

[310] Iwata S, Kato T, Menchavez R L, et al. Viscosity measurement of gelcasting slurry during in-situ gelation by a micro X - ray CT scan system [J]. Ceramics International, 2013, 39(5): 5309 - 5316.

[311] 乔润龙. 高 Peclet 数下双电荷层斥力在重力碰并过程中的作用 [D]. 天津: 南开大学, 1996.

[312] Giersch G J, Bohanon L F. Compositions and method of treatment of whey [M]. US. 2000.

[313] 刘学健, 黄莉萍, 符锡仁, 等. 高固含量氮化硅浆料的制备工艺 [J]. 陶瓷学报, 1999, (1): 1 - 4.

[314] 鄢永高. 反应烧结制备高强 SiC_W/SiC 材料的研究 [D]. 武汉: 武汉理工大学, 2004.

[315] 周延春, 常昕, 夏非, 等. 碳化硅晶须的高温稳定性 [J]. 中国科学院大学学报, 1992, (3): 318 - 323.

[316] 唐翠霞. 氮化硅的超高压烧结研究 [D]. 绵阳: 西南科技大学, 2008.

[317] Greskovich C, Prochazka S. Stability of Si_3N_4 and Liquid Phase(s) During Sintering [J]. Journal of The American Ceramic Society, 1981, 64(64): C - 96 - C - 7.

[318] Hirosaki N, Okada A, Matoba K. Sintering of Si_3N_4 with the Addition of Rare - Earth Oxides [J]. Journal Of The American Ceramic Society, 1988, 71(3): C - 144 - C - 7.

[319] Falk L K L, Dunlop G L. Crystallization of the glassy phase in an Si_3N_4 material by post-sintering heat treatments [J]. Journal of Materials Science, 1987, 22(12): 4369 - 4376.

[320] Yamamoto H, Akiyama K, Hirata T, et al. Effect of Oxide Composition on Glass Viscosity and Its Relation to High Temperature Strength of Si_3N_4 [J]. Journal of the Ceramic Society of Japan, 2005, 113(1314): 154 - 160.

[321] Kleebe H J, Pezzotti G. Interfacial Glass Structure Affecting Micromechanism Of Fracture in a Fluorine-Doped Si_3N_4 - SiC Composite [M]. Springer US, 1996.

[322] 1) X L, University A F, University N P. Fabrication and Properties of Porous Si_3N_4 Ceramic with High Porosity [J]. Journal of Materials Science and Technology - Shenyang -, 2012, 28(12): 1151 - 1156.

[323] 李俊生, 张长瑞, 曹英斌, 等. C/SiC 材料表面 Si/SiC 涂层及其对基底结构的影响 [J]. 复合材料学报, 2006, 23(6): 144 - 148.

[324] 周曦亚, 高钦, 欧阳世翕, 等. 微波快速烧结 ZTA 细晶复合陶瓷 [J]. 材料研究学报, 1994, (3): 253 - 256.

[325] 王永祯, 李智辉, 蔡晓岚, 等. 界面性能对晶须增强树脂基复合材料力学行为的影响 [J]. 中北大学学报: 自然科学版, 2012, 33(3).

[326] 华燰煜. 六钛酸钾晶须 / 聚醚醚酮复合材料力学、摩擦学性能及界面结合机理研究 [D]. 长沙: 中南大学, 2014.

[327] 张文峰, 燕青芝, 宿新泰, 等. 埋粉烧结对 $BaTiO_3$ 陶瓷性能的影响 [J]. Gsyt, 2006,

25(1): 98 - 100.

[328] Lagarkov A N, Sarychev A K. Electromagnetic Properties of Composites Containing Elongated Conducting Inclusions [J]. Physical Review B Condensed Matter, 1996, 53(10): 6318 - 6336.

[329] Coss B E, Loh W Y, Floresca H C, et al. Dielectric dipole mitigated Schottky barrier height tuning using atomic layer deposited aluminum oxide for contact resistance reduction [J]. Applied Physics Letters, 2011, 99(10): 102108 - 102108 - 3.

[330] Ogbuji L U T, Jayne D T. ChemInform Abstract: Mechanism of Incipient Oxidation of Bulk Chemical Vapor Deposited Si_3N_4 [J]. Cheminform, 1993, 24(28): 759 - 766.

[331] Kao K C. Dielectric phenomena in solids [M]. California: Elsevier Academic Press, 2004.

[332] Shi X L, Cao M S, Fang X Y4. High - temperature dielectric properties and enhanced temperature - response attenuation of β - MnO_2 nanorods [J]. Applied Physics Letters, 2008, 93(22): 131 - 137.

[333] Liu H, Cheng H, Wang J, et al. Dielectric properties of the SiC fiber - reinforced SiC matrix composites with the CVD SiC interphases [J]. Journal of Alloys and Compounds, 2010, 491(1 - 2): 248 - 251.

[334] 王佩红, 蔡琪, 王磊, 等. 有效介质理论在 Ag—MgF2 复合纳米颗粒薄膜中的应用 [J]. 真空科学与技术, 2003, 23: 413 - 416.

[335] 秦思良, 王庆国, 曲兆明, 等. 基于有效介质理论碳纤维的介电常数计算 [J]. 河北科技大学学报, 2012, 33: 309 - 312.

[336] 类成新, 吴振森, 冯东太. 随机分布黑碳 - 硅酸盐混合凝聚粒子的消光特性研究 [J]. 光学学报, 2012, 4:269 - 274.

[337] Kim J. Design of Salisbury screen absorbers using dielectric lossy sheets [C]. Proceedings of the, 中国北京, 2011: 2.

[338] 王东方, 张海丰, 王志林. 广义匹配规律在 Salisbury 屏反射性质研究中的应用 [J]. 佳木斯大学学报(自然科学版), 2006, (04): 569 - 570.

[339] 王东方, 周忠祥, 张海丰, 等. Salisbury 屏的优化设计 [J]. 哈尔滨工业大学学报, 2004, (11): 1499 - 1501.

[340] 伍瑞新, 陈平. 磁性 Salisbury 屏的高频响应 [J]. 物理学报, 2004, (09): 2915 - 2918.

[341] 伍瑞新, 王相元, 钱鉴, 等. 影响 Salisbury 屏高频响应的若干因数 [J]. 物理学报, 2004, (03): 745 - 749.

[342] 张海丰, 崔虹云, 周忠祥, 等. Salisbury 屏电磁匹配特性及其在抗电磁辐射中的应用研究 [J]. 信阳师范学院学报(自然科学版), 2011, (02): 265 - 267.

[343] 张海丰, 王东方, 崔虹云, 等. 三维网格法在 Salisbury 屏优化设计中的应用 [J]. 佳木斯大学学报(自然科学版), 2006, (03): 435 - 438.

[344] 冯林, 陆丛笑. 新型宽频带吸波涂层研究 [J]. 电子科学学刊, 1992, (06): 618 - 623.

[345] 兰康, 赵愉深, 林为干. 旋波媒质的吸收特性及 Dallenbach 屏 [J]. 电子科技大学学报, 1995, (04): 379 - 383.

[346]1 L K, 1 Z X, 2 H X, et al. Analysis and Design of Multilayer Jaumann Absorbers [C]. Proceedings of the, 中国北京, 2011: 4.

[347]Foroozcsh A R, Cheldavi S I A I, Ir S I A, et al. DESIGN OF JAUMANN ABSORBERS USING ADAPTIVE GENETIC ALGORITHM [C].第五届国际天线、电波传播与电磁理论学术会议, 中国北京, 2000: 4.

[348] 程海峰, 周永江, 陈朝辉, 等. Jaumann 吸收体的优化设计 [C]. Proceedings of the 2006 年全国功能材料学术年会, 中国甘肃敦煌, 2006: 4.

[349] 李凡. Jaumann 吸波结构的研究 [J]. 航天电子对抗, 1994, (01): 38 – 40.

[350]Liu H T, Bai J M, Wang J M, et al. Hints of Correlation between Broad – line and Radio Variations for 3C 120 [J]. The Astronomical Journal, 2014, 147(1): 17.

[351]Peng Z, Hwang J – Y, Andricse M. Design of double – layer ceramic absorbers for microwave heating [J]. Ceramics International, 2013, 39(6): 6721 – 6725.

[352]Zhang X, Sun W. Preparation and microwave absorbing properties of three – layered cement – based composites [J]. Procedia Engineering, 2012, 27(0): 348 – 356.

[353]Hou C, Li T, Zhao T, et al. Electromagnetic wave absorbing properties of carbon nanotubes doped rare metal/pure carbon nanotubes double – layer polymer composites [J]. Materials & Design, 2012, 33(0): 413 – 418.

[351]Jie Y, Gang X, Mao – Sheng C. A novel method of computation and optimization for multi – layered radar absorbing coatings using open source software [J]. Materials & Design, 2006, 27(1): 45 – 52.

[355]Jun Z, Huiqing F, Yangli W, et al. Ferromagnetic and microwave absorption properties of copper oxide/cobalt/carbon fiber multilayer film composites [J]. Thin Solid Films, 2012, 520(15): 5053 – 5059.

[356]Chen M, Zhu Y, Pan Y, et al. Gradient multilayer structural design of CNTs/SiO$_2$ composites for improving microwave absorbing properties [J]. Materials & Design, 2011, 32(5): 3013 – 3016.

[357]Ni Q – Q, Melvin G J H, Natsuki T. Double – layer electromagnetic wave absorber based On barium titanate/carbon nanotube nanocomposites [J]. Ceramics International,2015, 41(8):9885 – 9892.

[358] 董雯, 须萍, 曹海霞. 退极化因子 [J]. 物理与工程, 2003, (02): 31 – 33.

[359] 桑芝芳, 李振亚. 退极化因子与形状因子 [J]. 大学物理, 2014, (01): 12 – 13.

[360] 吴亚敏, 陈国庆, 谢秉川. 椭球形介质的退极化因子 [J]. 无锡教育学院学报, 1999, (03): 60 – 64.

[361] 王岩, 石丹, 高攸纲. 平板屏蔽效能的等效传输线法分析 [C]. Proceedings of the 全国电磁兼容学术会议, 中国江苏扬州, 2006: 5.

[362] 马双武, 高攸纲. 多层平板屏效计算中的等效传输线法 [J]. 电波科学学报, 1999, (04): 20 – 25.

[363] 闫春娟. 多层纳米吸波涂层的阻抗匹配及优化设计 [D]. 南京: 南京理工大学, 2007.

［364］李艳厦. 结构型吸波材料的理论研究及其优化设计 ［D］. 秦皇岛：燕山大学，2008.

［365］曹茂盛，房晓勇. 多涂层吸波体的计算机智能化设计 ［J］. 燕山大学学报，2001，（01）：9 – 13.

［366］陈明继，方岱宁. 多层吸波材料的传输矩阵法研究 ［C］. Proceedings of the 2006 年全国功能材料学术年会，中国甘肃敦煌，2006：3.

［367］陈亚丽. SiO_2/SiO_2 复合材料介电性能及数值模拟 ［D］. 秦皇岛：燕山大学，2006.

［368］房晓勇，曹茂盛，侯志灵，等. SiO_2/SiO_2 复合材料高温介电性能演变规律及温度特性研究 ［J］. 材料工程，2007，（03）：28 – 30.

［369］唐益群，周克省，邓联文，等. SiO_2 表面改性碳纤维的抗氧化性能与微波吸收性能 ［J］. 粉末冶金材料科学与工程，2013，（04）：615 – 620.

［370］庞学满. 氮化硅基陶瓷复合材料凝胶注模成型工艺研究 ［D］. 天津：天津大学，2008.

［371］丘坤元，郭新秋，马静，等. 过硫酸盐 – N，N，N′，N′ – 四甲基乙二胺体系引发乙烯基类单体聚合动力学的研究 ［J］. 高分子学报，1988，（02）：95 – 100.

［372］王峰，谢志鹏，贾翠，等. 高性能氮化硅陶瓷凝胶注模成型的研究 ［J］. 人工晶体学报，2011，（03）：743 – 747.

［373］Jia Y, Kanno Y, Xie Z – p. New gel – casting process for alumina ceramics based on gelation of alginate ［J］. Journal of the European Ceramic Society, 2002, 22(12): 1911 – 1916.

［374］(土耳其) 伊赫桑·巴伦(Barin). 纯物质热化学数据手册 ［M］. 北京：科学出版社，2003.

［375］张玉军，张伟儒. 结构陶瓷材料及其应用 ［M］. 北京：化学工业出版社，2005.

［376］Guo J – K, Mao Z – Q, Bao C – D, et al. Carbon fibre – reinforced silicon nitride composite ［J］. Journal of Materials Science, 1982, 17(12): 3611 – 3616.

［377］Wang X, Luo F, Yu X, et al. Influence of short carbon fiber content on mechanical and dielectric properties of $Cfiber/Si_3N_4$ composites ［J］. Scripta Materialia, 2007, 57(4): 309 – 312.

［378］Guo T, Jin H, Lin Y – H. Preparation of SiC/Si_3N_4 composites with rod – like microstructure by combustion synthesis ［J］. Powder Technology, 2012, 224(0): 410 – 414.

［379］Matsuoka M, Tatami J, Wakihara T, et al. Improvement of strength of carbon nanotube – dispersed Si_3N_4 ceramics by bead milling and adding lower – temperature sintering aids ［J］. Journal of Asian Ceramic Societies, 2014, 2(3): 199 – 203.

［380］Li H, Ouyang H, Qi L, et al. Effect of Temperature on the Synthesis of SiC Coating on Carbon Fibers by the Reaction of SiO with the Deposited Pyrolytic Carbon Layer ［J］. Journal of Materials Science & Technology, 2010, 26(3): 211 – 216.

［381］Yan M, Song W, Chen Z – h. In situ growth of a carbon interphase between carbon fibres and a polycarbosilane – derived silicon carbide matrix ［J］. Carbon, 2011, 49(8): 2869 – 2872.

［382］Mei H, Bai Q, Sun Y, et al. The effect of heat treatment on the strength and toughness of carbon fiber/silicon carbide composites with different pyrolytic carbon interphase thicknesses [J]. Carbon, 2013, 57(0): 288 - 297.

[383] Zhu Y - z, Huang Z - r, Dong S - m, et al. Correlation of PyC/SiC interphase to the mechanical properties of 3D HTA C/SiC composites fabricated by polymer infiltration and pyrolysis [J]. New Carbon Materials, 2007, 22(4): 327 - 331.

[384] Zhou W, Xiao P, Li Y, et al. Dielectric properties of BN modified carbon fibers by dip - coating [J]. Ceramics International, 2013, 39(6): 6569 - 6576.

[385] Wang H J, Gao P Z, Jin Z H. Preparation and oxidation behavior of three - dimensional braided carbon fiber coated by SiC [J]. Materials Letters, 2005, 59(4): 486 - 490.

[386] Chen S a, Zhang Y, Zhang C, et al. Effects of SiC interphase by chemical vapor deposition on the properties of C/ZrC composite prepared via precursor infiltration and pyrolysis route [J]. Materials & Design, 2013, 46(0): 497 - 502.

[387] Cao X, Yin X, Fan X, et al. Effect of PyC interphase thickness on mechanical behaviors of SiBC matrix modified C/SiC composites fabricated by reactive melt infiltration [J]. Carbon, 2014, 77(0): 886 - 895.

[388] Wu S, Cheng L, Zhang L, et al. Comparison of oxidation behaviors of 3D C/PyC/SiC and SiC/PyC/SiC composites in an O2 - Ar atmosphere [J]. Materials Science and Engineering: B, 2006, 130(1 - 3): 215 - 219.

[389] Zeng F - h, Xiong X, Li G - d, et al. Microstructure and mechanical properties of 3D fine - woven punctured C/C composites with PyC/SiC/TaC interphases [J]. Transactions of Nonferrous Metals Society of China, 2009, 19(6): 1428 - 1435.

[390] Choi H - J, Lee J - G, Kim Y - W. Oxidation behavior of hot - pressed Si_3N_4 with Re_2O_3 (Re = Y, Yb, Er, La) [J]. Journal of the European Ceramic Society, 1999, 19(16): 2757 - 2762.

[391] Feldhoff A, Trichet M - F, Mazerolles L, et al. Electron microscopy study on the high - temperature oxidation of Si_3N_4 - TiN ceramics: in situ and ex situ investigations [J]. Journal of the European Ceramic Society, 2005, 25(10): 1733 - 1742.

[391] Kovalčíková A, Dusza J, Šajgalík P. Influence of the heat treatment on mechanical properties and oxidation resistance of SiC - Si_3N_4 composites [J]. Ceramics International, 2013, 39(7): 7951 - 7957.

[392] Lee S - H, Rixecker G, Aldinger F, et al. Effect of spray coated SiO_2 layers on the low temperature oxidation of Si_3N_4 [J]. Journal of the European Ceramic Society, 2003, 23(8): 1199 - 1206.

[393] Li X, Wu P, Zhu D. The effect of the crystallization of oxidation - derived SiO_2 on the properties of porous Si_3N_4 - SiO_2 ceramics synthesized by oxidation [J]. Ceramics International, 2014, 40(3): 4897 - 4902.

[394] Li X, Zhang L, Yin X. Synthesis, electromagnetic reflection loss and oxidation resistance of pyrolytic carbon - Si_3N_4 ceramics with dense Si_3N_4 coating [J]. Journal of the European Ceramic Society, 2012, 32(8): 1485 - 1489.

[395] Mazerolles L, Feldhoff A, Trichet M – F, et al. Oxidation behaviour of Si_3N_4 – TiN ceramics under dry and humid air at high temperature [J]. Journal of the European Ceramic Society, 2005, 25(10): 1743 – 1748.

[396] Nakatani M, Ando K, Houjou K. Oxidation behaviour of Si_3N_4/Y_2O_3 system ceramics and effect of crack – healing treatment on oxidation [J]. Journal of the European Ceramic Society, 2008, 28(6): 1251 – 1257.

[397] Oliveira M, Agathopoulos S, Ferreira J M F. The influence of Y_2O_3 – containing sintering additives on the oxidation of Si_3N_4 – based ceramics and the interfacial interactions with liquid Al – alloys [J]. Journal of the European Ceramic Society, 2005, 25(1): 19 – 28.

[398] Rendtel P, Rendtel A, Hübner H, et al. Effect of long – term oxidation on creep and failure of Si_3N_4 and Si_3N_4/SiC nanocomposites [J]. Journal of the European Ceramic Society, 1999, 19(2): 217 – 226.

[399] Tatarko P, Kašiarová M, Dusza J, et al. Influence of rare – earth oxide additives on the oxidation resistance of Si_3N_4 – SiC nanocomposites [J]. Journal of the European Ceramic Society, 2013, 33(12): 2259 – 2268.

[400] Xu Junjie W, Litong Z, Qingfeng Z, et al. Modified Wagner model for the active – to – passive transition in the oxidation of Si_3N_4 [J]. Journal of Physics D: Applied Physics, 2008, 41(11): 1441 – 1446

[401] Yoon J – K, Kim G – H, Han J – H, et al. Low – temperature cyclic oxidation behavior of $MoSi_2/Si_3N_4$ nanocomposite coating formed on Mo substrate at 773 K [J]. Surface and Coatings Technology, 2005, 200(7): 2537 – 2546.

[402] Zhang H, Gu S. Preparation and oxidation behavior of $MoSi_2$ – $CrSi_2$ – Si_3N_4 composite coating on Mo substrate [J]. International Journal of Refractory Metals and Hard Materials, 2013, 41(0): 128 – 132.

[403] 冯建基, 李国卿, 牟宗信, 等. Si_3N_4 陶瓷材料的高温氧化理论及其抗氧化研究现状 [J]. 中国陶瓷工业, 2004, (06): 60 – 63.

[404] 罗学涛, 袁润章. Y – La – Si_3N_4 陶瓷高温氧化和热震对其力学性能影响 [J]. 武汉工业大学学报, 1998, (01): 16 – 19.

[405] 谢宁, 邵文柱, 甄良, 等. 不同烧结助剂制备的 Si_3N_4 陶瓷的氧化行为 [J]. 硅酸盐学报, 2010, (08): 1542 – 1546.

[406] 张其土. Si_3N_4 陶瓷材料的氧化行为及其氧化机理 [J]. 南京化工大学学报(自然科学版), 1999, (05): 9 – 13.

[407] 张其土. Si_3N_4 陶瓷材料的氧化行为及其抗氧化研究 [J]. 陶瓷学报, 2000, (01): 23 – 27.

[408] 张其土, 李旭平. Si_3N_4 材料氧化的热力学分析 [J]. 耐火材料, 1997, (05): 256 – 262.

[409] 张其土, 丁子上. Si_3N_4 材料的钝化氧化和活化氧化 [J]. 南京化工大学学报, 1994, (03): 20 – 25.

[410] 张淑会, 康志强, 吕庆, 等. Si_3N_4/TiN 复相陶瓷的抗氧化性能 [J]. 硅酸盐学报, 2011, (03): 518 – 524.

[411] 罗学涛, 张立同, 周万城, 等. 自韧 Si_3N_4 陶瓷的高温性能特征 [C]. Proceedings of the 94′ 全国结构陶瓷、功能陶瓷、金属/陶瓷封接学术会议, 中国北京, 1994: 3.

[412] 罗学涛, 张立同, 周万城, 成来飞, 徐永东, 吕杰. La – Y – Si_3N_4 陶瓷的高温性能 [J]. 材料研究学报, 1996, (01): 81 – 84.

[413] Pham T A, Li T, Shankar S, et al. First – principles investigations of the dielectric properties of crystalline and amorphous Si_3N_4 thin films [J]. Applied Physics Letters, 2010, 96(6): 062902 – 062902 – 3.

[414] Fang C M, de Wijs G A, Hintzen H T, et al. Phonon spectrum and thermal properties of cubic Si_3N_4 from first – principles calculations [J]. Journal of Applied Physics, 2003, 93(9): 5175 – 5180.

[415] Hao Wang Y C, Yasunori Kaneta and Shuichi Iwata. First – principles investigation of the structural, electronic and optical properties of olivine – Si_3N_4 and olivine – Ge_3N_4 [J]. Journal of Physics: Condensed Matter, 2006, 18(47): 10663 – 10676

[416] Huang Z, Chen F, Su R, et al. Electronic and optical properties of Y – doped Si_3N_4 by density functional theory [J]. Journal of Alloys and Compounds, 2015, 637(15):376 – 381.

[417] Oba F, Tatsumi K, Tanaka I, et al. Effective Doping in Cubic Si_3N_4 and Ge3N4: A First – Principles Study [J]. Journal of the American Ceramic Society, 2002, 85(1): 97 – 100.

[418] Tanaka I, Mizoguchi T, Sekine T, et al. Electron energy loss near – edge structures of cubic Si_3N_4 [J]. Applied Physics Letters, 2001, 78(15): 2134 – 2136.

[419] Togo A, Kroll P. First – principles lattice dynamics calculations of the phase boundary between β – Si_3N_4 and γ – Si_3N_4 at elevated temperatures and pressures [J]. Journal of Computational Chemistry, 2008, 29(13): 2255 – 2259.

[420] Xu M, Ding Y C, Xiong G, et al. Theoretical prediction of electronic structures and optical properties of Y – doped γ – Si_3N_4 [J]. Physica B: Condensed Matter, 2008, 403(13 – 16): 2515 – 2520.

[421] 丁迎春. γ – Si_3N_4 材料第一性原理研究 [D]. 成都: 四川师范大学, 2007.

[422] 潘洪哲. β 相 Si_3N_4 材料的第一性原理研究 [D]. 成都: 四川师范大学, 2006.

[423] Billy M, Labbe J C, Selvaraj A, et al. Modifications structureles du nitrure de silicium en fonction de la temperature [J]. Materials Research Bulletin, 1983, 18: 921 – 934.

[424] Prasad A, Prasad K. Effective permittivity of random composite media: A comparative study [J]. Physica B: Condensed Matter, 2007, 396(1 – 2): 132 – 137.

[425] Ameli A, Nofar M, Park C B, et al. Polypropylene/carbon nanotube nano/microcellular structures with high dielectric permittivity, low dielectric loss, and low percolation threshold [J]. Carbon, 2014, 71: 206 – 217.

[426] Yuan J K, Li W L, Yao S H, et al. High dielectric permittivity and low percolation threshold in polymer composites based on SiC – carbon nanotubes micro/nano hybrid [J]. Applied Physics Letters, 2011, 98(3): 032901 – 032901 – 3.

[427] Wang L, Dang Z M. Carbon nanotube composites with high dielectric constant at low

percolation threshold [J]. Applied Physics Letters, 2005, 87(4): 042903 – 042903 – 3.

[428] Li Y J, Xu M, Feng J Q, et al. Dielectric behavior of a metal – polymer composite with low percolation threshold [J]. Applied Physics Letters, 2006, 89(7): 07290 – 07290 – 3.

[429] Dang Z M, Xia B, Yao S H, et al. High – dielectric – permittivity high – elasticity three – component nanocomposites with low percolation threshold and low dielectric loss [J]. Applied Physics Letters, 2009, 94(4): 04290 – 04290 – 3.

[430] Chandrasekhar K D, Venimadhav A, Das A K. High dielectric permittivity in semiconducting $Pr_{0.6}Ca_{0.4}MnO_3$ filled polyvinylidene fluoride nanocomposites with low percolation threshold [J]. Applied Physics Letters, 2009, 95(6): 062904 – 062904 – 3.

[431] He F, Lau S, Chan H L, et al. High Dielectric Permittivity and Low Percolation Threshold in Nanocomposites Based on Poly(vinylidene fluoride) and Exfoliated Graphite Nanoplates [J]. Advanced Materials, 2009, 21(6): 710 – 715.

[432] Dang Z M, Nan C W, Xie D, et al. Dielectric behavior and dependence of percolation threshold on the conductivity of fillers in polymer – semiconductor composites [J]. Applied Physics Letters, 2004, 85(1): 97 – 99.

[433] Dang Z M, Wu J P, Xu H P, et al. Dielectric properties of upright carbon fiber filled poly(vinylidene fluoride) composite with low percolation threshold and weak temperature dependence [J]. Applied Physics Letters, 2007, 91(7): 072912 – 072912 – 3.

[434] 邝向军. 关于金属介电常数的讨论 [J]. 四川理工学院学报(自然科学版), 2006, (02): 75 – 78.

[435] Liu X, Yin X, Kong L, et al. Fabrication and electromagnetic interference shielding effectiveness of carbon nanotube reinforced carbon fiber/pyrolytic carbon composites [J]. Carbon, 2014, 68(0): 501 – 510.

[436] Mariappan C R, Govindaraj G, Rathan S V, et al. Preparation, characterization, acconductivity and permittivity studies on vitreous $M_4AlCdP_3O_{12}$(M = Li, Na, K) system [J]. Materials Science and Engineering: B, 2005, 121(1 – 2): 2 – 8.

[437] 陈季丹, 刘子玉. 电介质物理学 [M]. 北京: 机械工业出版社, 1982.

[438] Lukichev A A. Relaxation function for the non – Debye relaxation spectra description [J]. Chem Phys, 2014, 428: 29 – 33.

[439] Svirskas S, Ivanov M, Bagdzevicius S, et al. Dielectric properties of 0.4Na(0.5)Bi(0.5)TiO(3) – (0.6 – x)SrTiO_3 – xPbTiO(3) solid solutions [J]. Acta Mater, 2014, 64: 123 – 132.

[440] Sheng J J, Chen H L, Li B, et al. Temperature dependence of the dielectric constant of acrylic dielectric elastomer [J]. Appl Phys a – Mater, 2013, 110(2): 511 – 515.

[441] Sakhya A P, Dutta A, Sinha T P. Dielectric relaxation of samarium aluminate [J]. Appl Phys a – Mater, 2014, 114(4): 1097 – 1104.

[442] Kumari P, Dutta A, Shannigrahi S, et al. Electronic structure and electrical properties of Ba2LaTaO6 [J]. Journal of Alloys and Compounds, 2014, 593: 275 – 282.

[443] Wang B H, Liang G Z, Jiao Y C, et al. Two – layer materials of polyethylene and a carbon nanotube/cyanate ester composite with high dielectric constant and extremely low dielectric loss [J]. Carbon, 2013, 54: 224 – 233.

[444] Yamada Pittini Y, Daneshvari D, Pittini R, et al. Cole – Cole plot analysis of dielectric behavior of monoalkyl ethers of polyethylene glycol (CnEm) [J]. European Polymer Journal, 2008, 44(4): 1191 – 1199.

[445] Swiergiel J, Bouteiller L, Jadzyn J. Concentration Evolution of the Dielectric Response of Hydrogen – Bonded Supramolecular Polymers Formed by Dialkylurea in Non – Polar Medium [J]. Macromolecules, 2014, 47(7): 2464 – 2470.

[446] More J J, Sorensen D C. Computing a trust region step [J]. SIAM Journal on Scientific and Statistical Computing, 1983, 4(3): 553 – 572.

[447] Ramirez C, Figueiredo F M, Miranzo P, et al. Graphene nanoplatelet/silicon nitride composites with high electrical conductivity [J]. Carbon, 2012, 50(10): 3607 – 3615.

[448] Amirat Y, Shelukhin V. Homogenization of time harmonic Maxwell equations and the frequency dispersion effect [J]. Journal de Mathématiques Pures et Appliquées, 2011, 95(4): 420 – 443.

[449] Haijun Z, Zhichao L, Chengliang M, et al. Complex permittivity, permeability, and microwave absorption of Zn – and Ti – substituted barium ferrite by citrate sol – gel process [J]. Materials Science and Engineering: B, 2002, 96(3): 289 – 295.

[450] Joshi A, Kumar S, Verma N K. Study of dispersion, absorption and permittivity of an synthetic insulation paper – with change in frequency and thermal aging [J]. Ndt & E International, 2006, 39(1): 19 – 21.

[451] Kamenetsky F M. Frequency dispersion of rock properties in equations of electromagnetics [J]. Journal of Applied Geophysics, 2011, 74(4): 185 – 193.

[452] Razzitte A C, Fano W G, Jacobo S E. Electrical permittivity of Ni and NiZn ferrite – polymer composites [J]. Physica B: Condensed Matter, 2004, 354(1 – 4): 228 – 231.

[453] Rica R A, Jiménez M L, Delgado A V. Electric permittivity of concentrated suspensions of elongated goethite particles [J]. Journal of Colloid and Interface Science, 2010, 343(2): 564 – 573.

[454] Tan Y Q, Zhang J L, Hao W T, et al. Giant dielectric – permittivity property and relevant mechanism of $Bi_2/3Cu_3Ti_4O_{12}$ ceramics [J]. Materials Chemistry and Physics, 2010, 124(2 – 3): 1100 – 1104.

[455] Moysés Araújo C, Fernandez J R L, Ferreira da Silva A, et al. Electrical resistivity, MNM transition and band – gap narrowing of cubic GaN: Si [J]. Microelectronics Journal, 2002, 33(4): 365 – 369.

[456] Fernandez J R L, Moysés Araújo C, Ferreira da Silva A, et al. Electrical resistivity and band – gap shift of Si – doped GaN and metal – nonmetal transition in cubic GaN, InN and AlN systems [J]. Journal of Crystal Growth, 2001, 231(3): 420 – 427.

[457] Schuurmans F J P, Vries P d, Lagendijk A. Local – field effects on spontaneous emission of impurity atoms in homogeneous dielectrics [J]. Physics Letters A, 2000, 264(6): 472 – 477.

[458] 黄昆, 韩汝琦. 固体物理学 [M]. 北京: 高等教育出版社, 1988.

[459] Kaiser A B, Liu C J, Gilberd P W, et al. Comparison of electronic transport in polyaniline blends, polyaniline and polypyrrole [J]. Synthetic Metals, 1997, 84(1 – 3): 699 – 702.

[460] Kaiser A B, Subramaniam C K, Gilberd P W, et al. Electronic transport properties of conducting polymers and polymer blends [J]. Synthetic Metals, 1995, 69(1 – 3): 197 – 200.

[461] Qin X, Lu Y, Xiao H, et al. A comparison of the effect of graphitization on microstructures and properties of polyacrylonitrile and mesophase pitch – based carbon fibers [J]. Carbon, 2012, 50(12): 4459 – 4469.

[462] Zhou G, Liu Y, He L, et al. Microstructure difference between core and skin of T700 carbon fibers in heat – treated carbon/carbon composites [J]. Carbon, 2011, 49(9): 2883 – 2892.

[463] Chen J – H, Jang C, Xiao S, et al. Intrinsic and extrinsic performance limits of graphene devices on SiO_2 [J]. Nat Nano, 2008, 3(4): 206 – 209.

[464] 王平. 基于石墨烯在太赫兹波段表面等离子体激元特性的研究 [D]. 武汉: 华中科技大学, 2013.

[464] 谢治毅. 石墨烯等效电路以及在太赫兹调制器中的应用研究 [D]. 杭州: 中国计量学院, 2014.

图书在版编目(CIP)数据

耐高温结构吸波碳纤维复合材料制备及性能研究/肖鹏,周伟著.
—长沙:中南大学出版社,2016.1
ISBN 978 - 7 - 5487 - 2284 - 7

Ⅰ.耐...Ⅱ.①肖...②周...Ⅲ.碳纤维增强复合材料－研究
Ⅳ.TB334

中国版本图书馆 CIP 数据核字(2016)第 110025 号

耐高温结构吸波碳纤维复合材料制备及性能研究

肖 鹏 周 伟 著

□责任编辑	刘 灿	
□责任印制	易红卫	
□出版发行	中南大学出版社	
	社址:长沙市麓山南路	邮编:410083
	发行科电话:0731-88876770	传真:0731-88710482
□印 装	长沙超峰印刷有限公司	

□开 本	720×1000 1/16 □印张 21.5 □字数 417 千字	
□版 次	2016 年 1 月第 1 版 □印次 2016 年 1 月第 1 次印刷	
□书 号	ISBN 978 - 7 - 5487 - 2284 - 7	
□定 价	110.00 元	

图书出现印装问题,请与经销商调换